猪病快速鉴别诊断与防控指南

解松林　赵建东　卫陆梅　主编

河南科学技术出版社

·郑州·

图书在版编目（CIP）数据

猪病快速鉴别诊断与防控指南/解松林，赵建东，卫陆梅主编．—郑州：河南科学技术出版社，2015.8（2025.5 重印）
ISBN 978－7－5349－7828－9

Ⅰ.①猪…　Ⅱ.①解…　②赵…　③卫…　Ⅲ.①猪病－鉴别诊断－指南②猪病－防治－指南 Ⅳ.①S858．28－62

中国版本图书馆 CIP 数据核字（2015）第 127659 号

出版发行：河南科学技术出版社
　　地址：郑州市郑东新区祥盛街27号　　邮编：450016
　　电话：（0371）65737028　65788613
　　网址：www. hnstp. cn
策划编辑：杨秀芳
责任编辑：杨秀芳
责任校对：柯　姣
封面设计：张　伟
版式设计：栾亚平
责任印制：徐海东
印　　刷：河北晔盛亚印刷有限公司
经　　销：全国新华书店
幅面尺寸：140 mm×202 mm　印张：12. 75　字数：320 千字　0. 5 印张插图
版　　次：2015 年 8 月第 1 版　2025 年 5 月第 3 次印刷
定　　价：95. 00 元

编写人员名单

主　编：解松林　赵建东　卫陆梅

副主编：项朝荣　李　静　董振虎

编　者：王　路　卫一新　聂慧琳　付云云　李建功　李春贤　燕素萍　王旭田　李艳芬　周　琳　曹建设

前 言

我国养猪行业经过20多年的发展，已经步入成熟期，全国猪肉产量居世界首位，国内人均猪肉占有量已经超过世界平均水平，养猪业对提高人民生活水平、保障肉食品供应起到了重要作用，也成为农民增收致富的重要途径。但随着我国养猪业的不断发展，猪病形势也愈加严峻。笔者在多年的临床诊治中发现，猪病的种类越来越多，复杂程度不断加剧，尤其是传染性疾病，呈现病毒与病毒、病毒与细菌等多重感染、混合感染，控制起来越来越困难。笔者在诊治中还发现，同样的临床症状的病原不同，同样的疾病临床表现多样化或病变不典型，药物预防与治疗效果较差，疫苗免疫效果不理想等，这些复杂因素严重影响了生猪产业的持续健康发展。

在基层诊治及调研中，笔者发现大部分中小规模养猪场的从业者多数为农民，受资金和养殖理念限制，养殖场基础设施建设投资不足，自身没有掌握系统的猪病防控知识，也没有聘用专业的兽医技术服务人员，所以发现猪病晚、误诊多、盲目用药，一方面引起生猪大批死亡，另一方面还要承受昂贵的治疗和预防用药费用，导致我国多数养猪者损失惨重，苦不堪言。

《猪病快速鉴别诊断与防控指南》一书，是笔者根据多年从事基层猪病临床诊断及防治经验编写的，主要以猪病临床症候群为主线，从呼吸系统疾病、消化系统疾病、神经系统疾病、繁殖障碍性疾病、免疫抑制性疾病、运动障碍性疾病等几大类疾病，系统地对常见多发猪病进行剖析，旨在帮助中小规模养猪者，根据生猪发病后最容易观察到的最直观的临床表现和剖检症状，快速分析，初步确定诊断和防控方向，为进一步确诊和采取防控措施赢得宝贵时间，从而降低猪病的发病率，最大限度地减少损失。

由于编者水平有限，书中存在纰漏之处，恳请各位读者不吝指正。

编者

2014 年 12 月

目 录

第一篇 猪病临床诊治技术

第一章 呼吸系统疾病 ………………………………………… (2)
第一节 猪呼吸系统的防御功能及主要致病因子 …… (2)
一、猪呼吸系统的防御功能 ………………………… (2)
二、呼吸系统疾病的主要致病因子 ………………… (4)
第二节 猪呼吸系统疾病的表现 ……………………… (5)
一、呼吸运动的改变 ………………………………… (5)
二、气喘 ……………………………………………… (6)
三、咳嗽 ……………………………………………… (7)
第三节 病毒性呼吸道疾病 …………………………… (8)
一、猪繁殖与呼吸障碍综合征 ……………………… (8)
二、高致病性猪蓝耳病 ……………………………… (12)
三、猪圆环病毒病 …………………………………… (14)
四、猪流行性感冒 …………………………………… (17)
五、猪伪狂犬病 ……………………………………… (20)
第四节 细菌性呼吸道疾病 …………………………… (24)
一、猪传染性胸膜肺炎 ……………………………… (24)
二、猪链球菌病 ……………………………………… (27)

三、副猪嗜血杆菌病 …………………………………… (31)
四、猪传染性萎缩性鼻炎 ……………………………… (35)
五、猪肺疫 …………………………………………… (38)
第五节 其他呼吸道疾病 …………………………………… (41)
一、猪肺炎霉形体病（支原体肺炎） …………………… (41)
二、弓形虫病 ………………………………………… (44)
三、猪肺丝虫病 ……………………………………… (47)
第六节 猪呼吸道疾病的诊断和鉴别 ……………………… (49)
一、从流行特点进行鉴别诊断 ………………………… (49)
二、从临床症状进行鉴别诊断 ………………………… (50)
三、从病理变化进行鉴别诊断 ………………………… (53)
四、从病原学进行鉴别诊断 …………………………… (54)
第二章 消化系统疾病 ……………………………………… (56)
第一节 猪消化系统特点及消化系统疾病致病因素 …………………………………………………… (56)
一、猪的消化系统特点 ………………………………… (56)
二、致病因素 ………………………………………… (57)
第二节 病毒性疾病 ……………………………………… (58)
一、猪传染性胃肠炎 ………………………………… (58)
二、猪流行性腹泻 …………………………………… (61)
三、猪轮状病毒病 …………………………………… (66)
四、猪瘟 ……………………………………………… (69)
五、猪伪狂犬病 ……………………………………… (74)
六、猪肠道病毒感染 ………………………………… (75)
七、猪腺病毒感染 …………………………………… (77)
第三节 细菌性疾病 ……………………………………… (79)
一、仔猪黄白痢 ……………………………………… (79)
二、猪梭菌性肠炎 …………………………………… (84)

三、猪副伤寒 …………………………………………………… (86)
四、猪痢疾 ……………………………………………………… (89)
五、猪增生性肠炎 ……………………………………………… (92)
第四节 寄生虫性疾病 …………………………………………… (95)
一、猪球虫病 …………………………………………………… (95)
二、猪鞭虫病 …………………………………………………… (97)
三、猪结节虫病 ………………………………………………… (99)
四、猪蛔虫病 …………………………………………………… (100)
五、猪隐孢子虫病 ……………………………………………… (103)
六、猪类圆线虫病 ……………………………………………… (105)
第五节 中毒类疾病 ……………………………………………… (107)
一、霉菌毒素中毒 ……………………………………………… (107)
二、其他毒物中毒 ……………………………………………… (109)
第六节 消化系统疾病鉴别诊断要点 …………………………… (111)
第三章 神经系统疾病 ………………………………………… (115)
第一节 猪神经系统特点及致病因素 …………………………… (115)
一、猪神经系统特点 …………………………………………… (115)
二、致病因素 …………………………………………………… (116)
第二节 病毒性疾病 ……………………………………………… (117)
一、猪伪狂犬病 ………………………………………………… (117)
二、猪瘟 ………………………………………………………… (118)
三、猪传染性脑脊髓炎 ………………………………………… (119)
四、猪流行性乙型脑炎 ………………………………………… (121)
五、新生仔猪先天性震颤综合征 ……………………………… (124)
六、圆环病毒病 ………………………………………………… (126)
第三节 细菌性疾病 ……………………………………………… (127)
一、猪链球菌病 ………………………………………………… (127)
二、副猪嗜血杆菌病 …………………………………………… (128)

三、猪水肿病 …………………………………… (129)
四、猪破伤风 …………………………………… (133)
五、猪李氏杆菌病 ……………………………… (136)
第四节 中毒性疾病 ……………………………… (139)
一、有机氟中毒 ………………………………… (139)
二、有机磷中毒 ………………………………… (141)
三、食盐中毒 …………………………………… (143)
四、砷中毒 ……………………………………… (145)
五、硒中毒 ……………………………………… (146)
第五节 神经系统疾病鉴别诊断要点 …………… (149)
第四章 繁殖障碍性疾病 ………………………… (153)
第一节 猪繁殖障碍性疾病的主要表现及发病因素 ……………………………………………… (153)
一、繁殖障碍性疾病的主要表现 ……………… (153)
二、发病因素 …………………………………… (154)
第二节 病毒性繁殖障碍性疾病 ………………… (161)
一、猪瘟 ………………………………………… (161)
二、猪繁殖与呼吸障碍综合征 ………………… (161)
三、猪细小病毒病 ……………………………… (162)
四、猪流行性乙型脑炎 ………………………… (164)
五、猪伪狂犬病 ………………………………… (165)
第三节 细菌性繁殖障碍性疾病 ………………… (165)
一、布鲁杆菌病 ………………………………… (165)
二、李氏杆菌病 ………………………………… (168)
第四节 其他繁殖障碍性疾病 …………………… (168)
一、猪衣原体病 ………………………………… (168)
二、弓形虫病 …………………………………… (172)
三、钩端螺旋体病 ……………………………… (172)

四、附红细胞体病 …………………………（175）
第五节 小结 ……………………………………（178）
一、建立健全合理的免疫程序 ……………………（178）
二、严格执行疫（菌）苗接种操作规程，确保
其接种密度和质量 …………………………（179）
三、加强母源抗体监测 ……………………………（179）
四、严把引种检疫关 ………………………………（179）
五、加强饲养管理 …………………………………（180）
六、搞好环境卫生，加强生物安全措施 ………（180）
第五章 猪免疫抑制性疾病 ……………………………（181）
第一节 生物性免疫抑制病 ……………………………（181）
一、猪繁殖与呼吸综合征 …………………………（181）
二、猪圆环病毒2型感染 …………………………（183）
三、猪瘟 ………………………………………………（184）
四、猪支原体肺炎 …………………………………（185）
第二节 中毒性免疫抑制病 ……………………………（186）
一、黄曲霉毒素中毒 ………………………………（186）
二、赭曲霉毒素A中毒 ……………………………（188）
第三节 药物性免疫抑制病 ……………………………（189）
一、糖皮质激素引起的免疫抑制病 ……………（190）
二、抗生素类引起的免疫抑制病 ………………（190）
三、磺胺类引起的免疫抑制病 …………………（191）
第四节 应激性免疫抑制病 ……………………………（191）
第五节 营养缺乏性免疫抑制病 ………………………（192）
第六节 猪免疫抑制病鉴别诊断 ………………………（192）
第六章 运动障碍性疾病 ………………………………（194）
第一节 肢蹄型疾病 ……………………………………（194）
一、口蹄疫 ……………………………………………（194）

二、猪丹毒 …………………………………………………（198）
三、猪链球菌病 ……………………………………………（200）
四、副猪嗜血杆菌病 ………………………………………（201）
第二节 中枢神经型疾病 ……………………………………（202）
第三节 运动障碍性疾病鉴别诊断要点 ……………………（202）
第七章 皮肤性疾病 …………………………………………（205）
第一节 原发性皮肤疾病 ……………………………………（205）
一、口腔坏死杆菌感染 ……………………………………（205）
二、皮炎肾炎综合征 ………………………………………（206）
三、猪油皮病 ………………………………………………（208）
四、猪痘 ……………………………………………………（208）
五、猪丹毒 …………………………………………………（209）
六、玫瑰糠疹（伪钱癣） …………………………………（210）
七、皮肤霉菌病（钱癣） …………………………………（210）
八、虱和蚤 …………………………………………………（210）
九、猪疥癣 …………………………………………………（211）
十、晒伤 ……………………………………………………（212）
十一、黑色素瘤 ……………………………………………（212）
十二、维生素 K 缺乏 ………………………………………（212）
十三、角化不全症 …………………………………………（212）
十四、皮肤过度角化 ………………………………………（213）
十五、肩胛溃疡 ……………………………………………（213）
第二节 继发性皮肤疾病 ……………………………………（213）
第八章 急性死亡疾病 ………………………………………（215）
第一节 微生物引起的急性死亡 ……………………………（215）
一、猪瘟 ……………………………………………………（215）
二、口蹄疫 …………………………………………………（216）
三、链球菌病 ………………………………………………（216）

四、仔猪水肿病 …………………………… (217)
五、急性回肠炎 …………………………… (218)
六、传染性胸膜肺炎 ………………………… (218)
七、魏氏梭菌病 …………………………… (219)
八、炭疽杆菌病 …………………………… (220)
第二节 非传染性因素引起的急性死亡 ………… (220)
一、猪应激综合征 ………………………… (220)
二、其他内科性疾病或外科性疾病 ………… (222)
三、毒物中毒 ……………………………… (223)
第三节 小结及急性死亡鉴别诊断 …………… (224)

第二篇 猪病实用防控技术及重大病研究进展

第一章 猪病实用防控技术 ………………………… (228)
第一节 常用生物制品简介及使用 …………… (228)
一、生物制品简介 ………………………… (228)
二、生物制品的使用 ……………………… (230)
三、猪场参考免疫程序 …………………… (238)
第二节 常用药物配伍禁忌 …………………… (243)
第三节 科学消毒 ……………………………… (250)
一、常用消毒方法 ………………………… (250)
二、消毒剂的分类 ………………………… (252)
三、消毒剂的选择和使用注意事项 ………… (255)
四、消毒的误区 …………………………… (257)
五、做好消毒工作的“四个必须” ………… (263)
第四节 体温变化在猪病诊疗中的应用 ……… (264)
一、猪的体温 ……………………………… (264)
二、体温变化的机制 ……………………… (266)
三、猪体温升高的原因 …………………… (267)

四、体温升高的分型 …………………………… (268)
五、体温升高对猪的影响 ………………………… (268)
六、猪体温变化的处置 …………………………… (269)
七、体温变化在猪病诊疗中的应用 ……………… (270)
第二章　热门猪病研究进展 …………………………… (272)
第一节　猪口蹄疫流行特点及相关研究 ………… (272)
一、近年来猪口蹄疫流行特点 …………………… (272)
二、猪口蹄疫防控中存在的关键技术问题 …… (272)
三、猪口蹄疫防控技术相关研究 ……………… (273)
四、防治措施 …………………………………… (276)
第二节　猪伪狂犬病最新流行特点及研究进展 …… (276)
一、近年来猪伪狂犬病流行特点 ……………… (276)
二、猪伪狂犬病案例分析 ……………………… (277)
三、病原研究进展 ……………………………… (280)
四、结论与讨论 ………………………………… (281)
五、防控措施 …………………………………… (281)
第三节　哺乳仔猪腹泻最新流行情况及防控研究进展 …………………………………………… (281)
一、流行现状 …………………………………… (281)
二、临床症状 …………………………………… (282)
三、原因分析 …………………………………… (282)
四、综合防控 …………………………………… (283)
附录 ……………………………………………… (286)
附录一　中华人民共和国动物防疫法 ………… (286)
附录二　重大动物疫情应急条例 ……………… (303)
附录三　重点猪病防治技术规范 ……………… (312)
猪病典型症状和病变彩色图谱

第一篇

猪病临床诊治技术

第一章 呼吸系统疾病

呼吸系统是机体和外界进行气体交换的器官的总称，其功能主要是与外界进行气体交换，呼出二氧化碳，吸进氧气，进行新陈代谢。猪的呼吸系统由鼻、咽、喉、气管、支气管和肺等器官以及胸膜、膈等组成，其中鼻、咽、喉、气管、支气管是气体出入肺的通道，称为呼吸道，肺是气体交换的器官。

猪呼吸系统疾病就是猪群在一定的应激条件下感染一种或多种病原，从而使猪的呼吸系统表现出一系列呼吸障碍综合症候群，猪不分品种、性别、年龄均可感染，临床中以呼吸困难、气喘、腹式呼吸、咳嗽、打喷嚏、发热等症状为主，同时伴发结膜炎、泪斑或泪痕，精神萎靡、食欲减退或废绝等。

第一节 猪呼吸系统的防御功能及主要致病因子

一、猪呼吸系统的防御功能

防御功能主要包括非特异性防御和特异性防御。

（一）非特异性防御机制

非特异防御主要是指呼吸系统对吸入空气中悬浮的固体

颗粒和有害气体的清除功能，主要由呼吸系统的三道屏障来完成。

第一层屏障是鼻腔黏膜。即通过鼻胛骨的涡卷使吸入的空气产生乱流，从而使颗粒性异物黏附于鼻黏膜，并沉积于前呼吸道，最终被咳出或吞咽。有刺激性的气体可刺激呼吸道黏膜，引起反射性喷嚏、咳嗽，将之排出。严重破坏这道防线的是引起猪萎缩性鼻炎的病原。该病原对猪鼻黏膜纤毛上皮细胞有强烈的亲嗜性，产生数种毒素，还可定居在呼吸道，引起继发感染，发生化脓性支气管和肺炎。此外，氨气、尘埃首先侵袭的也是这道防线。

第二层屏障是纤毛系统，主要是气管和支气管内壁的纤毛系统。喉和气管的黏膜上皮细胞上有定向摆动纤毛，可借助于咳嗽将异物排出；纤毛分泌的黏液中含有溶菌酶、干扰素、免疫球蛋白、铁蛋白和β-溶解素等多种杀菌杀毒的生化物质，使进入呼吸道的微生物失去感染力；上呼吸道分泌的免疫球蛋白A主要产生黏膜免疫保护作用。破坏该道防线的主要病原是猪肺炎支原体，也是呼吸综合征发生的主导病原体，为许多病原体的入侵打开了门户，常致继发性混合感染，如继发猪蓝耳病、胸膜肺炎、副嗜血杆菌病等。

第三层屏障是肺泡巨噬细胞系统及由淋巴细胞主导的主动免疫系统。本系统也是一些病毒（伪狂犬病病毒、猪流感病毒、蓝耳病病毒、圆环病毒等）的增殖场所。因此猪流感、猪蓝耳病等病毒性疾病更易于侵害该防线。

（二）特异性防御机制

在特异性防御机制中，抗原作用于呼吸道，抗原量小时仅可引起呼吸道局部的免疫反应，抗原量大时可引起全身性免疫反应。但整个过程必须有巨噬细胞的作用，巨噬细胞将抗原（胸腺依赖性抗原）吞噬并进行处理后，将抗原信息传递给T细胞，才引起特异性免疫反应。通常，在前呼吸道形成的免疫球蛋白主要是分泌型免疫球蛋白 A，具有中和病毒与毒素、凝集微生物，以及减少细菌与上皮表面附着等作用。支气管肺泡渗出液中的免疫球蛋白主要是免疫球蛋白 G。

二、呼吸系统疾病的主要致病因子

（一）病原因素

1. 病毒：猪繁殖与呼吸综合征病毒、猪圆环病毒 2 型、猪伪狂犬病病毒、猪流感病毒等。

2. 细菌：猪肺炎支原体、副猪嗜血杆菌、传染性胸膜肺炎放线杆菌、支气管败血波氏杆菌、多杀性巴氏杆菌、猪链球菌、猪附红细胞体等。

3. 寄生虫：弓形虫、蛔虫、后圆线虫、肺丝虫等。

其中，猪繁殖与呼吸综合征病毒、猪圆环病毒 2 型、猪伪狂犬病病毒、猪肺炎支原体、支气管败血波氏杆菌、传染性胸膜肺炎放线杆菌属于原发性病原；多杀性巴氏杆菌、副猪嗜血杆菌、猪链球菌、猪肺丝虫、猪附红细胞体属于继发性病原。因此，在预防呼吸系统疾病时，必须首先对原发病进行控制，其他呼吸系统疾病才有可能相应减少。

（二）环境和应激因素

引起呼吸系统疾病的环境和应激因素包括气候变化、猪群饲养密度过大、猪的断奶、混群、转群、长途运输、猪舍温度变化过大、湿度过大、猪舍通风不良、空气质量差（氨气、硫化氢、二氧化碳过高）等。

（三）猪群自身原因

引起呼吸系统疾病的猪群自身原因包括猪群营养不良、猪群因疾病引起的免疫力低下、免疫抑制性疾病、真菌毒素中毒等。

第二节　猪呼吸系统疾病的表现

猪呼吸系统疾病的主要表现为呼吸运动的改变、气喘、咳嗽等。

一、呼吸运动的改变

（一）呼吸数的变化

健康猪的呼吸数为每分钟10~20次，在病理情况下可能表现为增多或减少，主要与呼吸中枢的功能状态、神经和体液调节等因素有关。

呼吸数增多，主要由发热性疾病、各种肺脏病、严重心脏病以及贫血等引起；呼吸次数减少，在临床上比较少见，但是某些脑病（肺炎、脑肿瘤、脑水肿）、上呼吸道狭窄和尿毒症等可能会引起呼吸次数减少。

（二）呼吸形式的变化

猪正常的呼吸形式应为胸腹式呼吸。当呼吸时，胸壁运动较腹壁运动明显，即胸式呼吸，表明病变多在腹部。常见于影响膈肌或腹肌运动的疾病，如腹膜炎。当呼吸时，腹壁运动较胸壁运动明显，即腹式呼吸，表明病变多在胸部，如心包炎、肺泡气肿、胸膜炎等。

（三）呼吸节律变化

健康猪的呼吸是准确而有节律的交替运动。即吸气后紧接着呼气，每次呼气之后，经过短暂的间歇期，再进行下一次呼吸。吸气与呼气的时间比为1∶1。呼吸还有一定的深度，其随呼吸次数的增多而减轻，随呼吸数的减少而加深。以下是几种非正常的呼吸节律的表现及常见病因。

1. 吸气延长：常见于上呼吸道狭窄等，这是由于空气进入肺脏发生障碍的结果。

2. 呼气延长：是由于肺中空气排出受到阻碍，呼气动作不能顺利进行，见于细支气管炎和慢性肺泡气肿等。

3. 断续性呼吸：其特征是出现短促而有间断的呼气或吸气。见于细支气管炎、慢性肺泡气肿、胸膜炎等。

4. 潮式呼吸：其特征是呼吸由浅小转为急促深大，又转为减少以至暂停。暂停 15 ~ 30 秒后，又重新以上述方式开始呼吸，如此反复交替，出现波浪式的呼吸节律。这是呼吸中枢衰竭的早期表现，标志病情严重，见于脑炎、心力衰竭、尿毒症、肺炎、药物中毒和有毒植物中毒等。

5. 间歇呼吸：是指在深度正常或稍加强的几次呼吸之后，突然停止呼吸，经过一个短时间的间隔之后，又开始呼吸。这表明呼吸中枢的敏感性极低，见于脑膜炎、脑炎和尿毒症。

6. 深长呼吸：又叫大呼吸，特征为呼吸显著深长，呼吸数显著减少，每分钟 3 ~ 4 次，吸气时伴有明显的呼吸杂音。这是由于酸性代谢产物刺激呼吸中枢所致。见于代谢性酸中毒，如尿毒症。

二、气喘

气喘即呼吸困难，或称呼吸窘迫综合征，是指以用力呼吸和窘迫为基本特征的症候群。气喘不是一个独立的疾病，往往是多种病因或多种疾病伴有的临床常见多发的综合征。呼吸困难，表现在呼吸强度、频率、节律和方式的改变。呼吸困难综合征可按病因和主要发病环节分为：

1. 肺源性呼吸困难：常见于上呼吸道狭窄的疾病，咽、颈部淋巴结肿胀等，以及慢性肺泡气肿、细支气管炎、肺炎、胸腔积液或气胸等。

2. 心源性呼吸困难：是心功能不全或心力衰竭时常见的一个症状，是由于心脏衰弱、血液循环障碍所致。

3. 血源性呼吸困难：是由于红细胞减少或血红蛋白变性所致。如初生仔猪贫血、亚硝酸盐中毒、大出血或休克等。

4. 中毒性呼吸困难：是由于致毒物质作用于呼吸中枢或使组织的生物氧化过程所致。如尿毒症、重症肠炎等引起的代谢性酸中毒。

5. 中枢神经性呼吸困难：主要是由于中枢神经系统器质性病变或功能性障碍所致。如脑膜炎、脑肿瘤、脑出血等。

三、咳嗽

咳嗽是一种保护性反射动作，机体借助于咳嗽能够使呼吸道内分泌物和异物（尘埃、细菌等）排出体外。咳嗽的发生，主要是咽、喉、气管、支气管等部位的黏膜受到刺激的结果。

临床上常见的咳嗽的病理变化有干咳、湿咳、稀咳、连咳、痉咳和痛咳。

1. 干咳：咳嗽的声音清脆，干而短，无痰，表示呼吸道内无渗出物或仅有少量的黏稠渗出物。常见于慢性支气管炎、胸膜炎、肺结核等。

2. 湿咳：表现为咳嗽的声音钝浊，湿而长，由于有痰液咳出，往往随着咳嗽动作从鼻孔喷出多量渗出物。常见于咽喉炎、支气管炎、肺脓肿和肺坏疽等。

3. 稀咳：为单发性咳嗽，每次仅出现一两声咳嗽，常反复发作而带有周期性，见于感冒、慢性支气管炎和肺结核。

4. 连咳：即连续性咳嗽，咳嗽频繁，连续不断，严重时转为痉挛性咳嗽。见于支气管肺炎、肺疫等。

5. 痉咳：即痉挛性咳嗽或发作性咳嗽，咳嗽剧烈，连续发作。表示呼吸道黏膜受到强烈刺激，或刺激因素不易排除，常见于气喘病、异物性肺炎等。

6. 痛咳：咳嗽带痛，咳嗽的声音短而弱，咳嗽时，猪呈现头颈伸直，摇头不安，前肢踏地或呻吟等表现，常见于急性喉炎、喉水肿和胸膜炎等。

第三节　病毒性呼吸道疾病

一、猪繁殖与呼吸障碍综合征

猪繁殖与呼吸障碍综合征（蓝耳病），是由猪繁殖与呼吸障碍综合征病毒引起猪的一种繁殖障碍和呼吸道的传染病。其特征为厌食、发热，母猪怀孕后期流产、死胎、木乃伊胎；幼龄仔猪发生呼吸道症状。世界动物卫生组织将其列为B类疫病。

（一）病原

猪繁殖与呼吸障碍综合征病毒归属于动脉炎病毒科动脉炎病毒属。本病毒有2个血清型，美洲型和欧洲型，我国分离到的毒株为美洲型。病毒对环境因素的抵抗力较弱，强酸、强碱、高温对杀灭病毒均有效。

（二）流行病学

本病传播迅速，污染严重，是一种高度接触性传染病。病猪和带毒猪是主要传染源，病猪的鼻液、粪便、尿液均含有病毒，耐过猪可长期带毒和排毒。传播途径为直接接触和空气（风）传播，经呼吸道感染；鸟类、野生动物及运输工具也可传播本病。感染初期（病毒血症期）公猪精液可传播，也可经怀孕母猪垂直传播。感染动物仅见于猪，其他动物未见发病。不同年龄、性别和品种的猪均可感染，但以母猪和仔猪易感，特别是怀孕中后期的母猪和胎儿，症状也较严重。

（三）临床症状

本病潜伏期通常为14天，各种年龄的猪发病后大多有呼吸困难症状，但具体症状不尽相同。

1. 繁殖母猪：母猪染病后，初期出现厌食、体温升高、呼吸急促、流鼻涕等类似感冒的症状，高热达40~41℃，少部分感染猪四肢末端、尾、乳头、阴户和耳尖发绀，并以耳尖发绀最为常见，个别母猪拉稀，后期则出现四肢瘫痪等症状，一般持续1~6周，而后出现重新发情的现象，但常造成母猪不育或产奶量下降，少数猪因衰竭而死亡。怀孕前期的母猪流产，怀孕中期的母猪出现死胎、木乃伊胎，或者产下弱胎、畸形胎，哺乳母猪产后无乳，仔猪多被饿死。

2. 公猪：感染后表现为咳嗽、打喷嚏、精神沉郁、食欲降低、呼吸急促和运动障碍、性欲减弱、精液质量下降、射精量少。

3. 仔猪：以2~28天感染后症状最明显，死亡率高达80%。多数出生仔猪表现为呼吸困难、被毛粗乱、精神不振、肌肉震颤、后肢麻痹、共济失调、打喷嚏、嗜睡，有的仔猪耳紫和躯体末端皮肤发绀。早产仔猪在出生时或几天内死亡，死亡率高达100%。有些断奶仔猪表现为下痢、关节炎、耳朵变红、皮肤有斑点。

4. 育肥猪：主要表现为厌食、嗜睡、咳嗽、呼吸困难，有些猪双眼肿胀，出现结膜炎和腹泻，病猪常因继发感染胸膜炎、链球菌病、喘气病而死。

猪蓝耳病常继发猪瘟、附红细胞体等病，如果治疗不及时，猪只死亡率较高。

（四）剖检病变

病猪剖检：主要眼观病变是肺弥漫性间质性肺炎，并伴有细胞浸润和卡他性肺炎区。在腹膜以及肾周围脂肪、肠系膜淋巴结、皮下脂肪和肌肉等处发生水肿或出现肺水肿。

（五）诊断方法

根据母猪妊娠后期发生流产，新生仔猪死亡率高以及其他临床症状和间质性肺炎可初步做出诊断，当母猪流产率或早产率超过8%，产死胎占产仔数20%，仔猪出生后1周内死亡率超过25%，应进行实验室确诊。

具体实验室诊断方法介绍如下：

1. 抗体ELISA（酶联免疫吸附试验）：采集全血样品送检，样品S/P（样本/阳性对照比率）值低于0.4，为蓝耳病抗体阴性；S/P（样本/阳性对照比率）值大于或等于0.4，为蓝耳病抗体阳性。

2. PT－PCR（聚合酶链式反应）或荧光定量PCR检测：采集病死猪扁桃体、肺、脑、心、肝、脾、肾、淋巴结及其他可见病变的组织，尽快低温送检。PT－PCR检测扩增出目的片段者为阳性，荧光定量PCR检测出现标准曲线者为阳性，否则为阴性。

未免疫蓝耳病疫苗的，可用抗体ELISA或PT－PCR或荧光定量PCR方法进行诊断，结果阳性，则诊断为蓝耳病感染。

已免疫蓝耳病疫苗的，可选择PT－PCR或荧光定量PCR方法进行诊断，结果阳性，则诊断为蓝耳病感染。

评价免疫效果的，可选择抗体ELISA方法进行诊断，群体免疫合格率达到70%以上的，为免疫合格。

（六）防治措施

由于该病传染性强、传播速度快，发病后可在猪群中迅速扩散和蔓延，给养猪业带来极大的威胁和损害，因此应严格执行兽医综合性防疫措施加以控制。

（1）坚持自繁自养，建立稳定的种猪群，不轻易引种。如必须引种，首先要搞清所引猪场的疫病状况。必要时，可对所引猪进行实验室检测，排除蓝耳病等烈性传染病后方可引入，杜绝引入阳性带毒猪。

（2）加强饲养管理和环境卫生消毒，降低饲养密度，保持猪舍的干燥、通风，创造适宜猪群生活的养殖环境，减少各种应激因素。

（3）在秋冬多发季节，饲喂优质饲料，尽量杜绝添加霉变或来源可疑的饲料和饲料原料；无法保证原料、饲料质量的，可在饲料中添加脱霉剂，减少霉菌中毒的概率。

（4）做好日常消毒工作，出入圈舍要更衣、消毒，对圈舍内部消毒，白天可选用农尔乐喷雾消毒，晚上选用烟熏消毒散熏蒸消毒，以防圈舍过度潮湿；有条件的对圈舍外围定期彻底消毒；禁止闲杂人员进入猪舍。

（5）做好病死猪的无害化处理。对病死猪严格按照“四不准一处理”（不宰杀、不食用、不转运、不销售、进行无害化处理）的规定进行处理，对病死猪污染的环境要彻底消毒，防止疫病扩散蔓延。

（6）做好猪蓝耳病的程序化免疫工作。可选用经典毒株（CH1－R）弱毒疫苗（如上海海利、哈尔滨兽医研究所、福州大北农等厂家疫苗）进行免疫。后备母猪，配种前 2 个月进行首免，配种前 1 个月加强免疫 1 次；经产母猪可选用普免的方法，每年 3～4 次，如母猪数量过少，普免执行不方便时，可跟胎免疫，尽量在怀孕期间再加强免疫 1 次，即保证每头母猪每年可免疫 3～4 次；仔猪首免在 10～15 日龄，间隔 21 天左右可加强免疫 1 次，具体免疫剂量可依照不同厂家疫苗说明剂量。

（7）定期开展免疫效果评估，保证免疫效果。通常可在免疫后 21 天采集血液进行抗体检测，群体免疫抗体合格率应在 70% 以上，否则应及时查找免疫失败原因，进行补免补防。

（8）在做好基础免疫的同时，适时给猪群投放相应保健药物如泰乐菌素、卵黄抗体干粉、黄芪多糖等，降低疫病发生的风险。对发病猪，可通过合理用药控制细菌的继发感染，常用的药物包括金霉素、四环素、恩诺沙星等广谱抗生素。

二、高致病性猪蓝耳病

高致病性猪蓝耳病是由猪繁殖与呼吸综合征病毒变异株引起的一种急性高致死性传染病。其主要特征是仔猪发病率可达100%，死亡率可达50%以上，母猪流产率可达30%以上，育肥猪也可发病死亡。

（一）流行病学

本病呈区域性流行，一年四季均可发生，高热、高湿季节发病明显增加。不同日龄、不同品种的猪均可发病。发病急、传染性强、发病率高、治疗效果差、死亡率高，病程7～15天。在同一猪群中，猪蓝耳病病毒存在持续感染，病毒可在猪群中生存、循环及再次传播。

（二）发病特点

由于病毒损害了猪体免疫系统，猪免疫功能下降，易继发链球菌病、猪瘟等形成混合感染，并影响猪瘟等疫苗的免疫效果，其危害性大。

病毒大量繁殖侵入血液后会引起病毒（菌毒）血症，造成皮肤的出血、充血或坏死。病毒的侵入导致呼吸道炎症，影响氧气的交换，表现为呼吸困难、呼吸加快；同时，中枢神经系统初期兴奋，猪表现为兴奋、心跳加快；后期中枢神经系统受抑制，猪出现心力衰竭、运动失调、痉挛、昏迷、感觉丧失等症状。

（三）临床症状

猪群突然发病，体温明显升高，可达41 ℃以上；精神沉郁，食欲下降或食欲废绝；眼结膜炎、眼睑水肿；咳嗽、气喘等呼吸道症状；皮肤发红，耳部发绀，腹下和四肢末梢等处皮肤呈紫红色斑块状或丘疹样。部分病猪出现后躯无力、不能站立或共济失调等神经症状。仔猪发病率可达100%、死亡率可达50%以上，母猪流产率可达30%以上，成年猪也可发病死亡。

（四）剖检病变

病猪剖检，肉眼可见肺水肿、出血、淤血，以心叶、尖叶为主的灶性暗红色实变；扁桃体出血、化脓；脑出血、淤血，有软化灶及胶冻样物质渗出；心肌出血、坏死；脾脏边缘或表面出现梗死灶；淋巴结出血；肾脏呈土黄色，表面可见针尖至小米粒大出血斑点；部分病例可见胃肠道出血、溃疡、坏死。以上病变随猪的个体差异、病程不同而有所不同。

（五）诊断方法

本病结合临床症状及病理变化可做出初步诊断，确诊需要进行实验室检测。

（六）防治措施

1. 做好强制免疫：可选用政府采购的高致病性猪蓝耳病活疫苗进行免疫注射。仔猪在28日龄左右肌内注射1～2头份弱毒疫苗，初产母猪配种前2～3周、妊娠母猪产前4～5周、公猪春秋各肌内注射1次，每次2头份。高致病性猪蓝耳病疫苗注射时要特别注意避免在发病阶段和处于亚临床阶段的注射，否则会使母猪流产、疫情加重并产生严重的经济损失。

2. 对病猪进行隔离、扑杀、无害化处理：对其他未发病猪进行集中紧急免疫，全场进行消毒，每天消毒1次，持续2周，以后每周消毒1次。

3. 做好日常药物保健：由于高致病性猪蓝耳病感染后容易继发其他细菌性疾病，所以对猪群阶段性投药是必需的。当疫病发生时应及早采取措施投药对病猪进行治疗，以减少由细菌二次感染引起的死亡。可在饲料或饮水中添加氟苯尼考类制剂、泰妙菌素、强力霉素（盐酸多西环素）、多维电解质、黄芪多糖等药物。

4. 做好疫情的上报：高致病性猪蓝耳病被我国列为一类传染病，若发现疑似病例，应及时向当地畜牧兽医管理部门上报。

5. 其他综合防控措施：

（1）猪场可实行“全进全出”制度。从保胎母猪、产房、保育猪舍到育肥猪舍尽可能做到全进全出，特别是产房和保育猪舍每批仔猪日龄相差不要超过 1 周，这样可以阻止病原体的水平传播。

（2）有条件的猪场尽量实行早期断奶，这样可以杜绝哺乳仔猪后期受到母体传染而发病。

（3）加强饲料营养，提高空气质量，减少各种应激。冬春季要保证舍内空气质量和适当室温，要经常打开窗，及时调节舍内空气，降低饲养密度。

（4）病猪及时隔离和淘汰，场内猪群一旦发现病猪要及时隔离治疗，对没有利用价值的病猪及时淘汰。

（5）充分重视猪场的清洁卫生和消毒工作，将卫生消毒工作落实到猪场管理的各个环节，最大限度地控制病原的传入和传播。猪舍及环境需定期消毒，减少病原微生物的存在。消毒药应定期更换，轮换使用。

三、猪圆环病毒病

（一）病原

猪圆环病毒在分类学上属圆环病毒科圆环病毒属，为已知的最小的动物病毒之一。圆环病毒对外界理化因子的抵抗力相当强，即便在 pH 值为 3 的酸性环境及 72 ℃的高温环境中也能存活一段时间，氯仿中不失活，无血凝活性。目前，圆环病毒有两个血清型，即圆环病毒 1 型和圆环病毒 2 型。圆环病毒 1 型为非致病性病毒，圆环病毒 2 型为致病性病毒。猪对圆环病毒 2 型具有较强的易感性，是断奶仔猪多系统衰竭综合征的主要病原。

（二）流行病学

1. 易感动物：主要是各种日龄的猪。圆环病毒 2 型主要感染哺乳期的仔猪、育肥猪和母猪。传染性仔猪先天性震颤常见于出生后7天内的仔猪；断奶仔猪多系统衰竭综合征常见于6～8周龄的断奶仔猪，也可见于5～16周龄仔猪；猪皮炎和肾炎综合征通常散发于哺乳期至生长发育期的猪，其相关性的繁殖障碍主要发生于母猪。

2. 传染源：病猪和带毒猪是其主要传染源，成年猪多带毒不发病。但近年来，猪场添加的乳清粉等一些猪源相关产品，也认为是传播圆环病毒的一种因素。

3. 传播途径：猪在不同猪群间的移动是该病毒的主要传播途径。感染猪可自鼻液、粪便等废物中排出病毒，经口腔、呼吸道、精液等不同途径感染不同年龄的猪。怀孕母猪感染圆环病毒2型后，可经胎盘垂直传播感染仔猪。病毒也可通过被污染的衣服和设备进行传播。

（三）临床症状

1. 断奶后多系统衰竭综合征：发病率为20%～60%，死亡率为5%～35%。表现为咳嗽、呼吸困难、逐渐消瘦，死亡率和淘汰率均显著升高。

2. 传染性仔猪先天性震颤：表现为双侧性震颤，影响骨骼肌肉的功能，当躺卧或沉睡时，不表现震颤。突发的噪声及低温等外界刺激可引发或加重震颤。震颤严重的会影响吮乳而导致死亡，出生7天后存活者，大多可在3周内恢复。

3. 猪皮炎和肾炎综合征：病猪皮肤表面出现圆形或不规则形的坏死斑块，常见于后肢和会阴部位，病猪体温不高，精神沉郁。

猪圆环病毒感染可引起猪的免疫抑制，从而使机体更易感染其他病原，这也是圆环病毒与猪的许多病原混合感染的原因。最常见的混合感染有蓝耳病病毒、伪狂犬病病毒、细小病毒、肺炎支原体、多杀性巴氏杆菌、流行性腹泻病毒、猪流感病毒等，有的呈二重感染或三重感染，病猪的病死率也将大大提高。

（四）剖检病变

1. 断奶后多系统衰竭综合征： 病猪营养不良，有不同程度的肌肉萎缩和严重消瘦，皮肤中毒苍白，部分病猪出现黄疸；淋巴结肿大，切面呈均质白色。肺呈弥漫性间质性肺炎，质地坚硬，又称橡皮肺，其表面一般呈灰色到褐色的斑驳样外观，有些肺小叶出血。肾脏肿大苍白，肝脏有不同程度的萎缩或退化，脾脏肿大、坏死，胃肠道出现不同程度的出血或出血性变化。

2. 猪皮炎和肾炎综合征： 典型的皮肤病变，包括淤血、淤点或淤斑，呈紫红色；肾肿大苍白，布满出血点；浅表淋巴结肿大，可见黄色胸水或心包积液。

3. 传染性仔猪先天性震颤： 眼观未见明显病变。

（五）诊断方法

一般性诊断应了解本病的流行病学、临床症状、剖检病变等特点，确诊需进行实验室诊断。

具体实验室诊断方法介绍如下：

1. 抗体 ELISA： 采集全血样品送检，样品 OD630nm 值（光密度值）>0.35，判为阳性；样品 OD630nm 值<0.35，判为阴性。

2. 胶体金试纸条： 采集全血样品送检，按照胶体金试纸条说明判定结果，阳性则存在圆环病毒抗体，阴性则不存在圆环病毒抗体。

3. PCR 或荧光定量 PCR 检测： 采集病死猪淋巴结、扁桃体、肺脏等组织，尽快低温送检。PCR 检测扩增出目的片段者为阳性，荧光定量 PCR 检测出现标准曲线者为阳性，否则为阴性。

（1）未免疫圆环病毒病疫苗的，可选择抗体 ELISA、胶体金试纸条或 PCR、荧光定量 PCR 方法进行诊断，结果阳性，则诊断为圆环病毒感染。

（2）已免疫圆环病毒病疫苗的，可选择 PCR 或荧光定量

PCR 方法进行诊断，结果阳性，则诊断为圆环病毒感染。

（3）评价免疫效果的，可选择抗体 ELISA 方法进行诊断，群体免疫合格率达到 70% 以上的，为免疫合格。胶体金试纸条只作为定性判定方法，不建议进行免疫效果评价。

（六）防治措施

1. 做好免疫接种：可选用猪圆环病毒灭活疫苗进行免疫，具体免疫程序及接种剂量，依不同厂家的疫苗而不同。一般建议母猪普通免疫，每年 3 ~4 次，仔猪首次免疫在 21 日龄以后，间隔 15 ~20 天再加强免疫 1 次。

2. 定期检测，保证免疫效果：尽量选择在二次免疫后 30 天左右采集血液进行检测。

3. 做好引种及病猪的隔离消毒：引进的后备母猪或种公猪应进行严格的检疫，所购买的种公猪、精液必须无圆环病毒 2 型感染。对疑似圆环病毒感染的病猪，应及早隔离、治疗，防止疫情蔓延、扩散，必要时可进行淘汰、无害化处理。

4. 改进饲养管理，减少应激，合理配制日粮：注意通风与保暖，保持猪舍干燥，改善猪舍的空气质量，降低氨气浓度。去势和注射需遵循良好的卫生和消毒习惯。在猪场内禁养猫、犬，定期驱蚊蝇、投饵灭鼠。

5. 定期药物预防：可定期投放广谱抗生素如长效土霉素等，预防细菌感染；投放黄芪多糖、清瘟败毒散、优质电解多维等提高机体免疫力。

四、猪流行性感冒

猪流行性感冒是猪的一种急性、传染性呼吸器官疾病。其特征为突发，咳嗽，呼吸困难，发热及迅速转归。猪流感是猪体内因病毒引起的呼吸系统疾病。猪流感由甲型流感病毒（A 型流感病毒）引发，通常暴发于猪之间，传染性很高但通常不会引发死亡。秋冬季属高发期，但全年可发生。

（一）病原

猪流感病毒属于正黏病毒科，包括 A、B、C、托高土病毒属 4 个属。A 型流感病毒可以感染多种动物，包括许多禽类、哺乳动物和人。

（二）流行病学

本病主要感染猪，不同年龄、性别和品种的猪可感染发病，其流行具有明显的季节性，在天气多变的秋末、早春和寒冷的冬季易发生。本病传播迅速，常呈地方性流行或大流行；发病率高，死亡率低（4% ~10%）。病猪和带毒猪是其主要的传染源，患病痊愈后猪带毒 6 ~8 周。

（三）临床症状

该病的发病率高，潜伏期为 2 ~7 天，病程 1 周左右。病猪体温高达 40 ~41. 5 ℃，精神沉郁，食欲减退或不食，肌肉疼痛，不愿站立，眼和鼻有黏性液体流出，眼结膜充血，个别病猪呼吸困难，喘气，咳嗽，呈腹式呼吸，有犬坐姿势，夜里可听到病猪哮喘声；个别病猪关节疼痛，尤其是膘情较好的猪发病较严重。如果在发病期治疗不及时，则易并发支气管炎、肺炎和胸膜炎等，增加猪的病死率。

（四）剖检病变

病猪剖检主要在呼吸器官。鼻、咽、喉、气管和支气管的黏膜充血、肿胀，表面覆有黏稠的液体，小支气管和细支气管内充满泡沫样渗出液。胸腔、心包腔蓄积大量混有纤维素的浆液。肺脏的病变常发生于尖叶、心叶、叶间叶、膈叶的背部与基底部，与周围组织有明显的界限，颜色由红至紫，塌陷、坚实，韧度似皮革，脾脏肿大，颈部淋巴结、纵隔淋巴结、支气管淋巴结肿大多汁。

（五）诊断方法

本病主要依据发病特点、临床症状及剖检病变进行初步诊断，确诊需进行实验室检查。

具体实验室诊断方法介绍如下：

1. 血凝抑制试验：采集全血样品送检，血凝抑制试验效价≥4log2，判为阳性；效价<4log2，判为阴性。

2. PCR 或荧光定量 PCR 检测：采取发病 2～3 天急性病猪的鼻液、气管或支气管渗出液，或者病死猪的脾脏、肝脏、肺脏及其淋巴结等组织，尽快低温送检。PCR 检测扩增出目的片段者为阳性，荧光定量 PCR 检测出现标准曲线者为阳性，否则为阴性。

未免疫猪流感疫苗的，可选择血凝抑制试验或 PCR、荧光定量 PCR 方法进行诊断，结果为阳性，则诊断为猪流感感染。

已免疫猪流感疫苗的，可选择 PCR 或荧光定量 PCR 方法进行诊断，结果为阳性，则诊断为猪流感感染。

评价免疫效果的，可选择血凝抑制试验进行诊断，群体免疫合格率达到 70% 以上的，为免疫合格。

（六）防治措施

1. 加强饲养管理，保持猪舍清洁、干燥、通风、防寒保温，定期消毒和驱虫，减少环境中可能潜在的病原污染。

2. 加强生物安全防控。猪场应远离养禽场，并禁止饲养任何家禽。

3. 在疫病多发季节，应尽量避免从外地引进种猪，引种时应加强隔离检疫工作，确保未染疫后方可混群饲养。

4. 防止感染流感的患者与猪接触，定期进行血清学监测。

5. 一旦发生疑似猪流感疫情，要立即向当地兽医主管部门报告，并限制猪流动，同时做好隔离、消毒工作，对发病较重的猪立即淘汰，病死猪深埋无害化处理，全场地面及器具用氢氧化钠溶液彻底消毒。

6. 治疗。目前无特殊治疗药物，给病猪补充足量的清洁用水，并在饮水中加入止咳化痰、清热解毒的药物。肌内注射镇痛药物，如复方氨基比林或安乃近，并注射抗菌药物，以防止继发感染。

五、猪伪狂犬病

猪伪狂犬病是由伪狂犬病病毒引起的猪和其他动物共患的一种急性传染病。其特征为发热，脑脊髓炎的症状，成年猪常表现为隐性感染，有流产、死胎和呼吸道症状；新生仔猪有神经症状和拉稀等症状。

（一）病原

伪狂犬病病毒属于疱疹病毒科，疱疹病毒亚科。病毒常存在于脑脊髓组织中。病猪发病期间，其鼻液、唾液、奶液、阴道分泌物以及血液、实质器官中都含有病毒。病毒对外界抵抗力较强，在污染的猪舍能存活 30 天以上，在肉中可存活 35 天以上；但病毒对化学药品的抵抗力不强，一般常用的消毒药均有效，如福尔马林、0.5% 石灰乳、2% 氢氧化钠溶液或 0.1% 升汞能立即杀死病毒。

（二）流行病学

本病多种家畜和野生动物都可感染，家畜中以猪发生较多，但犬也可感染发病。本病一年四季均可发生，但以春季和产仔旺季多发。病猪、带毒猪为重要传染源，康复猪可通过鼻腔分泌物及唾液持续排毒，但粪尿不带毒。本病主要通过食入病毒污染的饲料、气雾经鼻腔与口腔感染，也可通过交配、精液、胎盘传播；还可以经破损的皮肤感染，被病毒污染的工作人员和器具在传播中起着重要的作用，也可通过吸血昆虫叮咬传播。

近两年伪狂犬疫情席卷全国，多地出现伪狂犬病毒强毒株，其主要特征是吃了病死猪的狗大批死亡，一般疫苗难以控制疫情，损失严重。

（三）临床症状

本病潜伏期一般为3～6天，猪的临床症状随年龄不同有很大的差异，但是，都无明显的局部瘙痒现象。

呼吸道症状主要表现在2月龄以上发病猪及怀孕母猪。2月龄以上发病猪，表现为轻微或隐性感染、一过性发热、咳嗽、便秘，发病率很高，无并发症时，死亡率较低；有的猪出现呕吐，多在3～4天恢复。如体温继续升高，呼吸道症状严重时，可发展至肺炎，表现为剧烈咳嗽、呼吸困难。伴发细菌感染时，死亡率明显升高。怀孕母猪则表现为咳嗽、发热、精神不振及流产、产死胎、木乃伊胎等繁殖障碍症状。繁殖障碍的一些具体表现可参照本篇第四章第二节猪伪狂犬病。

1月龄以内哺乳仔猪及断奶仔猪感染发病后，还会出现拉稀、呕吐、神经症状，具体参照本篇第二章第二节和第三章第二节猪伪狂犬病的介绍。

（四）剖检病变

病猪剖检见鼻腔出血性或化脓性炎症，扁桃体、喉头水肿，咽炎，勺状软骨和会厌软骨皱襞呈浆液浸润，并常有纤维素性坏死膜覆盖。肺水肿，上呼吸道有大量泡沫性液，喉黏膜点状或斑块状出血。肾点状出血性炎症。胃底大面积出血，小肠黏膜充血、水肿，大肠有斑块状出血。淋巴结特别是肠系膜淋巴结和下颌淋巴结充血肿大，间有出血。脑膜充血、水肿。病程较长者，心包液、胸腹液、脑脊髓液均明显增多。肝表面有大量纤维素渗出。仔猪剖检主要是肾脏布满针尖样出血点，有时见到肺水肿，脑膜表面充血、出血，有的先天感染仔猪肾脏发育不良，表面凹凸不平。

（五）诊断方法

根据病猪典型的临床症状和剖检病变以及流行病学情况，可做出初步诊断。但若只表现为呼吸道症状或感染，只局限于育肥猪和成年猪，则较难做出诊断，且容易误诊。因此确诊本病还需进行实验室检查。

具体实验室诊断方法介绍如下：

1. gE－ELISA：采集全血样品送检，样品 S/N≤0.60，样品应判定为伪狂犬病毒 gpI 抗体阳性；如果 0.60＜S/N≤0.70，样品应重测；如果 S/N＞0.70，样品应判定为伪狂犬病毒 gpI 抗体阴性。

2. gB－ELISA：采集全血样品送检，如采用快速模式（1 小时孵育）进行检测，则样品 S/N≤0.60，判为阳性；0.60＜S/N≤0.70，该样品必须被重测；S/N＞0.70，判为阴性。如采用过夜模式（过夜孵育）进行检测，则样品 S/N≤0.50，判为阳性；0.50＜S/N≤0.60，该样品必须被重测；S/N＞0.60，判为阴性。

3. 乳胶凝集试验：可进行定性试验判定阴阳性、定量检测判定抗体滴度。

4. PCR 或荧光定量 PCR 检测：采集病猪脑组织（尤其是三叉神经节）、扁桃体、淋巴结、脾脏等病料，尽快低温送检。PCR 检测扩增出目的片段者为阳性，荧光 PCR 检测出现标准曲线者为阳性，否则为阴性。

5. 动物接种试验法：采取病猪脑组织，磨碎后加生理盐水，制成 10% 悬液，同时加青霉素 1 000 单位/毫升、链霉素 1 毫克/毫升，放入 4 ℃冰箱过夜，离心沉淀，取上清液于后腿外侧部皮下注射，家兔 1～2 毫升，小鼠 0.2～0.5 毫升，家兔接种后 2～3 天，小鼠 2～10 天（大部分在 3～5 天）死亡。死亡前，注射部位的皮肤发生剧痒。家兔、小鼠抓咬患部，以致呈现出血性皮炎、局部脱毛、皮肤破损出血，则判定为感染猪伪狂犬病病毒。

未进行猪伪狂犬病疫苗免疫时，可选择前四种诊断方法进行检测，结果阳性说明存在猪伪狂犬病病毒感染。

已免疫猪伪狂犬病疫苗的，且选用的是“gE”缺失的，可选择 gE－ELISA 方法进行诊断，结果阳性则存在猪伪狂犬病毒的感染。或选用 PCR 或荧光定量 PCR 检测方法进行诊断，结果阳性，则存在猪伪狂犬病病毒的感染。也可动物接种试验，判定猪存在伪狂犬野毒感染情况。

评价免疫效果的，可选用乳胶凝集试验方法，定量判断猪伪狂犬疫苗抗体的产生情况，群体免疫合格率达 70% 以上为合格。

（六）防治措施

1. 本病主要应以预防为主，对新引进的猪要进行严格的检疫，引进后要隔离观察、抽血检验，对检出的阳性猪要注射疫苗，不可留作种用。

2. 种猪要定期进行疫苗免疫，目前常用的伪狂犬疫苗有灭活苗和基因缺失弱毒苗，基因缺失弱毒苗有 gE 缺失、gI 缺失、gG 缺失和 TK 缺失单价或多价苗，但总的原则是尽量使用同一种基因缺失苗。

后备母猪于 3 月龄及配种前 4 周各免疫 1 次。怀孕母猪于产前 3～4 周免疫 1 次。

公猪除在后备猪阶段免疫 2 次外，以后每年应免疫 3～4 次。

基因缺失弱毒苗可经肌内注射或滴鼻进行仔猪的超前免疫和发病仔猪的紧急预防注射，可在 24 小时内产生明显作用。

对暴发本病的猪场，全群猪用弱毒苗紧急接种，对乳猪和断奶仔猪，用成年猪的 1/3～1/2 剂量，进行免疫，对初生仔猪还可试用 1/4～1/3 剂量做超前免疫。

3. 消毒：猪场要进行定期严格的消毒措施，最好使用 2% 的氢氧化钠溶液或酚类消毒剂。

4. 猪场内要有严格的灭鼠措施，因为带毒的鼠类会把本病散播到全场而无法根除本病。

5. 本病目前无特效治疗药物，对感染发病猪可注射猪伪狂犬病高免血清和抗病毒型干扰素，它对断奶仔猪有效果，同时应用紫锥菊、黄芪多糖等中药制剂配合治疗。对未发病受威胁猪进行紧急免疫接种。

第四节　细菌性呼吸道疾病

一、猪传染性胸膜肺炎

猪传染性胸膜肺炎是由胸膜肺炎放线杆菌引起的猪呼吸系统的一种严重的接触性传染病，以出血性、坏死性、纤维素性胸膜肺炎为特征，引起猪的高度呼吸困难，使猪发生急性败血症而突然死亡。症状典型的猪剖检可见到两侧性肺炎，胸膜粘连，肺炎区色深、质坚、易碎，易继发其他混合感染。

（一）病原

胸膜肺炎放线菌又称副溶血嗜血杆菌，为小到中等大小的球杆状到杆状，具有显著的多形性。本菌对外界抵抗力不强，对常用消毒剂和温度敏感，一般消毒药即可杀灭，对结晶紫、杆菌肽、林可霉素、壮观霉素有一定抵抗力。对四环素族抗生素、青霉素、泰乐菌素、磺胺嘧啶、头孢类等药物较敏感。

（二）流行病学

各种年龄的猪对本病均易感，但由于初乳中母源抗体的存在，本病最常发生于育成猪和成年猪（出栏猪）。本病急性期死亡率很高，死亡率与病菌毒力及环境因素有关，还与其他疾病的存在有关，如猪伪狂犬病、蓝耳病。另外，转群频繁的大猪群比单独饲养的小猪群更易发病。主要传播途径是空气、猪与猪之间的接触、污染排泄物或人员传播。

（三）临床症状

人工感染猪的潜伏期为 1 ~ 7 天或更长。由于猪的年龄、免疫状态、环境因素以及病原的感染数量的差异，临诊上发病猪的病程可分为最急性型、急性型、亚急性型和慢性型。

1. 最急性型： 突然发病，病猪体温升高至41～42 ℃，心率增加，精神沉郁，废食，出现短期的腹泻和呕吐症状，早期病猪无明显的呼吸道症状。后期心衰，鼻、耳、眼及后躯皮肤发绀。晚期呼吸极度困难，常呆立或呈犬坐式，张口伸舌，咳喘，并有腹式呼吸。临死前体温下降，严重者从口鼻流出泡沫血性分泌物。病猪于出现临诊症状后24～36小时死亡。有的病例见不到任何临诊症状而突然死亡。此型的病死率高达80%～100%。

2. 急性型： 病猪体温升高达40.5～41 ℃，严重的呼吸困难，咳嗽，心衰；皮肤发红，精神沉郁。由于饲养管理及其他应激条件的差异，病程长短不定，所以在同一猪群中可能会出现病程不同的病猪，如亚急性型或慢性型。

3. 亚急性型和慢性型： 多于急性期后期出现。病猪轻度发热或不发热，体温在39.5～40 ℃，精神不振，食欲减退。不同程度地出现自发性或间歇性咳嗽，呼吸异常，生长迟缓。病程几天至一周不等，或治愈或当受到应激时，症状加重，猪全身肌肉苍白，心跳加快而突然死亡。

（四）剖检病变

病猪剖检见主要病变存在于肺和呼吸道内，肺呈紫红色，肺炎多是双侧性的，并多在肺的心叶、尖叶和膈叶出现病灶，其与正常组织界线分明。最急性死亡的病猪气管、支气管中充满泡沫状、血性黏液及黏膜渗出物，无纤维素性胸膜炎出现。发病24小时以上的病猪，肺炎区出现纤维素性物质附于表面，肺出血、间质增宽、有肝变。气管、支气管中充满泡沫状、血性黏液及黏膜渗出物，喉头充满血性液体，肺门淋巴结显著肿大。随着病程的发展，纤维素性胸膜炎蔓延至整个肺脏，使肺和胸膜粘连。常伴发心包炎，肝、脾肿大，色变暗。病程较长的慢性病例，可见硬实肺炎区，病灶硬化或坏死。发病后期，病猪的鼻、耳、眼及后躯皮肤出现发绀，有紫斑。

（五）诊断方法

根据本病主要发生于育成猪和架子猪，有天气变化等诱因的存在，比较特征性的临床症状及病理变化特点，可做出初诊。确诊要无菌采集可疑病猪肺脏、器官、血液等进行实验室检查。

具体实验室诊断方法介绍如下：

1. 直接镜检：从鼻、支气管分泌物和肺脏病变部位采取病料涂片或触片，革兰氏染色，显微镜检查，如见到多形态的两极浓染的革兰氏阴性小球杆菌或纤细杆菌，可进一步鉴定。

2. 病原的分离鉴定：将无菌采集的病料接种在7%马血巧克力琼脂、画有表皮葡萄球菌十字线的5%绵羊血琼脂平板或加入生长因子和灭活马血清的牛心浸汁琼脂平板上，于37 ℃含5% ~ 10%二氧化碳条件下培养。如分离到可疑细菌，可进行生化特性、环腺苷酸试验、溶血性测定以及血清定性等检查。

3. 血清学诊断：常用方法为正向间接血凝试验（IHA）和ELISA。

养殖场（户）可从鼻、支气管分泌物和肺脏病变部位采取病料直接进行显微镜诊断或采集全血进行血清学诊断。

（六）防治措施

1. 应加强饲养管理，严格卫生消毒措施，注意通风换气，保持舍内空气清新，减少各种应激因素的影响，保持猪群足够均衡的营养水平。

2. 应加强猪场的生物安全措施。从无病猪场引进公猪或后备母猪，防止引进带菌猪；采用“全进全出”饲养方式，出猪后栏舍彻底清洁消毒，空舍1周后才重新使用。新引进猪或公猪混入被副猪嗜血杆菌感染的猪群时，应该进行疫苗免疫接种并口服抗菌药物，到达目的地后隔离一段时间再逐渐混入较好。在混群、疫苗注射或长途运输前 1 ~2 天，应投喂敏感的抗菌药物，如在饲料中添加适量的磺胺类药物或泰妙菌素、泰乐菌素、新霉素、林可霉素和壮观霉素等抗生素，进行药物预防，可控制猪群发病。

3. 对已污染本病的猪场应定期进行血清学检查，清除血清学阳性带菌猪，并制订药物防治计划，逐步建立健康猪群。

4. 疫苗免疫接种：灭活菌苗具有较好的免疫效果，一般在 5 ~8周龄时首次免疫，2 ~3 周后二次免疫。母猪在产前 4 周进行免疫接种。但由于胸膜肺炎放线杆菌的血清型较多，因此应根据当地流行菌株的血清型选用多价菌苗或选用具有交叉免疫反应的菌株制作的疫苗。对于感染压力特别大的场户，还可以制作自家疫苗进行免疫，具体制作的方法及使用注意事项可参照第二篇第一章第一节常用生物制品简介及使用。

二、猪链球菌病

猪链球菌病是由多种不同群的致病性链球菌引起的一种人畜共患的急性、热性传染病。是一种多型性疾病，主要表现为急性出血性败血症、心内膜炎、脑膜炎、关节炎、哺乳仔猪下痢和孕猪流产等。

（一）病原

链球菌属于革兰氏阳性球菌，呈链状排列，短者由 4 ~8 个细菌组成，长者由 20 ~30 个细菌组成。

本菌抵抗力不强，对热敏感，55 ℃大部分被杀死，煮沸可很快被杀死，对一般消毒剂敏感，在干燥尘埃中可存活数日，对青霉素、红霉素、氯霉素、四环素等均敏感，耐药性低；对磺胺类药物敏感。

（二）流行病学

该病的流行虽无明显季节性，一年四季均可发生，但在夏秋炎热、潮湿季节较为多发。本病流行大多呈散发和地方性流行，偶有暴发。

病猪、临床康复猪和健康猪均可带菌，呼吸道是本病的主要传播途径，消化道、皮肤伤口也可传播。

败血症型又称 2 型链球菌病，可见于各种类型猪，且以架子猪和母猪发病率高；关节炎型又称 1 型链球菌病，多见于仔猪和架子猪；淋巴结脓肿型多发于育肥猪和成年猪。

在养猪场，猪链球菌病已成为一种常见病和多发病，经常成为一些病毒性疾病如猪瘟、猪繁殖与呼吸综合征、猪圆环病毒 2 型感染等的继发病。而且，常与一些疾病如附红细胞体病、巴氏杆菌病、副猪嗜血杆菌病、传染性胸膜肺炎等混合感染。一些诱因如气候的变化、营养不良、卫生条件差、多雨、潮湿、长途运输等均可促使本病的发生。败血症型的发病率一般为 30% 左右，有时在某些特定诱因作用下死亡率可达 80% 以上。

（三）临床症状

依据临床表现不同，猪链球菌病可分为败血症型、脑膜炎型、淋巴结脓肿型三种类型。

1. 败血症型：分为最急性型、急性型和慢性型三种。

（1）最急性型：病例主要见于流行初期，发病急，病程短，往往不见任何异常症状猪就突然死亡。发病猪突然减食或停食，精神委顿，体温升高到 41 ~ 42 ℃，呼吸困难，便秘，结膜发绀，卧地不起，口、鼻流出淡红色泡沫样液体，多在 6 ~ 24 小时死亡。

（2）急性型：病例表现为精神沉郁，体温升高达 43 ℃，出现稽留热，食欲减退，眼结膜潮红，流泪，鼻腔中流出浆液性或脓性分泌物，呼吸急促，间有咳嗽，颈部、耳郭、腹下及四肢下端皮肤呈紫红色，有出血点，出现跛行，病程稍长，多在 1 ~ 3 天死亡。

（3）慢性型：病例多由急性型转变而来。病猪多表现为多发性关节炎，表现一肢或几肢关节肿胀，疼痛，高度跛行，甚至不能站立，严重的可瘫痪。病程可达2～3周。

2. 脑膜炎型：多发生于哺乳仔猪和断奶仔猪，主要表现为神经症状，具体参照本篇第三章第三节。

3. 淋巴结脓肿型：该型是由猪链球菌经口、鼻及皮肤损伤感染而引起。多见于断奶仔猪和育肥猪。主要表现为在颌下、咽部、耳下、颈部等部位的淋巴结化脓和形成脓肿。病程3～5周。

（四）剖检病变

1. 败血症型：

（1）最急性型：表现为口鼻流出红色泡沫液体，气管、支气管呈树枝状充血，常充满泡沫液体，肺充血肿胀。可见败血症变化，血液凝固不良，切断血管流出紫红色煤焦油样血液，尸僵较慢，易于腐败；各器官充血、出血明显，心包积液，脾脏肿大。

（2）急性型：表现为耳、胸、腹下部和四肢内侧皮肤有一定数量的出血点，皮下组织广泛出血。病死猪全身淋巴结肿胀、出血。心包内积有淡黄色液体，心内膜出血。脾、肾肿大、出血。胃和小肠黏膜充血、出血。

（3）慢性型：死后剖检可见关节周围肿胀、充血，滑液混浊；重者关节软骨坏死，关节周围组织有多发性化脓灶，关节腔积液，有的有纤维素性或脓性渗出物。

2. 脑膜炎型：可见脑膜充血、出血，脑脊液混浊，脑实质有化脓性脑炎病变。致病性2型猪链球菌引起的脑膜炎可造成持续的严重后果，引起的损失比其他血清型猪链球菌引起的病症更为严重。

3. 淋巴结脓肿型：淋巴结肿大，发硬，化脓。

（五）诊断方法

目前常用的实验室诊断主要包括涂片镜检、培养特性检查、生理生化特性鉴定、动物试验。

1. 涂片镜检： 可以采集病猪的耳静脉血、前腔静脉血、胸腹腔和关节腔的渗出液或肝、脾等组织涂片染色镜检，可见革兰氏阳性的链球菌短链。

2. 培养特性检查： 链球菌营养要求较高，应使用含血液或血清的培养基。菌落呈细小露滴状、灰白色。

3. 生理生化特性鉴定： 血平皿 β 溶血，不发酵菊糖、棉籽糖；能发酵甘露醇、核糖、水杨苷、山梨醇、精氨酸。

4. 动物试验： 10% 病料悬液接种于小鼠（皮下 0.1 ~ 0.2 毫升）或家兔（皮下或腹腔 0.5 ~ 1 毫升），12 ~ 72 小时死亡，可确诊。

可以采集病猪的耳静脉血、前腔静脉血、胸腹腔和关节腔的渗出液或肝、脾等组织，进行细菌学的综合诊断。

（六）防治措施

1. 免疫与预防： 未发病猪使用猪败血性链球菌病弱毒疫苗进行免疫注射。种母猪在产前，肌内注射，每次 2 头份；种公猪每年注射 2 次，每次 2 头份；仔猪在 35 ~ 45 日龄肌内注射，每次 1.5 头份；注射 14 天后产生免疫力。

发病猪场可用猪链球菌 ST171 弱毒冻干苗对 10 日龄仔猪进行首次免疫，60 日龄进行第二次免疫，怀孕母猪应在产前 15 ~ 20 天加强一次免疫。

2. 药物预防： 在本病流行季节，可用药物预防，以控制本病的发展。可在每吨饲料中加入金霉素或四环素 600 ~ 800 克，连喂 2 周。发病猪场有病例发生时，可在每吨饲料中添加阿莫西林 150 克，连用 7 ~ 14 天，效果明显。

3. 对发病猪及早确诊，隔离治疗：

（1）对关节炎幼猪，可用头孢噻呋或林可霉素进行治疗，按每千克体重 10 万单位肌内注射，每天 2 次。

（2）对败血症及脑膜炎猪，应在发病早期使用大剂量的抗生素或磺胺类药物进行治疗，较敏感的药物有氨苄青霉素、青霉素、链霉素、磺胺噻唑钠等。

（3）对发病严重、出现高热症状的病猪，可用较大剂量的头孢噻呋或阿莫西林加氨基比林稀释后肌内注射。按 10 毫克/千克剂量进行肌内注射，每天 2 次，连用 3～5 天。

（4）对淋巴结脓肿猪，待脓肿成熟变软后，及时切开，排除脓汁，用 0.1% 高锰酸钾液冲洗后，涂上碘酊，可配合肌内注射青霉素等抗生素药品，短期内尽量避免用水冲洗，以防感染。

猪舍及环境等用复合醛（1∶200 倍稀释）进行消毒。粪便应采取堆积发酵处理。

4. 其他综合防控措施：加强饲养管理，注意保持营养的均衡，尽量减少各种应激因素，注意猪舍通风，适当降低饲养密度，避免过度拥挤，增强猪群的抵抗力。重视猪场环境清洁和消毒工作。猪舍和栏架应避免有尖锐物品存在，以防划伤仔猪皮肤而发生感染等。

三、副猪嗜血杆菌病

副猪嗜血杆菌病又称多发性纤维素性浆膜炎和关节炎，是由副猪嗜血杆菌引起的。临床上以体温升高、关节肿胀、呼吸困难、多发性浆膜炎、关节炎和高死亡率为特征的一种传染病，严重危害仔猪和青年猪的健康。

（一）病原

本病菌属革兰氏阴性短小杆菌，形态多变，有 15 个以上血清型，其中血清型 5、血清型 4 和血清型 13 最为常见。一般条件下难以分离和培养，且对抗生素极易产生耐药性。

本病菌对外界抵抗力不强，干燥环境下易死亡。60 ℃可存活 5～20 分钟，4 ℃可存活 7～10 天，常用消毒药可将其杀灭。

本菌对氟喹诺酮类、头孢类、增效磺胺类、阿莫西林、氟苯尼考、土霉素、四环素、卡那霉素和庆大霉素等药物敏感；大多数菌株对红霉素、氨基糖苷类、大观霉素和林可霉素有抵抗力；极易产生耐药性。

（二）流行病学

副猪嗜血杆菌可能导致高发病率和高死亡率的全身性疾病，各年龄段均有死亡的病例，以 5～8 周龄为甚。

该病通过呼吸系统传播，也曾一度被认为是由应激所引起的。当猪群中存在繁殖与呼吸综合征、流感或支原体肺炎等疾病或饲养环境差，断水、断奶、转群、混群、运输等，都可诱发本病的发生。

在肺炎中，副猪嗜血杆菌被假定为一种随机入侵的次要病原，是一种典型的机会性病原，只在与其他病毒或细菌协同时才引发疾病。

副猪嗜血杆菌只感染猪，可以影响 2～4 月龄的青年猪，主要在断奶前后和保育阶段发病，通常见于 5～8 周龄的猪，发病率一般在 10%～15%，严重时死亡率可达 50%。急性病例，往往首先发生于膘情良好的猪，有时会无明显症状突然死亡；慢性病例多见于保育猪。

（三）临床症状

临床症状取决于炎症部位，包括发热、呼吸困难、关节肿胀、跛行、皮肤及黏膜发绀、站立困难甚至瘫痪、僵猪或死亡。

1. 急性病例：发热，体温 40.5～42.0 ℃，精神沉郁，食欲下降，呼吸困难，腹式呼吸，皮肤发红或苍白，耳梢发紫，眼睑皮下水肿，行走缓慢或不愿站立，腕关节、跗关节肿大，共济失调，临死前侧卧或四肢呈划水样，有时会无明显症状突然死亡。

2. 慢性病例：主要是食欲下降，咳嗽，呼吸困难，被毛粗乱，四肢无力或跛行，生长不良，直至衰竭而死亡。

种母猪发病可流产，种公猪有跛行。哺乳母猪的跛行可能导致母性的极端弱化。死亡时体表发紫，肚子大，有大量黄色腹水。

（四）剖检病变

病猪剖检，胸膜炎（包括心包炎和肺炎）明显，关节炎次之，腹膜炎和脑膜炎相对少一些。以浆液性、纤维素性渗出（严重的呈豆腐渣样）为炎症特征。肺可有间质水肿、粘连，心包积液、粗糙、增厚，腹腔积液，肝脾肿大、与腹腔粘连，关节病变亦相似。腹股沟淋巴结呈大理石状，颌下淋巴结出血严重，肠系膜淋巴变化不明显，肝脏边缘出血严重，脾脏有出血边缘隆起米粒大的血疱，肾乳头出血严重，猪脾边缘有梗死，肾可能有出血点，肺间质水肿，最明显是心包积液、心包膜增厚、心肌表面有大量纤维素渗出，喉管内有大量黏液，后肢关节切开有胶冻样物。

（五）诊断方法

根据其典型的临床症状和剖检病变可做出初步诊断。但确诊需进行实验室检查。

具体实验室诊断方法介绍如下：

1. 涂片镜检：采取肺发炎组织、心内血液、肝、脾组织做涂片，革兰氏染色，镜检见到细小杆状，个别两极球杆状革兰氏阴性菌。

2. 细菌分离鉴定：取肺炎区、心血、肝、脾、胸腔渗出物分别接种于兔血琼脂培养基、肉汤培养基、麦康凯培养基中，置于37 ℃恒温培养箱内培养24 小时后，肉汤培养基和麦康凯培养基中未见细菌生长；培养至48 小时，兔血琼脂培养基表面见有许多边缘整齐、针头大小、圆形的隆起，灰白色、半透明、湿润、光滑、露珠样的菌落。挑取菌落进行涂片，革兰氏染色，镜检可见大小不一、细长、丝状的革兰氏阴性球杆菌。

3. 生化试验：取心血、肺、肝、脾组织中分离的病菌接种于巧克力琼脂培养基，经纯化增菌培养后，挑取细菌接种于犊牛血琼脂培养基，无溶血现象。画线接种于有葡萄球菌的血液平板培养基上培养24小时后，在画线周围菌落生长良好，呈卫星现象。

4. 血清学检测：从猪体前腔静脉、耳静脉采集血液样品送检，进行间接血凝试验或ELISA方法进行检测。

5. PCR或荧光定量PCR检测：采集病猪血液、肺脏、肝脏及胸腔积液等病料，尽快低温送检。PCR检测扩增出目的片段者为阳性，荧光定量PCR检测出现标准曲线者为阳性，否则为阴性。

（1）未免疫副猪嗜血杆菌疫苗的，可选择以上任何一种方法进行诊断，结果阳性则存在副猪嗜血杆菌的感染。

（2）已免疫副猪嗜血杆菌疫苗的，可选用涂片镜检、细菌分离鉴定、生化试验及PCR或荧光定量PCR检测方法进行诊断，结果阳性的则存在副猪嗜血杆菌的感染。

（六）防治措施

1. 加强饲养管理，减少各种应激：在疾病流行期间有条件的猪场仔猪断奶时可暂不混群，对混群的一定要严格把关，把病猪集中隔离在同一猪舍，对断奶后保育猪“分级饲养”，这样也可减少蓝耳病、圆环病毒2型在猪群中的传播。在猪群断奶、转群、混群或运输前后可在饮水中加一些抗应激的药物如维生素C等，同时，在料中添加氟喹诺酮类、头孢类、增效磺胺类等抗生素进行预防。冬季应注意保暖、通风，改善猪群空气环境。

2. 严格消毒：彻底清理猪舍卫生，用2%氢氧化钠水溶液喷洒猪舍地面和墙壁，2小时后用清水冲净，再用二氧化氯等氯制剂和碘制剂喷雾消毒，连续喷雾消毒4～5天。

3. 病猪的隔离治疗：对病猪进行有效隔离、治疗，口服抗生素进行全群性药物预防。为控制本病的发生发展和耐药菌株出现，应进行药敏试验，科学使用抗生素。大多数血清型的副猪嗜血杆菌对头孢菌素、氟甲砜、庆大霉素、大观霉素、磺胺类及喹诺酮类等药物敏感。

4. 免疫：用自家苗或副猪嗜血杆菌多价灭活苗进行免疫能取得较好效果。种猪用副猪嗜血杆菌多价灭活苗免疫能有效保护小猪早期不发病，降低复发的可能性。免疫的同时最好结合科学的药物治疗，能达到标本兼治的功效。

四、猪传染性萎缩性鼻炎

猪传染性萎缩性鼻炎是一种由支气管败血波氏杆菌和产毒素多杀性巴氏杆菌引起的猪的慢性呼吸道传染病。临诊上以鼻炎、鼻梁变形、鼻甲骨萎缩和生产性能下降为特征。

（一）病原

病原有两种，支气管败血波氏杆菌和多杀性巴氏杆菌毒素源性菌株联合感染。

支气管败血波氏杆菌为革兰氏染色阴性球状杆菌，本菌对外界环境的抵抗力不强，一般消毒药均可杀死病菌。在液体中，58 ℃下 15 分钟可将其杀灭。

（二）流行病学

本病在自然条件下只感染猪，各种年龄的猪都可感染，最常见于 2 ~ 5 月龄的猪。在出生后几天至数周的仔猪感染时，发生鼻炎，能引起鼻甲骨萎缩；年龄较大的猪感染时，可能不发生或只产生轻微的鼻甲骨萎缩，但是一般表现为鼻炎症状，症状消退后成为带菌猪。

病猪和带菌猪是主要传染来源。病菌存在于上呼吸道，主要通过飞沫传播，经呼吸道感染。本病的发生多数是由有病的母猪或带菌猪传染给仔猪的。不同月龄猪只混群，再通过水平传播，扩大到全群。昆虫、被污染物品及饲养管理人员，在传播上也起一定作用。

本病在猪群中传播速度较慢，多为散发或呈地方流行性。饲养管理条件不好，猪舍潮湿，寒冷，通风不良，猪只饲养密度大、拥挤、缺乏运动，饲料单纯及缺乏钙、磷等矿物质等，常易诱发本病，加重病情。

（三）临床症状

猪只常因鼻炎刺激黏膜表现不安定，用前肢搔抓鼻部，或鼻端拱地，或在猪舍墙壁、食槽边缘摩擦鼻部，并可留下血迹；从鼻部流出分泌物，分泌物先是透明黏液样，继之为黏液或脓性物，甚至流出血样分泌物，或引起不同程度的鼻出血。受感染的小猪出现鼻炎症状，打喷嚏，呈连续或断续性发生，呼吸有鼾声。

在出现鼻炎症状的同时，病猪的眼结膜常发炎，从眼角不断流泪。由于泪水与尘土粘积，常在眼眶下部的皮肤上出现一个半月形的泪痕湿润区，呈褐色或黑色斑痕，故有“黑斑眼”之称，这是特征性的症状。

（四）剖检病变

病猪剖检可见病变多局限于鼻腔和邻近组织。早期可见鼻黏膜及额窦有充血和水肿，有多量黏液性、脓性甚至干酪性渗出物蓄积。进一步发展，最典型的病变是鼻腔的软骨和鼻甲骨的软化和萎缩，大多数病例，最常见的是下鼻甲骨的下卷曲受损害，鼻甲骨上下卷曲及鼻中隔失去原有的形状，弯曲或萎缩。鼻甲骨严重萎缩时，使腔隙增大，上下鼻道的界限消失，鼻甲骨结构完全消失，常形成空洞。

（五）诊断方法

对于典型的病例，可根据临诊症状、剖检病变做出诊断，但在该病早期，典型症状尚未出现之前需要依靠实验室方法确诊。

具体实验室诊断方法介绍如下：

1. 微生物学诊断：

（1）病料采集：把鼻腔外部污物擦净，鼻腔内外用 70% 酒精消毒，用灭菌棉拭子沿鼻中插进鼻腔内约 1/2 处，充分转动，使鼻腔内分泌物黏附于棉拭子上，送实验室，立即培养；也可放入灭菌肉汤或生理盐水试管内，保存在冰箱中，但最好在4小时内进行培养。

（2）细菌培养和鉴定：分离培养常采用改良麦康凯琼脂培养基。在37 ℃温箱中培养24小时，菌落为针尖大小，培养48小时，菌落大小为2毫米，呈灰褐色、半透明状、隆起、光滑、有特殊霉臭味，在5%马血清琼脂培养基上有溶血现象，符合上述特性的为可疑菌落。挑出可疑菌落做革兰氏染色镜检，本菌为革兰氏阴性小球杆菌。将革兰氏阴性菌落挑到胰蛋白磷酸盐肉汤培养基进行纯培养，18～24小时后做进一步生化特性的测定，以确定本菌。

2. 血清学诊断：猪传染性萎缩性鼻炎的血清学诊断常采用血清试管凝集反应。

养殖场（户）可采集鼻腔棉拭子进行微生物学诊断，也可采集猪血清进行血清学诊断。

（六）防治措施

1. 加强引种管理，进行严格的检疫，防止带菌猪引入猪场，引入后至少观察3周，病原学检测阴性者方可混群。

2. 严格执行“全进全出”和隔离饲养的生产制度，加强4周龄以内仔猪的饲养管理，创造良好的生产环境，适当通风，尽量隔离饲养，减少不同年龄的猪只的接触。

3. 适时进行疫苗免疫接种，降低群体发病率。可选用猪萎缩性鼻炎病原疫苗，母猪可于产前2个月和1个月分别接种1次；无母源抗体的仔猪在1周龄和3～4周龄分别接种1次。

4. 药物预防和治疗。投药一般在产前2周，并在整个哺乳期定期进行（如从2日龄开始，每周注射1次长效土霉素，连用3次），结合哺乳仔猪鼻腔内用药（2.5%硫酸卡那霉素喷雾，滴注0.1%高锰酸钾液、2%硼酸液等），可起到一定预防和治疗效果。常用治疗药物包括土霉素、金霉素、恩诺沙星、环丙沙星和各种磺胺类药物，但在用药前最好通过药敏试验来选择敏感药物。

5. 从经济评价方面讲，在本病流行严重的猪场，建议采用淘汰病猪、更新猪群的控制措施，经严格消毒后，重新引进健康猪群。而在流行范围小、发病率不高的猪场应及时淘汰感染母猪、发病仔猪，防止蔓延和扩散。

五、猪肺疫

猪肺疫是由多杀性巴氏杆菌所引起的一种急性传染病（猪巴氏杆菌病），俗称“锁喉风”“肿脖瘟”。急性或慢性经过，急性呈败血症变化，咽喉部肿胀，高度呼吸困难。

（一）病原

多杀性巴氏杆菌属巴氏杆菌科巴氏杆菌属，为革兰氏阴性菌。其两端钝圆，中央微凸的球杆菌或短杆菌。用病料组织或体液涂片，以瑞氏、姬姆萨或美蓝染色时，菌体多呈卵圆形，两极着色深，似两个并列的球菌。本菌对直射日光、干燥、热和常用消毒药的抵抗力均不强，但在腐败的尸体中可生存 1 ~ 3 个月。

（二）流行病学

传染源为病猪及带菌猪。病菌存在于急性或慢性病猪的肺脏病灶、最急性型病猪的各个器官以及某些带菌猪的呼吸道和肠管中，并可经分泌物及排泄物排出。

传播途径主要经呼吸道、消化道传染，也可经损伤的皮肤而传染。此外，带菌猪因某些因素特别是上呼吸道黏膜受到刺激而使机体抵抗力降低时，也可发生内源性传染。

各年龄的猪均对本病易感，尤以中猪、小猪易感性更大。其他畜禽也可感染本病。

最急性型猪肺疫，常呈地方流行性；急性型和慢性型猪肺疫多呈散发性，并且常与猪瘟、猪支原体肺炎等混合感染继发。

（三）临床症状

本病潜伏期 1 ~5 天，一般为 2 天左右。

1. 最急性型： 多见于流行初期，常突然死亡。病程稍长者，表现为高热（达 41 ~42 ℃），结膜充血、发绀。耳根、颈部、腹侧及下腹部等处皮肤发生红斑，指压不全褪色。特征症状是咽喉红、肿、热、痛，急性炎症，严重者局部肿胀可扩展到耳根及颈部。呼吸极度困难，口鼻流血样泡沫，多经 1 ~2 天窒息而死。

2. 急性型： 为常见病型。主要呈现纤维素性胸膜肺炎。除败血症状外，病初体温升高达 40 ~41 ℃，痉挛性干咳，有鼻漏和脓性结膜炎。初便秘，后腹泻。呼吸困难，常做犬坐姿势，胸部触诊有痛感，听诊有啰音和摩擦音。多因窒息死亡。病程 4 ~6 天，不死者转为慢性型。

3. 慢性型： 主要呈现慢性肺炎或慢性胃肠炎。病猪表现为持续咳嗽、呼吸困难，鼻流出黏性或脓性分泌物，胸部听诊有啰音和摩擦音。关节肿胀。时发腹泻，呈进行性营养不良，极度消瘦，最后多因衰竭而死，病程 2 ~4 周。

（四）剖检病变

1. 最急性型： 全身黏膜、浆膜和皮下组织有大量出血点，最突出的病变是咽喉部、颈部皮下组织出血性浆液性炎症，切开皮肤时，有大量胶冻样淡黄色水肿液。全身淋巴结肿大，呈浆液性出血性炎症，以咽喉部淋巴结最显著。心内外膜有出血斑点。肺充血、水肿。胃肠黏膜有出血性炎症。脾不肿大。

2. 急性型： 有肺肝变、水肿、气肿和出血等病变特征，主要位于肺尖叶、膈叶前缘。病程稍长者，肝变区内有坏死灶，肺小叶间有浆液浸润，肺炎部切面常呈大理石状。肺肝变区的表面有纤维素絮片，并常与胸膜粘连。胸腔及心包腔积液。胸部淋巴结肿大，切面发红、多汁。支气管、气管内有多量泡沫样粘液，气管黏膜有炎症变化。

3. 慢性型：肺有较大坏死灶，有结缔组织包囊，内含干酪样物质，有的形成空洞。心包和胸腔内液体增多，胸膜增厚、粗糙，上有纤维素絮片与病肺黏连。无全身败血病变。

（五）诊断方法

1. 临床诊断：本病发病急，高热，呼吸高度困难，口鼻流出泡沫，咽喉部炎性水肿，或呈现纤维素性胸膜肺炎。剖检咽喉部、颈部有炎性水肿和出血变化，气管有多量泡沫，肺和胸膜有炎症变化，淋巴结肿大，切面红色，脾无明显病变，再结合流行病学，可初步诊断为本病。必要时，尚需进行病原学诊断。

2. 实验室诊断：

（1）显微镜检查：取病死猪肝、脾涂片，瑞氏染色，见两极着色小杆菌。

（2）细菌分离培养：取病死猪的肺脏、胸膜上的纤维素和心包积液，普通培养基中生长差，营养要求较高，在麦康凯培养基上不生长。分别接种于鲜血琼脂、血清琼脂或马丁琼脂培养基，置 37 ℃下培养 24 小时。在鲜血琼脂培养基上生长有直径2 ~ 3 毫米的灰白色、表面光滑、闪光的小露珠样菌落，菌落周围不溶血。在普通琼脂培养基上有少量的菌落生长，但生长不良，呈针头大小。在血清肉汤中培养开始轻微混浊，4 ~ 6 小时液体变清，液面形成菌环，管底出现黏稠沉淀。无菌挑取菌落在玻片上经革兰氏染色镜检，可见到大量革兰氏阴性的细小短杆菌。

（3）生化试验：培养 48 小时可分解葡萄糖、果糖、蔗糖、甘露糖和半乳糖，产酸不产气。大多数菌株可发酵甘露醇、山梨醇和木糖。可形成靛基质。触酶和氧化酶试验均为阳性，甲基红试验和 VP 试验均为阴性，石蕊牛乳无变化，不液化明胶，产生硫化氢和氨。

（4）动物试验：取病死猪肝、脾共 10 克研碎，用生理盐水制成10%悬液备用。将4只小白鼠分成2组，每组2只。试验组每只腹腔注射上述悬液0.3毫升，对照组注射同量的生理盐水，观察48小时。试验组小鼠18~24小时死亡，而对照组未见异常。取死亡的小白鼠肝、脾涂片，瑞氏染色镜检见两极着色的小杆菌。

对养殖场（户）病死猪的病料进行显微镜检查、细菌分离培养、生化试验和动物试验，进而确诊。

（六）防治措施

1. 加强饲养管理：应坚持自繁自养，加强检疫，合理的饲养管理（分离与早期断奶，“全进全出”式生产，尽量减少猪群的混群及分群，减少猪群的密度等），改善环境卫生，定期接种菌苗等。

2. 做好免疫接种：用菌落荧光色泽检查和交互免疫试验筛选出的Fg型菌株制成的氢氧化铝甲醛菌苗，对猪有良好免疫原性。用猪肺疫氢氧化铝甲醛菌苗或猪三联苗，定期进行预防注射。

3. 治疗：本菌对青霉素、链霉素、广谱抗生素、磺胺类药物都敏感，均可用于治疗，病初应用均有一定疗效。抗猪肺疫血清也可用于本病的防治，如配合抗生素和磺胺类药治疗，疗效更佳。

4. 发病处置：一旦猪群发病，应立即采取隔离、消毒、紧急接种、药物防治等措施。病尸应进行深埋或高温等无害化处理。

第五节 其他呼吸道疾病

一、猪肺炎霉形体病（支原体肺炎）

猪支原体肺炎又称猪喘气病，是由猪肺炎支原体引起的一种慢性呼吸道病。长期以来，本病一直被认为是对养猪业造成重大经济损失、最常发生、流行最广、最难净化的重要疫病之一。本病虽为老病，但近年来由于经常和蓝耳病、圆环病毒病等其他病原混合感染，造成重大的经济损失而突显出其重要性。

（一）病原

猪支原体为支原体属成员。姬姆萨或瑞氏染色良好；革兰氏染色阴性，着色不佳。能在无细胞的人工液体和固体培养基上生长，但生长条件要求十分苛刻，使用江苏Ⅱ号培养基可以提高猪肺炎支原体的分离率。在液体培养基生长时，通常用酚红作指示剂，根据培养基颜色变化来判断支原体的生长状态。

猪肺炎支原体对外界环境抵抗力较弱，外界条件下存活一般不超过26小时。常用的化学消毒剂均有消毒效果，如1%氢氧化钠、20%草木灰等均可在数分钟内将其灭活。对放线菌素D、丝裂菌素C最敏感，青霉素、链霉素、红霉素和磺胺类药对其无效，泰妙菌素、泰乐菌素、林可霉素、大观霉素和土霉素等抗生素对其则有不同程度的抑制或杀灭作用。

（二）流行病学

1. 易感动物：该病的自然病例仅见于猪，其他家畜和动物未见发病。不同年龄、性别和品种的猪均能感染，但病情轻重有所不同，以哺乳仔猪和幼猪的易感性最强，发病率和病死率也较高；其次是生产母猪，特别是怀孕后期和哺乳期的母猪有较高的易感性；育肥猪发病较少，病势也较轻。公猪和成年猪多呈慢性或隐性感染。性别与本病的易感性无关。

2. 传染源：病猪和带菌猪是本病的传染源。

3. 传播途径：猪肺炎支原体主要通过呼吸道传播，健康猪与病猪的直接接触也可感染。

本病一年四季均可发生，但在寒冷、多雨、潮湿或气候骤变时，猪群发病率上升。饲养管理和卫生条件较好时，可减少发病和死亡；饲料质量差，猪舍拥挤、潮湿、通风不良易诱发本病。

（三）临床症状

1. 急性型： 见于新疫区和新感染猪群，病猪突然发作，呼吸困难，呈腹式呼吸并有喘气，咳嗽次数少，或痉挛性阵咳。如未继发感染，体温一般正常，多因窒息而死。病程 1 ~ 2 周，病死率较高。

2. 慢性型： 表现为长期咳嗽，食欲、体温都正常，喘气症状较轻。病程长达 2 ~ 3 个月，甚至长达半年以上。预后因其饲养管理和卫生条件而异。

3. 隐性型： 咳嗽、喘气等症状都不明显，全身状况良好，生长发育几乎正常。老疫区多见，饲养条件好则可逐步康复，反之则可因病情恶化而致死亡。

（四）剖检病变

病猪剖检见肺显著肿大，有不同程度气肿和水肿；肺的尖叶、心叶、中间叶和膈叶前缘呈“肉样”或“虾肉样”实变，常两侧对称；肺门淋巴结肿大，切面呈黄白色。继发感染细菌时，可引起肺和胸膜的纤维素性、化脓性和坏死性病变，还可见其他脏器的病变。组织学病变，早期以间质性肺炎为主，以后则演变为支气管性肺炎。

（五）诊断方法

诊断方法主要以实验室诊断为主。

1. 显微镜检查： 经姬姆萨染色的猪肺炎支原体呈纤细的两极状、车轮状、戒指状等多种形态。

2. 细菌分离培养：

（1）病料采集：用无菌方法采取肺脏实变区与健康部交界处的组织。如果肺脏表面污染严重，可割取大块肺组织放入沸水中煮 8 ~ 10 秒，然后再无菌切取病料。采集的病料应包括支气管。

（2）细菌培养：用不含猪鼻支原体抗血清的非选择性液体培养基，将病料研磨碎，制成10%悬液。取1～2毫升（含猪鼻支原体抗血清）选择培养液和非选择培养基，分别做1∶10直至1∶10 000倍比稀释。如果病料为棉拭子采集的气管或支气管分泌物或呼吸道洗液，也可同样倍比稀释。将含有病料的液体培养液置于37 ℃培养。

养殖场（户）可采取病料进行显微镜检查和细菌分离培养。

（六）防治措施

1. 加强免疫预防：由于猪肺炎支原体只有一个血清型，疫苗免疫是最有效的预防手段。仔猪在7～14日龄时，肺内注射猪肺炎支原体弱毒活疫苗，可有效防止支原体肺炎的发生和流行。

2. 提高饲料营养，增加饲料中的蛋白质和维生素含量；做好场区、猪舍内外环境、人员、进出场车辆及用具的消毒，降低环境中的病原含量。

3. 改善饲养环境，秋冬季应注意保暖、通风，降低饲养密度，减少有害气体对呼吸道黏膜及肺脏的刺激。

4. 药物预防和治疗：常用的药物有泰妙菌素、泰乐菌素、林可霉素等，在治疗时，使用疗程一般在5～7天，必要时还需进行2～3个疗程的治疗。因此在治疗过程中应注意评价药物治疗的效果和价值，注意抗生素的轮换使用。

二、弓形虫病

弓形虫病由弓形体感染动物和人而引起的人畜共患的原虫病。本病以高热、呼吸及神经系统症状、动物死亡和怀孕动物流产、死胎、胎儿畸形为主要特征。

（一）病原

本病的病原体为龚地弓形虫，其终末宿主是猫。

（二）流行病学

本病在 5～10 月的温暖季节发病较多；以 3～5 月龄的仔猪发病严重。其感染源主要是人、病畜和带虫动物，其血液、肉、内脏、分泌物均可能有弓形虫。感染途径以经口感染为主，动物之间相互捕食和吃未经煮熟的肉类为感染的主要途径。此外，也可经损伤的皮肤和黏膜感染。猪在妊娠期感染本病后，可通过胎盘感染胎儿。

（三）临床症状

一般猪急性感染弓形虫后，经 3～7 天的潜伏期，呈现和猪瘟极相似的症状，体温升高至 40.5～42 ℃，稽留 7～10 天，病猪精神沉郁，食欲减少至废绝，喜饮水，伴有便秘或下痢。呼吸困难，常呈腹式呼吸或犬坐呼吸。后肢无力，行走摇晃，喜卧。鼻镜干燥，被毛粗乱，结膜潮红。随着病程发展，耳、鼻、后肢股内侧和下腹部皮肤出现紫红色斑或间有出血点。病后期严重呼吸困难，后躯摇晃或卧地不起，病程 10～15 天。

耐过急性的病猪一般于 2 周后恢复，但往往遗留有咳嗽、呼吸困难及后躯麻痹、斜颈、癫痫样痉挛等神经症状。

（四）剖检病变

病猪剖检见肝脏肿大变硬，表面有黄豆大小的灰白色或灰黄色的坏死灶，并有出血点。肺脏肿大呈暗红色，最为突出的病变是灰白色坏死灶，横切面有混浊粉色带泡沫的液体流出。脾脏一般不肿大，有粟粒大小的坏死灶。肾脏黄褐色，表面有灰白色坏死灶。全身的淋巴结肿大，特别是肺门、肝门、胃等处的淋巴结，表面有坏死灶。胸腔、腹腔及心包有积液。

（五）诊断方法

1. 显微镜检查：

（1）直接观察法：将可疑病畜或死亡动物的组织或体液，做涂片、压片或切片，用甲醇固定后，姬姆萨染色，显微镜下观察，如果为该病，可以发现有弓形虫的存在。

（2）淋巴结穿刺涂片：姬姆萨染色，显微镜检查可以检出病原体。

（3）集虫法检查：取肺、淋巴结磨碎后加10倍生理盐水过滤，以500转/分离心3分钟，沉渣涂片，干燥，用甲醇固定，用瑞氏或姬姆萨染色检查虫体。

2. 血清学诊断：猪弓形虫病的血清学诊断主要有正向间接血凝抑制试验法。正向间接血凝抑制试验的血清凝集价达1∶64以上可判为阳性，1∶256表示新近感染，1∶1 024表示活动性感染。

养殖场（户）可采集血清进行血清学诊断，也可以采集可疑病畜或死亡动物的组织或体液进行显微镜检查。

（六）防治措施

1. 预防：猪场、猪舍应保持清洁，定期消毒，猪场内禁止养猫，防止猫进猪舍和猫粪污染猪舍、饲料和饮水，避免饲养人员与猫接触；尽一切可能灭鼠，不用未煮熟的碎肉或洗肉水喂猪；流产的胎儿排出物以及死于本病的尸体等应按相关规定进行处理，防止环境污染；本病易发季节或发生过该病的猪场，可饲喂添加磺胺嘧啶、磺胺－6－甲氧嘧啶或乙胺嘧啶的饲料预防，连喂7天。

2. 治疗：绝大多数抗生素对弓形虫病无效，仅螺旋霉素有一定效果。磺胺类药物和抗菌增效剂联合使用效果最好，单独使用磺胺类药物也有很好的效果，但所有药物均不能杀死包囊内的慢殖子。使用磺胺类药物时，首次剂量必须加倍。一般应连续用药3～4天。目前常用的治疗药物与用法如下：

（1）磺胺嘧啶与乙胺嘧啶，分别按70毫克/千克体重和6毫克/千克体重，1次内服，2次/天，连用3～5天。

（2）磺胺嘧啶和甲氧嘧啶，前者70毫克/千克体重，后者

14 毫克/千克体重，1 次内服，2 次/天，连用 3～5 天。

（3）10% 磺胺嘧啶钠注射液或 10% 磺胺－6－甲氧嘧啶注射液，50～100 毫克/千克体重，肌内注射，1～2 次/天，连用3～5天。

（4）磺胺－6－甲氧嘧啶和甲氧苄胺嘧啶，前者 70 毫克/千克体重，后者 14 毫克/千克体重，口服，2 次/天，连用 3～5 天。

三、猪肺丝虫病

本病是由猪肺丝虫（后圆线虫）寄生于猪的支气管和细支气管而引起的一种线虫性肺炎。由于虫体呈丝状，故称猪肺丝虫病。

（一）病原

猪肺丝虫有 3 种，最常见的为长刺肺丝虫，寄生于猪的支气管和细支气管内。虫体呈乳白色丝状，雄虫长 12～26 毫米，宽 0.16～0.225 毫米；雌虫长 20～51 毫米，宽 0.4～0.45 毫米。雌虫在宿主支气管内产卵，卵随支气管所排黏液一起通过咳嗽被咽下，随粪便排出外界，卵在潮湿的土壤里吸收水分使卵壳膨胀而破裂，孵出第一期幼虫，幼虫和虫卵被蚯蚓吞食后而受感染。如吞食虫卵和第一期幼虫则在蚯蚓内孵化，第一期幼虫多寄生于蚯蚓的胃壁和食道壁，在 6～9 月，当气温为 25.5～28 ℃时经 7～8 天进行第一、二次蜕皮，发育成感染性幼虫，随粪便排至土壤中，当蚯蚓受伤时，幼虫可以逸出进入土壤。猪吞食了土壤中的感染性幼虫或有感染性幼虫的蚯蚓，在猪肠内被消化释放出感染性幼虫，感染性幼虫钻入猪盲肠壁，经 1～5 天发育，进行第三、四次蜕皮，经肠壁淋巴系统由静脉到肺，钻出毛细血管进入肺泡，再到细支气管、支气管和气管，约在感染后第 28 天发育为成虫。

（二）流行病学

本病的流行与蚯蚓的分布和密度有直接关系，患病猪和带虫猪为感染源，蚯蚓则是中间宿主，虫卵被蚯蚓吞食后，在其体内发育蜕皮，变为第三期幼虫即感染性幼虫，被猪采食感染致病。因此，本病多发于温暖潮湿季节。本病与饲养管理方式有关，舍饲猪群比放牧的猪群感染率低。凡被猪肺丝虫卵污染并有蚯蚓的运动场、牧场，被污染的饲料和植物以及有感染性幼虫的水源，都可以使猪发生感染。据调查，感染率从春季开始增多，9～10月达到高峰，这和蚯蚓的活动规律是相吻合的。

（三）临床症状

在轻微感染时，没有症状或症状不显著；若严重感染，其症状显著。感染1个多月后，有阵发性咳嗽，鼻流浓厚黄色黏液，呼吸迫促，结膜苍白，食欲减退及体重减轻等症状。有的由于虫体堵塞气管窒息而死。常因幼虫移行带入病原菌，并发流行性感冒和病毒性肺炎。

（四）剖检病变

病猪剖检见肺膈叶后缘形成一些灰白色隆起的气肿区，剪开以后，常可在支气管中见到大量的虫体。

（五）诊断方法

特有的临床表现如阵发性咳嗽，持续40～60声，每次咳后有吞咽动作等，同时进行虫卵检查，即用硫酸镁饱和溶液或硫代硫酸钠饱和溶液漂浮法检查粪便虫卵，镜检可见后圆线虫卵呈椭圆形，灰白色，外有一层稍有凹凸不平的蛋白膜，内含有幼虫，即可确诊。

（六）防治措施

1. 猪场建在高燥干爽处，猪舍、运动场应为坚实的地面，注意排水。墙边角泥土要砸紧夯实或换上沙土，构成不适于蚯蚓滋生的环境。

2. 猪粪按时清除，进行堆肥发酵。

3. 应对猪场进行有计划的预防性和治疗性驱虫。

4. 在流行地区，可用1%氢氧化钠或30%草木灰水，淋湿猪舍、运动场。

5. 对发生有支气管炎和肺炎的猪采取对症治疗。

第六节 猪呼吸道疾病的诊断和鉴别

一、从流行特点进行鉴别诊断

（一）猪流行性感冒

猪流行性感冒多发生在冬季或春季，气候变化是主要诱因，常突然发病，迅速波及全群。

（二）猪繁殖与呼吸障碍综合征

猪繁殖与呼吸障碍综合征主要表现是母猪繁殖障碍及仔猪呼吸道症状，育肥猪发病较温和；经空气通过呼吸道感染，传染性极强，有人认为还可通过胎盘感染，猪只贩卖流动、饲养密度过大、饲养管理混乱、栏舍卫生条件不良、气候变化等因素都可促进发病和流行。

（三）猪圆环病毒感染

本病主要发生于断奶仔猪，当断奶仔猪群处于寒冷、闷热、气候剧变、冷热交替、潮湿、拥挤、通风不良、营养缺乏、更换饲料、寄生虫等应激情况下，导致抵抗力降低，此时疫病乘机侵入机体，发生内源性感染和传播。

（四）猪伪狂犬病

该病的发生具有一定的季节性。多发生在寒冷季节，但其他季节也有发生，因为低温有利于病毒的存活，病毒主要通过已感染猪排毒而传给健康猪，仔猪发病率和死亡率可达100%。

（五）猪肺炎支原体感染

本病广泛存在于世界各地，在一般情况下，本病的死亡率不高，但是暴发早期，如果饲养管理条件不良，造成猪只抵抗力下降，其他病原体继发性感染也会造成严重的死亡。

（六）猪传染性萎缩性鼻炎

本病不同年龄的猪均有易感性，但主要侵害幼猪，长白猪最易感，病原体随病猪和带菌猪的鼻腔分泌物排出，通过空气飞沫经呼吸道传播。

（七）猪传染性胸膜肺炎

本病多感染2～5月龄、体重30～60千克的中猪，且多在4～5月和9～11月流行。

（八）猪肺疫

本病发生一般无明显的季节性，但以冷热交替、气候突变、多雨、潮湿、闷热的时期多发，多呈散发性，有时呈地方性流行，本病多发生于3～10周龄的仔猪。

（九）猪链球菌病

本病各种年龄的猪都可感染，仔猪和成年猪均有易感性，以新生仔猪、哺乳仔猪的发病率和病死率最高，多为败血症型和脑膜炎型，中猪和怀孕母猪，以关节炎型多见；病猪、临床康复猪和健康猪均可带菌，猪只之间通过接触传染。

（十）肺丝虫病

本病各地都有发生，冬天和早春多见，各年龄和品种猪都能感染。

二、从临床症状进行鉴别诊断

（一）猪流行性感冒

本病多因气候突变引起，突然发病，全群几乎同时感染，病猪体温升高到40.3～41.5 ℃，有时可高达42 ℃；病猪咳嗽，呼吸困难，眼结膜潮红，眼和鼻流出黏性分泌物，有时鼻分泌物带有血色；畏寒怕冷，喜钻草堆。

（二）猪繁殖与呼吸障碍综合征

本病主要感染母猪和仔猪。仔猪的症状类似于流感，病猪嗜睡，倦怠，体温升高至 40～41 ℃，食欲减退，打喷嚏，咳嗽，呼吸困难，呈腹式呼吸；有些断奶仔猪感染后表现为下痢、关节炎、眼睑肿胀、结膜炎、耳朵变红、皮肤有斑点；母猪不表现呼吸道症状，其特征主要是繁殖障碍，出现流产或早产，产下木乃伊胎、死胎和病弱仔猪，死产率可达 80%～100%。

（三）猪圆环病毒病

患病猪生长不良或停滞、呼吸困难、淋巴结肿大、腹泻、苍白和黄疸；在病猪群中有时亦见咳嗽、发热、胃溃疡、中枢神经障碍和突然死亡，其中有些症状可能与继发感染有关。

（四）猪伪狂犬病

仔猪感染本病后症状明显，主要表现为结膜潮红，流眼泪，有脓性分泌物，呼吸迫促，咳嗽，打喷嚏，腹式呼吸，流清鼻涕，有的口吐白沫；常见阵发性痉挛，出现转圈游泳样运动，做犬坐姿势，叫声嘶哑或叫不出声；多在出现神经症状后 1～2 天死亡，病死率高达 100%。母猪患本病时，伴发便秘、厌食、眼睑水肿，呼吸困难；出现死胎和弱仔；后备猪患病后，屡配不中，返情率高。

（五）猪支原体肺炎

病猪不运动时症状不明显，但稍做运动，就会出现连续性的咳嗽，呼吸加快，呈腹式呼吸，张口喘气，有明显的喘鸣声，体温一般不升高；本病死亡率虽然不高，但却严重影响猪只生长。

（六）传染性萎缩性鼻炎

本病多发于仔猪，3 个月龄以上的猪不表现症状，病猪主要表现为鼻炎症状，打喷嚏，发鼾声，流浆液性、黏液性或脓性分泌物；摇头，拱地，搔抓或摩擦鼻部，吸气时鼻孔开张，严重的张口呼吸，经2～3个月后，鼻部、面部变形，鼻端向上翘起或鼻盘歪向一侧。

（七）传染性胸膜肺炎

本病症状分为急性型、亚急性型和慢性型。急性型体温升高到42℃以上，呼吸急促，极为困难，张口伸舌喘气，阵发性咳嗽，常站立或犬坐而不愿卧地，自口鼻流出泡沫样分泌物；如治疗不及时，多在1～2天窒息死亡；能耐过4天者，多转为慢性型，呈现间歇性咳嗽。

（八）猪肺疫

病猪典型症状是呼吸困难，最急性型张口呼吸，呈犬坐姿势，咽喉高热、肿痛，口鼻内流出泡沫样液体，可视黏膜蓝紫色，后期体躯下部皮肤变红，最后窒息而死。急性型呼吸困难，有干而短的咳嗽，胸部有压痛，流脓性或铁锈色鼻液，皮肤上有红斑，一般经4～6天后窒息死亡；慢性型持续咳嗽，呼吸困难，渐进性消瘦，大多因衰竭而死亡。

（九）猪链球菌病

本病最急性病例往往不表现任何症状而死亡；急性型病例，体温41～42.5℃，呼吸促迫，咳嗽，叫声嘶哑，嘴角流白色泡沫，流浆液性鼻液；眼结膜潮红，有脓性分泌物；四肢、耳末梢及腹部皮肤有出血斑：血尿，粪便干硬并附有黏膜、黏液；脑膜脑炎型病初体温升高，不食、便秘，有浆液性或黏液性鼻汁；继而出现神经症状，运动失调，转圈，空嚼，磨牙，仰卧于地，四肢游泳状划动，甚至昏迷不醒；部分猪出现多发性关节炎。

（十）肺丝虫病

本病主要感染2～4月龄比较瘦弱的猪只，病猪表现为发育不良，被毛粗糙，阵发性咳嗽，在早晚运动后或遇冷空气刺激时尤为剧烈，鼻孔流出脓性黏稠分泌物，重者呈现呼吸困难。体温一般无变化。

三、从病理变化进行鉴别诊断

（一）猪流行性感冒

本病病变主要在呼吸器官，鼻、喉、气管和支气管黏膜出血，表面有大量泡沫状黏液；肺的病变部呈紫红色如鲜牛肉状；病区肺膨胀不全，塌陷，其周围组织呈气肿和苍白色，界限分明；颈淋巴结和纵隔淋巴结肿大、充血、水肿，胃肠有卡他性炎症。

（二）猪繁殖与呼吸障碍综合征

本病病猪可见下颌、颈、腋下、眼结膜及后肢内侧水肿；胸腔有淡黄色清亮液体，心包积液，心肌变软；弥漫性间质性肺炎，脾呈紫色，脾头肿大，切面增生。

（三）猪圆环病毒感染

病猪表现为皮肤苍白、黄疸，淋巴结异常肿大、切面苍白，肺脏肿胀、坚硬似橡皮、表面散布灰褐色小叶、心叶和尖叶突变，肺泡出血；肝脏发暗、萎缩，脾脏肿大、肉样变，肾脏水肿、苍白、被膜下可见白色坏死灶，大肠黏膜充血。

（四）猪伪狂犬病

病猪肺部暗红色，胃底部黏膜有炎症；脾脏肿胀、充血、出血；肝暗紫色，胆囊肿大为正常的1～2倍。

（五）猪支原体肺炎

急性死亡猪见肺有不同程度的水肿和气肿，在心叶、尖叶、中间叶及部分病例的膈叶出现融合性支气管肺炎；病变部的颜色多为淡红色或灰红色，半透明状，病变部界限明显，像鲜嫩的肌肉样，俗称肉变；随着病程延长病变部转为浅红色或灰白色，半透明状态的程度减轻，俗称胰变或虾肉样变；继发细菌感染时，引起肺和胸膜的纤维素性、化脓性和坏死性病变。

（六）传染性萎缩性鼻炎

病变仅限于鼻腔及临近组织，表现为鼻甲骨萎缩、鼻中隔弯曲变形甚至消失；鼻黏膜充血水肿，附有黏液性或干酪样分泌物。

（七）传染性胸膜肺炎

本病眼观变化主要见于呼吸道，肺炎大多呈两侧性，累及心叶和尖叶以及膈叶的一部分；肺炎区色深而质地坚实，切面易碎；纤维素性胸膜炎明显，胸腔含有带血色的液体。在迅速致死的病例，气管和支气管充满带血色的黏液性泡沫状渗出物；在较慢性的病例，肺膈叶上有大小不一的脓肿样结节，胸膜有粘连区。

（八）猪肺疫

最急性型病例黏膜、浆膜及实质器官出血和皮肤小点出血，皮肤有红斑，肺、淋巴结水肿，咽喉部及周围结缔组织的出血性浆液性浸润为特征；急性型病例除了全身黏膜、实质器官、淋巴结的出血性病变外，特征性的病变是纤维素性肺炎，有不同程度肝变区，胸膜与肺粘连，肺切面呈大理石纹，气管、支气管黏膜发炎有泡沫状黏液；慢性型病例肺肝变区扩大，有灰黄色或灰色坏死，内有干酪样物质，有的形成空洞，高度消瘦，贫血，皮下组织有坏死灶。

（九）猪链球菌病

死猪天然孔出血，尸僵不全；猪皮剥离后可见全身肌肉似煮熟样；肺充血、出血肿胀，表面有纤维蛋白附着；全身淋巴结肿大呈紫黑色；肾脏表面多为灰褐色，有出血点；肝脏肿大，表面有纤维附着物，胆囊充满胆汁。

（十）肺丝虫病

肺膈叶后缘，形成一些灰白色隆起的气肿区，剪开以后，常可在支气管中见到大量的虫体。

四、从病原学进行鉴别诊断

对上述呼吸道疾病中病毒性疾病（包括猪流行性感冒、猪繁殖与呼吸障碍综合征、猪圆环病毒感染等）可以分离血清，用ELISA或者用PCR进行抗原检测来确诊；对细菌性疾病（包括猪肺疫、猪链球菌病等）可用病料做涂片或触片染色镜检，也可将病料接种培养基培养、分离以及进行生化鉴定来确诊；传染性胸膜肺炎、副猪嗜血杆菌可以用正向间接血凝试验进一步确诊；对寄生虫性疾病（如肺丝虫病）可以在剖检时切开支气管查到虫体而确诊。

第二章　消化系统疾病

猪的消化系统疾病是最常见而多发的疾病，消化系统疾病相当复杂，临床表现多种多样，主要症状有消化障碍、流涎、呕吐、腹泻、便秘、里急后重、便血、脱水等，许多全身性疾病或其他系统疾病也会伴有消化系统症状。如不能对其进行及时确诊造成的损失也是极其严重的，包括大量人力、物力、财力投入和浪费，生猪增重减少、饲料报酬降低，母猪繁殖和哺育仔猪能力下降，仔猪大批死亡，甚至猪场倒闭。由于这类疾病属常见多发病，因而对临床兽医来说必须掌握其发病原因、流行规律和诊断要点，不被其相类似的临床症状所迷惑，才能达到有效防治的目的。

第一节　猪消化系统特点及消化系统疾病致病因素

一、猪的消化系统特点

猪的消化系统包括消化道和消化腺两部分。消化道由口腔、咽、食管、胃、小肠、大肠、肛门等组成；消化腺主要包括唾液腺、胃腺、肠腺、肝脏和胰腺等。消化系统的主要功能是摄取、消化食物，吸收营养物质、水分和电解质，供给机体生长、发育和维持生命的需要，排除废物等。猪是杂食动物，食物结构比较复杂。消化系统又是与外界（生物因子、理化因子、环境因素）接触最直接、最广泛的系统，要想维护好正常的生理功能，必须具有完善的保护屏障和生物调节机制，从而防止某些生物大分子和病原微生物的侵袭。但是，由于消化系统的自身特点，其最容易发生功能紊乱。

二、致病因素

引起猪消化系统疾病的原因很多，可见于饲料饲养失宜、管理护理不当、环境气候的影响；也可见于某些肠道细菌、病毒感染，寄生虫侵袭，中毒病，营养物质缺乏与代谢紊乱；还可见于循环系统、神经系统、内分泌系统以及免疫系统疾病的经过中。其致病因素具体可归纳为以下几种：

（一）感染因素

感染因素包括细菌感染、病毒感染、寄生虫感染等。

（二）环境因素

环境如季节、饲养场环境温度、湿度、卫生、通风、光线等因素均可成为猪消化道疾病发生与否的诱因。

（三）喂养因素

饲料或其他喂养物质霉变或加工不当可产生霉菌毒素等，从而导致猪胃肠道发炎、扰乱消化道酶的活性进而导致腹泻。此外，喂养过量或者改变饲料品种、断奶等都可能导致腹泻。

（四）消化道自身因素

猪胃肠道动力下降、消化酶的分泌不足、消化道器质性疾病等均可导致腹泻、吸收障碍、营养不良。

第二节　病毒性疾病

一、猪传染性胃肠炎

猪传染性胃肠炎是由猪传染性胃肠炎病毒引起的猪的一种急性、高度接触性消化道传染病，以剧烈腹泻、呕吐和严重脱水为特征，2 周龄以内仔猪发病后损失严重。

（一）病原

猪传染性胃肠炎病毒为冠状病毒科冠状病毒属成员。病毒存在于猪的各器官、体液和排泄物中，但病猪的空肠、十二指肠组织、肠系膜淋巴结含毒量最高。在发病的早期，呼吸道和肾的含毒量也相当高。病毒对乙醚、氯仿、去氧胆酸钠、次氯酸盐、氢氧化钠、甲醛、碘、碳酸以及季铵盐类化合物等敏感；不耐光照，粪便中的病毒在阳光下 6 小时失去活性，病毒细胞培养物在紫外线照射下 30 分钟即可灭活。病毒对胆汁有抵抗力，耐酸，对热敏感，对冷冻具有较强抵抗力。

（二）流行病学

此病全年均可发生，但有明显的季节性。深秋、冬季、早春寒冷季节流行率较高。不同年龄、品种和性别均可发病，成年猪和母猪症状轻微，可自然康复。但以 10 日龄以内的仔猪发病率和死亡率最高，可达 100%。10 ~ 42 日龄仔猪易感染，而且隐性感染率很高。病猪和康复后的带毒猪，均为本病的主要传染源，其粪便、呕吐物、乳汁、鼻分泌物以及呼出气体排泄病毒，受污染饲料、饮水、空气、用具等，通过消化道和呼吸道而传染给易感猪。有 50% 康复猪带毒排毒达 2 ~ 8 周，最长达 104 天，还能从肠内容物或组织匀浆及肺匀浆中检出该病毒。有些架子猪和肥育猪感染后往往发病不严重，排毒时间也不长，但病毒在体内保存时间较长，当饲料变坏或突然改变及存在影响机体抵抗力的因素时，可重新引起排毒而导致大批猪感染。该病在新疫区呈流行性发生，传播迅速，在1周内可传播到各年龄段的猪群。在老疫区则呈地方性间歇发生，发病猪不多，但由于经常产仔和不断补充的易感猪发病，使本病在猪群中长期存在。

（三）临床症状

本病的潜伏期很短，一般为8～15小时，有的长达2～3天。感染通过空气和接触迅速传播。一般2周龄以内的仔猪感染后12～24小时会出现呕吐，接着发生急剧腹泻，有时呈喷射状，粪便初为灰白色，后变为黄色或绿色，常含有未消化或混有血液的乳凝块。病猪迅速脱水、极度消瘦、体重下降、精神萎靡、被毛逆立、粗乱无光。吃奶减少或停止、战栗、口渴、消瘦、脱水严重，循环衰竭，常于发病后2～5天死亡，死亡率达100%。2～3周龄的仔猪，死亡率在10%以下。断乳猪感染后2～4天发病，表现为水泻，呈喷射状，粪便呈灰色或褐色，个别猪呕吐，在5～8天后腹泻停止，极少死亡，但体重下降，常表现发育不良，成为僵猪。成年猪开始也是腹泻，粪便呈稀糊状，色泽呈绿色或灰褐色，食欲减退或废绝，很少出现呕吐。一般只要失水不太严重，拉稀3～4天，把有病部分已破损的小肠黏膜排出，新生的小肠黏膜逐渐覆盖在肠管内，如无继发感染，病情就可以得到缓解，食欲也开始恢复。有些母猪与患病仔猪密切接触反复感染，症状较重，体温升高，泌乳停止，呕吐、食欲降低和腹泻，哺乳母猪乳汁减少或停止，康复猪的呼吸道带毒时间达4个月以上。

（四）剖检病变

死于本病的仔猪严重脱水，皮肤被水样粪便污染；胃内充满乳凝块，胃底黏膜充血，有时有出血点；小肠肠壁变薄，肠内充满黄绿色或白色液体，含有气泡和乳凝块，小肠充血，肠管扩张呈半透明状，肠壁变薄而缺乏弹性，肠系膜淋巴结肿胀；淋巴管没有乳糜。肾混浊肿胀和脂肪变性，并含有白色尿酸盐类。有些仔猪有并发性肺炎病变。有些病例除了尸体失水、肠内充满液体外，并无其他病变可见。

（五）诊断方法

根据流行病学、临床症状和病理变化进行综合判定，可以做出初步诊断，确诊必须进行实验室诊断。目前最常用的诊断方法是 PCR 和荧光定量 PCR 检测方法，养殖场（户）送检时可采集粪便或小肠，把感染的小肠两端扎住送实验室，因病毒热敏感，采集的所有样品都应是新鲜的或冷藏保存，这两种方法检测准确率高、出具结果快。

1. PCR 检测： 扩增出目的片段者为阳性，未扩增出目的片段者为阴性。

2. 荧光定量 PCR 检测： 出现标准曲线者为阳性，未出现标准曲线者为阴性。

无论养殖场是否进行过该病的疫苗免疫，都可以用以上两种检测方法进行诊断。

（六）防治措施

1. 生物安全措施：

（1）加强科学的饲养管理：按猪性别、年龄分群饲养，同时要根据各种猪及不同的生长周期的营养要求确定相应的饲养标准和饲养方法。

（2）认真落实防疫措施：猪场的选址和配套设施、建设要符合《中华人民共和国动物防疫法》的相关要求。

（3）猪场应贯彻自繁自养的方针，建立种公猪及种母猪血清监督系统和有效的生猪认证及记录系统，并与动物防疫监督机构、兽医建立有效的联系，严禁将传染性胃肠炎病猪或污染病毒的物品带进猪场。

（4）猪舍随时清扫，保持清洁卫生，做好灭鼠、灭蚊、灭蝇工作；定期用氢氧化钠、石灰乳、漂白粉等对猪舍、用具及周围环境进行消毒，泔水等应煮沸消毒后喂猪。

（5）中药预防可用清瘟败毒散混料饲喂，每天2次，连用3天。西药预防可用长效土霉素配合抗病毒药物，混料饲喂每天2次，连用1周，1个月后再连用3天即可。

（6）猪群发生本病时，应立即隔离病猪，以消毒药对猪舍、环境、用具、运输工具等进行消毒。

2. 免疫：

（1）妊娠母猪可在每年10月、12月各普免1次，在产前1个月进行1次强化免疫，在后海穴注射猪传染性胃肠炎、猪流行性腹泻二联灭活苗4毫升，仔猪可通过吃母乳获得被动免疫。

（2）仔猪于断奶后7日内，在后海穴注射猪传染性胃肠炎、猪流行性腹泻二联灭活苗1毫升，体重25～50千克育成猪每头注射2毫升，体重50千克以上成猪每头注射4毫升，都能获主动免疫。

3. 治疗：本病无特效药物，对症治疗可以减轻失水、酸中毒和防止并发细菌感染。首先对病猪采取禁食，一般禁食2～3天，加强护理，做好防寒保温。对失水过多的病猪，应将口服补液盐30～50克溶于1 000毫升温水中让猪自饮，对于脱水严重、极度衰弱的仔猪腹腔注射葡萄糖生理盐水60～150毫升，5%碳酸氢钠30～60毫升，每天1次，连用3～5天。

二、猪流行性腹泻

猪流行性腹泻是由猪流行性腹泻病毒引起猪的一种急性肠道传染病，临床上以腹泻、呕吐和脱水为特征。该病在流行特点、临床症状和病理变化等方面均与传染性胃肠炎极为相似，两种病都能给养猪业带来严重危害。本病在世界范围内广泛流行，尤其在韩国、日本和中国等亚洲国家。当前我国发生率居高不下，它给养猪业带来了严重的经济损失。本病造成猪的成活率降低、整齐度差，减缓生长速度，增重减少、推迟上市时间；降低饲料利用率，增加额外消耗；降低猪抗病力，增加对细菌、病毒的易感性，发病情况也越来越复杂，出现混合感染的现象时有发生，目前备受广大研究者的重视。

（一）病原

猪流行性腹泻病毒属于冠状病毒科冠状病毒属。猪流行性腹泻病毒对乙醚和氯仿敏感，对外界环境和消毒药抵抗力不强，一般消毒剂可将其杀死。

（二）流行病学

本病主要在冬季多发，每年 12 月至翌年 3 月是本病的高发期，本病只发生于猪，各种年龄的猪都能感染发病。哺乳猪、架子猪或肥育猪的发病率很高，尤以哺乳猪受害最为严重，母猪发病率变动很大，为 15% ~90%。病猪是主要传染源。病毒存在于肠绒毛上皮细胞和肠系膜淋巴结，随粪便排出后，污染环境、饲料、饮水、交通工具及用具等。主要感染途径是消化道。如果一个猪场陆续有不少窝仔猪出生或断奶，病毒会不断感染失去母源抗体的断奶仔猪，使本病呈地方流行，在这种繁殖场内，猪流行性腹泻可造成 5 ~8 周龄仔猪的断奶期顽固性腹泻。哺乳仔猪、断奶仔猪和育肥猪感染发病率 100%，哺乳仔猪病死率约 50%，常在 4 ~5 周传遍整个猪场。本病常常是一头猪发病后，同圈或邻圈的猪在 1 周内相继发病，2 ~3 周后症状可缓解。猪流行性腹泻单一发生或与猪传染性胃肠炎混合感染发病较为多见。

近年来，特别是 2010 年冬季以来，猪腹泻病造成很多猪场的产房乳猪大批死亡，严重的猪场几乎没有仔猪存活。根据我国权威部门的专家哈尔滨兽医研究所冯力研究员、华中农业大学何启盖教授、湖南农业大学余兴龙教授和华南农业大学黄毓茂教授等的研究，一致表明仔猪腹泻病的主要原因为猪流行性腹泻。而且由于猪流行性腹泻病毒出现变异，毒力增强，猪流行性腹泻呈现新的流行特点，以往猪群只在冬季发病，近年来该病一年四季均有发生，给我国养猪业带来重大损失。

（三）临床症状

初生猪的潜伏期为 24 ~ 36 小时，育肥猪则为 2 天以上。

最主要的明显症状是水样腹泻。或在腹泻的同时伴有呕吐，呕吐多发生于吃食或吃奶后。病猪体温正常或稍高，精神沉郁，食欲减退或废绝；持续腹泻，粪便酸性，呈黄色、灰色或黑色水样或糊状，有一股很特别的臭味。病情随病猪的年龄变化而有差异，年龄越小，症状越严重。1 周龄内的新生仔猪发病 3 ~ 4 天后多因严重脱水而死亡，死亡率可达 50% ~ 100%。哺乳仔猪发病症状明显，体温正常或稍偏高，表现为呕吐、腹泻、脱水、运动僵硬等症状，少数病猪恢复后生长发育不良。同圈饲养的育肥猪感染后也会发生腹泻，但症状较轻，1 ~ 2 周或更长时间后会自行康复，死亡率一般为 1% ~ 3%。成年猪症状较轻，有的仅表现为呕吐，重者水样腹泻 3 ~ 4 天后可自愈。该病与传染性胃肠炎极为相似，只是传播速度较慢、哺乳仔猪死亡率稍低而已。暴发过急性腹泻的猪场，在断奶后 2 ~ 3 周可能出现持续性腹泻，新引进的猪只也可能相继发病。

（四）剖检病变

病变主要在小肠，表现为小肠膨胀，充满淡黄色液体，肠壁变薄发亮，肠黏膜充血，个别小肠黏膜有出血点，肠系膜充血，肠淋巴结充血、水肿，小肠绒毛变短，重症者绒毛萎缩甚至消失。胃经常是空的，或充满胆汁样的黄色液体，或充满凝乳块；有时也可见胃黏膜有不同程度的充血和出血病变。病死猪尸体消瘦脱水，皮下干燥，眼球凹陷。与传染性胃肠炎相比，该病的胃黏膜出血程度不如传染性胃肠炎明显。其他实质性器官无明显病变。

（五）诊断方法

根据流行病学、临床症状和病理变化进行综合判定，可以做出初步诊断，确诊则必须进行实验室诊断。目前最常用的诊断方法是 PCR 和荧光定量 PCR 检测方法，方法同传染性胃肠炎。养殖场（户）送检时可采集粪便或小肠。

1. PCR 检测： 采集粪便或小肠，扩增出目的片段者为阳性，未扩增出目的片段者为阴性。

2. 荧光定量 PCR 检测： 采集粪便或小肠，出现标准曲线者为阳性，未出现标准曲线者为阴性。

无论养殖场（户）是否进行过该病的疫苗免疫，都可以用以上两种检测方法进行诊断。

（六）防治措施

1. 预防措施： 除加强饲养管理、注意卫生条件的改善和定期的卫生消毒外，还要严格限制人员出入，消毒池药剂要经常更换。即使引进种猪，也要严格检疫，确定健康无病再引进，但是必须隔离观察 21 天再做去留的处理，而且不可在疫病高发的冬季引进，更不可从疫区和病猪场引进猪，以免带入病猪或带毒猪而导致流行性腹泻病暴发。新生仔猪胃肠液分泌少，胃肠蠕动功能弱，抗病力低，如保温不好，遭受冷害易患冬泻病。必须封闭窗门，及时供热保暖，实行高温育仔，猪失热少，抗病力强，自然不易生病。疫苗免疫是目前预防猪流行性腹泻的主要手段，该病由于发病日龄小、发病急、病死率高，依靠自身的主动免疫往往来不及，因此现行的猪病毒性腹泻疫苗大多是通过母猪预防注射，依靠初乳中的特异性抗体给仔猪提供良好的保护。注射疫苗时可以使用猪传染性胃肠炎、猪流行性腹泻二联灭活苗取得猪群对该病的保护，疫苗具体使用方法在猪传染性胃肠炎的防治措施中已做介绍，此处不再赘述。

2. 治疗措施：

（1）饥饿疗法：育肥猪发生本病后，当即实行 1 ~2 天的饥饿疗法，但是要让猪自由饮水。排出病毒和代谢产物，控空肚子，并恢复胃肠功能，能减轻病症，缩短病程，促进康复，减少粮食和药物的浪费。

（2）补充体液：仔猪开始腹泻就要及早趁能吃能喝、体况较好时大量饮足口服补液盐。静脉或腹腔注射 5% ~10% 葡萄糖盐水和 5% 碳酸氢钠溶液；在患病期间大量补充葡萄糖氯化钠溶液，每 25 千克水加磺胺间甲氧 25 克、葡萄糖 1. 25 千克、食盐 225 克，让猪自由饮水 3 ~5 天，供给大量清洁饮水和易消化的饲料，可加速较大病猪的恢复，减少仔猪死亡。

（3）药物治疗：口服四环素、磺胺类药物、黄连素、高锰酸钾等可防止继发感染，减轻症状。应用盐酸吗啉胍片，其用量为母猪 0. 3 克/次，15 日龄以内哺乳仔猪 0. 1 克/次，15 日龄以上哺乳仔猪 0. 15 克/次，每天 3 次，育肥猪 0. 2 克/次，喂食（吃奶）前投服。应用口服补液盐，加温水 1 000 毫升供猪自饮或灌服。病猪经以上方法治疗，疗效显著，康复迅速，还可肌内注射少量阿托品抑制腹泻，肌内注射适量维生素 B_6 止呕。

（4）中药治疗：用中药治疗患病猪，可缩短病程，节省药费，提前恢复。应以清热解毒、健目、理气、分清浊、涩肠为主，通常使用“乌梅散”加减处方：黄连、黄芩、板蓝根、陈皮、六神曲、车前子、诃子，配以甘草调和诸药；再以乌梅为药引。

（5）特异疗法：发病猪场采取人工感染，用病死猪小肠或粪便滤液喂产前 30 天母猪，可以产生特异性免疫力，预防仔猪发病，保护仔猪免受感染，或在仔猪出生后 1 周人工感染病毒，以刺激仔猪产生主动免疫。也可以口服免疫血清或全血进行治疗或预防，刚生下的仔猪口服康复猪血清，每天每只 10 毫升，连用3天。用胃肠炎愈后的成年猪血，治疗发病的吃奶仔猪也有作用，用患过猪传染性胃肠炎康复产生抗体的母猪给仔猪喂奶，可使仔猪获得被动免疫。

（6）干扰疗法：用鸡新城疫1系疫苗做干扰素，可以有效地干扰和破坏其病毒对猪体病理损伤的发生与发展，达到控制病毒侵害的目的。用量根据体重大小，一般50～200羽份/头，生理盐水稀释后肌内注射，每天1次，连用2天。

三、猪轮状病毒病

猪轮状病毒病是由轮状病毒所致的一种以腹泻为特征的猪的传染病。本病仔猪多发，主要表现为精神委顿、厌食、呕吐、腹泻、脱水、体重减轻等临诊症状。成年猪与育成猪多为隐性感染，是引起猪胃肠炎的常见病因。轮状病毒病是一种人畜共患传染病，能侵害人类和许多畜禽，不仅感染率高，发病率也相当高，对人类健康和畜牧业危害较大。

（一）病原

轮状病毒为呼肠孤病毒科轮状病毒属成员。

轮状病毒在粪样中60 ℃下可耐受30分钟，而18～20 ℃时可至少耐受7～9个月，在已清空的猪舍内可存活3个月。由于病毒稳定性强，环境因素对病毒的存留起重要作用。

病毒对乙醚、氯仿、去氧胆酸钠等有机溶剂和常用消毒剂有抵抗力，但可被2%戊二醛酸、70%乙醇、3.7%福尔马林、10%碘酊、67%氯胺T和0.5%二氯苯氧氯酚杀死。

（二）流行病学

猪轮状病毒感染相当普遍，成年猪血清抗体检出率达40%～100%。而且猪群一旦感染，以后将每年发生，难以净化。这可能与病毒具有较强的抗逆能力有关。各种年龄和性别的猪都有可能感染。7～41日龄仔猪易感，并出现严重临诊症状。1～3周龄仔猪的感染率高于4～6周龄仔猪。初产母猪的仔猪比经产母猪的仔猪更易感。7日龄以前仔猪可能受母源抗体保护而不常感染。成年猪多呈隐性感染。

轮状病毒感染是仔猪腹泻的主要原因之一，具有明显的季节性，发病高峰期在晚秋及冬季，少数地区季节性不明显而呈终年流行，病毒经粪便排出，是感染的主要来源，急性感染期排毒量最大。

（三）临床症状

本病潜伏期为18～19小时，呈地方流行性。

在病区由于大多数成年猪已感染过而获得了免疫，所以发病的多为60日龄以内的仔猪。发病率一般在50%～80%。病猪精神委顿，食欲减退，常有呕吐。迅速发生腹泻，粪便呈水样或糊状，黄白色或暗黑色。常在严重腹泻后2～3天产生脱水，腹泻愈久，脱水愈明显。由于脱水，导致血液酸碱平衡紊乱，最后衰竭致死。病的严重程度，取决于仔猪日龄和环境状况，初生仔猪感染率高，发病严重，死亡率可达100%，缺乏母源抗体保护的出生后几天的仔猪症状最重，经过免疫的母猪群在乳汁中常含有较高滴度的抗病毒抗体，可为仔猪提供乳源免疫力。通常10～21日龄仔猪的症状较轻，腹泻数日即可康复，3～8周龄仔猪症状更轻。成年猪多为隐性感染，在成年猪群，广泛存在着抗猪轮状病毒的中和抗体。当外界温度下降，继发感染大肠杆菌时，能使病情加重和死亡率增加。

（四）剖检病变

本病的特征性病变主要位于胃肠道，其中以小肠的变化最明显。胃壁迟缓，扩张，膨大，胃内充满凝乳块和乳汁。这是胃内容物后送障碍所引起的。肠道臌气，肠内容物呈棕黄色水样液及黄色凝乳样物质，肠壁薄呈半透明；有时见小肠发生弥漫性出血，肠内容物淡红色或灰黑色。肠系膜淋巴结充血、肿大，多呈浆液性淋巴结的变化。

（五）诊断方法

1. 初步诊断：本病多发生在寒冷季节，发病多为幼龄，主要症状为腹泻。根据这些特点，可做出初步诊断。但是引起腹泻的原因很多，在自然病例中，往往发现有轮状病毒与冠状病毒或大肠杆菌的混合感染，使诊断复杂化。因此，必须通过实验室检查才能确诊。

2. 实验室诊断：

（1）PCR 检测：采集病猪粪便或一段小肠冷冻送检，扩增出目的片段者为阳性，未扩增出目的片段者为阴性。

（2）荧光定量 PCR 检测：采集病猪粪便或一段小肠冷冻送检，出现标准曲线者为阳性，未出现标准曲线者为阴性。

无论养殖场（户）是否进行过该病的疫苗免疫，都可以用以上两种检测方法进行诊断。

（六）防治措施

防治措施主要有依靠加强饲养管理，遵循“全进全出”的管理模式，让仔猪尽早吃初乳；严禁猫、狗等进入猪舍；经常及时地打扫、清理猪舍粪水等，无疫情时每周用 3% ~4% 氢氧化钠溶液冲洗，消毒 1 ~2 次，后用清水冲洗 1 ~2 次，或喷 50% 百毒杀 3 000 倍液等消毒；晚秋、冬季和早春一定要做好猪舍的防寒保温工作，加厚保温垫料并勤更换，必要时可给猪舍加温。目前市场上有针对母猪和哺育猪免疫用的轮状病毒活毒苗和灭活苗供应，母猪免疫接种可以保护新生仔猪免受感染。在流行地区，可用猪轮状病毒油佐剂灭活苗或猪轮状病毒弱毒双价苗对母猪或仔猪进行预防注射。首次免疫用活病毒疫苗经口免疫，加强免疫经非消化道途径接种灭活苗，免疫效果显著高于单独接种。

猪轮状病毒感染尚无特效治疗药。通过加强管理和抗生素治疗可以减少由轮状病毒和继发细菌感染引起的死亡。自由饮用含葡萄糖－甘氨酸的电解质流液，或静脉注射5%～10%葡萄糖盐水和5%碳酸氢钠溶液，可最大限度地防止脱水与酸中毒。同时进行对症治疗，如投用收敛止泻剂，使用抗菌药物，以防止继发细菌性感染，一般都可获得良好效果。

四、猪瘟

猪瘟俗称“烂肠瘟”，是由猪瘟病毒引起猪的一种急性、热性、接触性传染病。以发病急、高热稽留和细小血管壁变性引起广泛出血、梗死和坏死等变化为特征。具有高度传染性，是威胁养猪业的主要传染病之一。1885年首先在美国被发现，以后传播到世界各大洲。中国大部分省都有发生。

（一）病原

猪瘟病毒属黄病毒科瘟病毒属。本病毒对外界环境的抵抗力较强，既能在冷冻条件下存活，也能在烟熏烤晒加工的肉制品中存活；但不耐热，仅部分毒株可抵抗56℃温度。能被2%氢氧化钠、1%福尔马林、碳酸钠、离子和无离子去污剂、含1%碘附的磷酸灭活。

（二）流行病学

本病在自然条件下只感染猪，不同年龄、性别、品种的猪和野猪都易感，一年四季均可发生。先是一头或几头猪发病，以后逐渐增多，经1～3周达到高峰，发病率80%～100%。治疗无效，病死率极高。呈流行性或地方流行性。病毒主要经消化道、呼吸道感染，也可经眼结膜、伤口、输精感染及胎盘垂直传播，直接接触感染动物的分泌物、排泄物、精液、血液而感染；或通过农场访问者、兽医及猪的贸易活动传播；通过被污染的栏舍、器具、车辆、衣物、设备及采血针头间接传播；用未煮沸的泔水喂猪也可导致传播。此外，患病和弱毒株感染的母猪也可以经胎盘垂直感染胎儿，产生弱仔猪、死胎、木乃伊胎等。传染源为病猪、愈后带毒和潜伏期带毒猪。病、死猪的所有组织、血液、分泌物和排泄物，持续毒血症并数月排毒的先天性感染的仔猪，带毒的猪源细胞苗及自然弱毒株均可成为传染源。

（三）临床症状

猪在胎儿期接触到猪瘟病毒有可能终身感染，潜伏期一般为几个月。仔猪接触病毒后潜伏期为 7 ~ 10 天，通常在感染后 5 ~ 10 天具感染性，但慢性感染病例一般在 3 个月后才具感染性。

猪瘟一共分为最急性型、急性型、慢性型和温和型四种，其中除最急性型突然死亡外，其余三种都表现有消化系统症状。

1. 急性型：病猪精神差，发热，体温在 40 ~ 42 ℃，呈现稽留热，喜卧、弓背、寒战及行走摇晃。食欲减退或废绝，喜欢饮水，有的发生呕吐。结膜发炎，流脓性分泌物，将上下眼睑粘住，不能张开，鼻流脓性鼻液。初期便秘，干硬的粪球表面附有大量白色的肠黏液，后期腹泻，粪便恶臭，带有黏液或血液。病猪的鼻端、耳后根、腹部及四肢内侧的皮肤及齿龈、唇内、肛门等处黏膜出现针尖状出血点，指压不褪色，腹股沟淋巴结肿大。公猪包皮发炎，阴鞘积尿，用手挤压时有恶臭混浊液体射出。小猪可出现神经症状，表现为磨牙、后退、转圈、强直、侧卧及游泳状，甚至昏迷等。

2. 慢性型：多由急性型转变而来，体温时高时低，食欲减退，便秘与腹泻交替出现，逐渐消瘦、贫血、衰弱，被毛粗乱，行走时两后肢摇晃无力，行走不稳。有些病猪的耳尖、尾端和四肢下部成蓝紫色或坏死、脱落，病程可长达 1 个月以上，最后衰弱死亡，死亡率极高。

3. 温和型：又称非典型，发生较多的是断奶后的仔猪及架子猪。表现症状轻微，不典型，病情缓和，病理变化不明显，病程较长，体温稽留在 40 ℃左右，皮肤无出血小点，但有淤血和坏死，食欲时好时坏，粪便时干时稀，病猪十分瘦弱，致死率较高；也有耐过的，但生长发育严重受阻。母猪感染后长期带毒，受胎率低，易流产，产死胎、木乃伊胎或畸形胎；所生仔猪先天感染，死亡或成为僵猪。最近几年该病以温和型为主，病例多呈现非典型症状。

（四）剖检病变

1. 急性型：白细胞及血小板减少。全身性出血、淤血，尤以耳根、颈部、胸腹下、四肢内侧皮肤、淋巴结、喉头、膀胱、肾、回盲处明显。脾不肿大，边缘有暗紫色、稍突出表面的出血性梗死，为猪瘟特征性病变，但一般不常见，仅50%～70%病例出现梗死病变。常见全身淋巴结肿大、出血，切面周边出血显著，有贫血变化，呈红白相间的大理石状，多见于颌下、颈部和腹腔淋巴结。

2. 慢性型：主要为坏死性肠炎，一般在回盲瓣口、盲肠及结肠黏膜上形成同心轮状的纽扣状溃疡，突出于黏膜面，黑褐色，中央凹陷。通常无出血及炎性病变。全身性淋巴组织萎缩。仔猪常见胸腺萎缩，肋软骨连接处外生骨疣。

3. 温和型：无明显剖检病变。

（五）诊断方法

依据典型临床症状和病理变化可做出初步诊断，确诊需进一步做实验室诊断。

具体实验室诊断方法介绍如下：

1. PCR或荧光定量PCR检测：采集扁桃体（最合适的样品）、淋巴结、脾脏等病料，尽快低温送至实验室。PCR检测扩增出目的片段者为阳性，荧光定量PCR检测出现标准曲线者为阳性，否则为阴性。该方法快速准确，是目前临床上经常使用的诊断方法。

2. 抗原ELISA：采集扁桃体、淋巴结、脾脏、血液样品送检，结果样本OD值－阴性对照，OD值≥0.300，则为阳性。

免疫过猪瘟疫苗的养殖场可用以上两种检测方法进行诊断，但应在免疫20天以后进行，阳性者诊断为猪瘟。

3. 抗体阻断ELISA： 采集血液样品送检，如果被检样本的阻断率大于或等于40%，该样本被判定为阳性。

未免疫过猪瘟疫苗的养殖场可用抗体阻断ELISA方法进行诊断，阳性者诊断为猪瘟；免疫过猪瘟疫苗的养殖场可用抗体阻断ELISA方法评价猪瘟疫苗免疫效果，阳性者为免疫合格。

（六）防治措施

1. 加强免疫是防治猪瘟的有效措施：

（1）首先应选用适宜疫苗进行有效免疫注射，并制订合理的免疫程序和免疫剂量。

（2）目前采用的疫苗主要为猪瘟传代细胞苗和脾淋苗，免疫效果均较好。

（3）制订科学的免疫程序，尤其要掌握好首次免疫时间。哺乳仔猪可通过母乳、特别是初乳获得母源抗体，因此首次免疫接种应在母源抗体即将消失之前进行，并在免疫抗体即将消失之前再次免疫。种猪、母猪每年免疫3～4次。

（4）猪瘟免疫程序应根据本场及本地情况进行选择，目前常用程序有仔猪出生后吮初乳前接种疫苗，目前已确定猪瘟母源抗体主要是经初乳传递，为此在吃初乳前对仔猪进行“超前免疫”，可避免母源抗体对疫苗的干扰，而达到较好的防疫效果。可考虑推广应用，但本方法在实际应用中有一定难度，在生产管理过程中应严格控制吃初乳的时间，否则难以达到理想效果。非疫区：仔猪20～30天免疫，60日龄再免疫1次。疫区：仔猪出生后吮初乳前首次免疫，40日龄二次免疫，以后1年3～4次。1年以上无可疑疫情为安全地区。

（5）免疫剂量：猪瘟免疫剂量正在被加大，有的养猪场兽医人员认为用苗剂量越大其保护性越好，据目前生产疫苗厂家提供的产品监测情况，认为加大 1～4 倍即可。断奶之前仔猪免疫细胞苗 4 头份或者脾淋苗 2 头份，断奶后仔猪接种细胞苗 2～3 头份或者脾淋苗 2 头份，大猪接种细胞苗 4 头份或者脾淋苗 2 头份。由于猪瘟疫苗的剂量要求，特别建议猪瘟疫区，尽可能使用单苗，而不用三联苗，以免由于疫苗剂量不够，造成非典型甚至典型猪瘟流行。

（6）免疫效果监测：疫苗免疫后，可进行免疫效果监测，用阻断 ELISA 方法检测免疫抗体，阻断率在 40% 以上有保护作用，阻断率低于 40% 者应补注疫苗。

2. 截断传染源是控制猪瘟发生的重要措施：

（1）制订出合理的引种管理制度，加强引种检疫，从源头上杜绝传染源的传入。

（2）加强新进仔猪饲养管理。空场时，先把畜圈彻底清洗干净，再用甲醛熏蒸消毒后再购入猪饲养。

（3）淘汰感染猪。

（4）对病死猪及污染垫料垫草进行无害化处理。

3. 加强新购入仔猪的饲养管理：随着养猪业发展，疾病不断增多，在任何疾病感染导致机体抵抗力下降的情况下，都很容易继发温和型猪瘟，因此现阶段猪场猪瘟综合防治可按如下步骤操作：外购仔猪在选定健康运输前，使用水溶性多维、黄芪多糖、环丙沙星饮水，避免应激反应；购进仔猪后，先将新进仔猪与原有猪群隔离饲养 15～20 天，同时使用电解多维饮水，抗病毒使用黄芪多糖拌料，净化体内潜伏期或运输过程中侵入的病原微生物，预防应激引起的不食、消化不良。无疾病暴发，即可注射疫苗，7 天后与原有猪群合并饲养。平时加强饲养管理，提高猪体抗病力。

4. 做好清洁卫生及消毒工作：

（1）做好场地和畜圈清洁及消毒工作。养殖场应每天清洗 2

次，在平时应对圈舍及周围环境用3%的氢氧化钠或4%的次氯酸钠溶液进行喷洒消毒，这些对病毒性传染病的消毒效果好，且经济实用，如在2%氢氧化钠溶液中加入5%～10%食盐时，不仅能在短时间内杀灭猪瘟病毒、猪丹毒杆菌、巴氏杆菌等病原体，还可提高对炭疽杆菌的杀灭能力。为防止病毒产生耐药性，建议与其他消毒药交替使用。生猪养殖场要求修建消毒池（池内应常保持有效消毒液），消毒室内要安装紫外线灯，设置专用的诊疗室、专用工作服（每天工作服、鞋、帽用紫外线灯照射20分钟，并经常用消毒药水清洗）等，外来人员不得随意进出猪场等。广大养殖户则加强卫生圈改建，每天清理一次圈舍，防止粪尿积集而滋生病毒，每月用石灰乳刷圈舍及墙壁以达到消毒目的，既简单又经济；不论是养猪场还是散养农户均可以把石灰用水稀释后的上层澄清液给猪喝，这样既软化粪便又可对猪胃肠内消毒。

（2）做好粪便、污水处理及消毒。粪便可堆积发酵处理。经过生物处理后污水一般还含有大量的微生物，特别是病原微生物，需经药物消毒处理，方可排出。常用的方法是氯化消毒法，将液态氯转变为气体，通入消毒池，可杀死99%以上的有害细菌。近年的研究证明，用漂白粉或液态氯消毒污水，氯会造成环境的二次污染。现在已研究出将紫外线灯成排地安装在污水排水口前面的消毒技术，经净化处理的污水在紫外线灯周围经过0.3秒，即可达到消毒的目的，这一新的消毒技术值得广泛应用。

五、猪伪狂犬病

引起猪出现消化系统疾病的伪狂犬病多发生于仔猪，猪伪狂犬病其他知识参照本篇第一章第三节猪伪狂犬病详细介绍。

（一）流行病学

本病一年四季均可发生，但以春季和产仔旺季多发，2011

年以来，猪场猪群暴发本病时，犬与病死猪接触后出现奇痒症状，发病犬死亡率高。

（二）临床症状

1 月龄以内哺乳仔猪，呕吐、下痢症状明显；2 月龄以上猪，症状轻微或隐性感染，有的病猪呕吐，多在 3 ~4 天恢复。

（三）剖检病变

病猪剖检，消化道病变表现为胃底大面积出血，小肠黏膜充血、水肿，大肠有斑块状出血，肝脏表面有大小不等的灰白色坏死灶。同时还可见伪狂犬病的脑膜淤血、出血，脑脊髓液增多等其他典型病变。

（四）诊断方法、防治措施

本病诊断方法、防治措施可参照本篇第一章第三节猪伪狂犬病的诊断和防治措施。

六、猪肠道病毒感染

普通饲养猪群普遍存在肠道病毒，污染非常严重，但一般无临床表现或散发，较少出现暴发。与猪肠道病毒感染相关的临床表现具有复杂性和多样性，诸如脑脊髓炎、母猪繁殖功能障碍、腹泻、肺炎等。

（一）病原

猪肠道病毒是微小病毒科的一个成员，它的基本特征与其他肠道病毒类似。它在外界环境中的抵抗力很强，在 15 ℃下能存活 168 天；在潮湿粪便中能存活很长时日，如猪粪通气良好，则死亡较快。它对许多消毒药的抵抗力比较强，但次氯酸钠或 70% 乙醇能将其彻底杀死。

（二）流行病学

猪是猪肠道病毒唯一宿主，各年龄均易感，多为散发。传播途径主要是通过“粪一口”，气溶胶和飞沫传播也是重要途径，能经胎盘感染胎儿。乳汁被动免疫可使仔猪得到保护，断奶后或乳中抗体量低时，就可以被肠道病毒感染，断奶猪合并混群更增加了传播机会，排毒至少能持续几周。成年猪抗体阳性率和血清抗体效价很高，极少排泄病毒。

（三）临床症状

（1）感染下痢型的毒株为下痢型病猪。当机体功能下降时感染，或因感染后促使肠道中的常在菌或其他病原微生物的病原性增强所致。只表现为轻微的腹泻。

（2）感染繁殖障碍型的毒株为繁殖障碍型病猪，潜伏期为5～30天。多发于新引进的母猪群，其表现随感染日龄而异。在妊娠15日龄以前感染时，胎儿多被吸收；在妊娠30日龄左右感染时，胎儿的死亡率因感染何种血清型而异，一般可达20%～50%；在妊娠45日龄左右，胎儿的死亡率为20%～40%，死亡的胎儿呈现腐败、木乃伊或新鲜尸体。部分新生仔猪表现畸形和水肿，虚弱的仔猪多在5天内死亡，但产仔母猪常无症状。

（3）感染肺炎型的毒株为肺炎型病猪。病猪表现为咳嗽，呼吸加快，打喷嚏，食欲减退，精神沉郁等症状。可促使其他病原微生物增殖而诱发肺炎。

（4）感染心肌炎和心包炎型的毒株为心肌炎和心包炎型病猪。病猪通常多因心脏病突发而死亡。

（5）脑脊髓炎型，表现为发热、运动共济失调，甚至角弓反张，多在3～4天死亡。

（四）剖检病变

剖检死亡胎儿可见皮下和大肠及后肠系膜水肿，胸腔和心包积液，脑膜和肾皮质部有小出血点。在脑脊髓灰质炎病例中，除了慢性病例的肌肉萎缩外，没有眼观病变。

（五）诊断方法

由于猪肠道病毒可以引起多种症状，所以鉴别诊断十分困难，若新引进猪，母猪繁殖障碍呈窝发性，4～5 周龄仔猪在母源抗体低下时发病，病猪群的临床症状多种多样，应疑为本病，确诊需要经过实验室诊断。

具体实验室诊断方法为：PCR 或荧光定量 PCR 检测。采集脊髓、脑干、小脑、呼吸道、肠道等病料，尽快低温送至实验室。PCR 检测扩增出目的片段者为阳性，荧光定量 PCR 检测出现标准曲线者为阳性，否则为阴性；阳性者诊断为猪肠道病毒感染。

（六）防治措施

按照防重于治的方针，生产中应着重搞好预防工作，猪发病后，首先应查明病因，然后进行治疗。具体防治措施有：

1. 杜绝传染源：尽量自繁自养，严禁从疫区、疫场购买母猪和猪苗。

2. 加强饲养管理：改变饲料品种要循序渐进，逐步进行。冬季注意保温防寒，夏季注意防暑降温。饲喂要定时定量定温定质，严禁饲喂发霉变质、毒素含量高及冰冻饲料。

3. 做好环境消毒：搞好环境卫生，定期对环境、用具等进行消毒。

4. 猪只患病后，应及时补充体液：可用口服补液盐 2.75 克对 100 毫升水，按 50 毫升/千克体重饮用。

5. 调整胃肠功能：可在饲料中添加 0.1%～0.2% 益生菌。

6. 使用抗生素，防止继发感染：由于病因复杂，在选用抗生素时，最好进行药敏试验，根据试验结果，选定药物品种。

七、猪腺病毒感染

猪腺病毒感染是一种广泛性、多型性的疾病，大多数是无症状的，有时也可引起脑炎、肺炎、肾损害或下痢等病症。猪的腺病毒感染分布十分广泛，但很少引起临床症状，少数毒株能引起猪脑炎、腹泻、肺炎及肾病变。

（一）病原

猪腺病毒是腺病毒科腺病毒属的成员。猪腺病毒比较耐热，室温下，能存活10天以上。对酸性环境、氯仿、乙醚有抵抗力，但可被次氯酸钠、甲醛、酚制剂、乙醇和氢氧化钠杀死。

（二）流行病学

猪腺病毒的自然宿主只局限于猪。各品种、性别、年龄的猪均可感染，其中没有母源抗体保护的仔猪和刚断奶的仔猪最为易感，哺乳仔猪受母源抗体保护较少发病。病猪和带毒猪是该病的主要传染源。断奶后仔猪失去抗体免疫保护而感染，呈现发病或隐性感染，以粪便排毒最为常见。成年猪血清抗体水平很高，很少排毒。感染途径以“粪—口”路径消化道感染为主，另外通过呼吸道吸入传染性气溶胶也可感染。实验证明，病毒可持续存在于猪肾和其他脏器组织中，并不断向体外排毒，污染环境、饲料、饮水，使易感动物经口或呼吸道感染。该病无季节性，但应激因素、混合感染等可加剧发病，如在有支原体肺炎和猪传染性胸膜肺炎等疾病存在条件下，猪腺病毒的损害加剧。

（三）临床症状

本病潜伏期约4天，仔猪通常都有肠炎症状，精神欠佳、厌食、弓腰缩腹、排软便、肛周和后肢关节附有粪污，腹泻程度个体间差异很大，腹泻持续时间长短不一，有时呕吐。呼吸症状轻微。有时运动共济失调，卧地不起，肌肉颤抖和有呼吸道症状。生长迟缓，极少死亡，多数可以耐过。

（四）剖检病变

病猪剖检，眼观症状较少，电镜下观察可见脑炎病例表现为血管周细胞浸润和小神经胶质形成结节；肾损伤的病例表现为肾小管营养不良和毛细血管扩张，外表出现淤血点；空肠末梢和回肠的肠细胞中发现核内包涵体；胎盘感染仔猪血管损害，在内皮细胞内含有核内包涵体。

（五）诊断方法

本病临床症状不明显，要确诊是否为腺病毒感染主要应该通过实验室诊断。具体介绍如下。PCR 或荧光定量 PCR 检测：采集空肠、回肠等病料，尽快低温送至实验室。PCR 检测扩增出目的片段者为阳性，荧光定量 PCR 检测出现标准曲线者为阳性，否则为阴性；阳性者诊断为猪腺病毒感染。

（六）防治措施

截至目前，本病尚无特效治疗药物和疫苗，对本病主要应从平时饲养管理、发病后对症治疗和防止继发感染入手，来尽量减少经济损失。

1. 加强饲养管理，减少应激。本病毒广泛存在于猪群，当受外界不良因素刺激时可能引起本病的流行，因此平时应尽量做到科学管理，减少应激因素。

2. 坚持自繁自养。尽量不要从外界引种，如必须引种，引种之前要进行严格检疫和做好各种隔离、消毒工作，在引进前或引进后 2 周采血，做血清学检查，经检验无病后方可混群。

3. 定期做好猪舍和用具的卫生消毒工作。

第三节　细菌性疾病

一、仔猪黄白痢

仔猪黄白痢又称新生猪腹泻，是仔猪黄痢和仔猪白痢的合称，都是由埃希大肠杆菌在肠道内产生毒素所引起的急性肠道传染病。仔猪黄白痢是由致病性大肠杆菌引起的仔猪常见和多发的传染病，特别是仔猪黄痢发病率高，死亡率高。而仔猪白痢虽死亡率低，但常引起病猪脱水消瘦，如不及时治疗，多数死亡或转为慢性，即使恢复也成为僵猪。因此，仔猪黄白痢不仅因仔猪死亡直接造成养猪场重大的经济损失，还影响了耐过仔猪的生长发育，导致大量的饲料浪费，大大降低了整个养猪场的经济效益。

（一）病原

仔猪黄白痢的病原都是埃希菌属的致病性大肠杆菌，本病菌为中等大小短杆菌，两端钝圆，革兰氏阴性。已分离的仔猪黄痢、白痢病原的血清型众多，各血清型疫苗之间有效的交叉保护性差，这给本病防治造成一定难度。

本菌易培养，在普通琼脂上呈灰白色、半透明，中等菌落，麦康凯上为红色菌落，伊红美蓝平板上呈暗绿褐色菌落，这可以作为鉴别诊断的依据。

一般消毒药均可将其杀灭。对庆大霉素、新霉素、丁胺卡那、诺氟沙星、环丙沙星等敏感，但易产生耐药性。

（二）流行病学

1. 仔猪黄痢：本病在全国各地的猪场都有发生，但疾病严重程度各不相同。是集约化养殖下猪的主要肠道疾病之一。新发病的猪场，发病率往往与胎次无关。但在多年发病猪场，该病主要发生于头胎仔猪，也有部分母猪连续数胎仔猪都发生本病，但一般情况下接连两三窝仔猪发病以后，以后各窝可能逐渐停止。母猪年龄愈大，其仔猪的发病率愈低。发病季节多集中于产仔旺季。本病发生于1周龄以内的新生仔猪，其中1～3日龄发病和病死率最高，随日龄增大而渐减，7日龄以上很少发生。本病一旦发生，常是整窝出现，同窝仔猪中发病率常在90%以上，病死率高。不同窝间发病率差异很大。平时饲养管理不当，猪舍卫生条件差，天气骤变，猪舍阴冷潮湿，饲养人员缺乏防疫意识等都是本病发生的诱因。

2. 仔猪白痢：本病发生于10～30日龄仔猪，以10～20日龄较多见，也较严重，1 月龄以上的仔猪很少发生。1 窝仔猪中发病常有先后，此愈彼发，拖延 10 余天才停止。有的仔猪窝发病多，有的仔猪窝发病较少或不发病，症状也轻重不一。本病的发生与各种应激因素有关，如气候反常，母猪饲料突然更换，过于浓或配合不当，母猪奶量过多、过少或奶脂过高等。

（三）临床症状

1. 仔猪黄痢： 潜伏期短的在出生后 12 小时内发病，一般为 1～3 日。仔猪出生时体况正常，12 小时后，一窝仔猪中突然有 1～2 头表现全身衰弱，很快死亡。其他仔猪相继发生腹泻，粪便呈黄色酱状，含有凝乳块，迅速消瘦，脱水，昏迷而死。

2. 仔猪白痢： 仔猪表现突然拉灰白色黏糊状黏腻、腥臭粪便，畏寒，弓背，脱水，皮毛粗糙无光，减食，消瘦，体温无明显变化，病程 2～3 天，长者 1 周以上，可反复发作，病死率低，发育迟滞，易继发其他疾病。

（四）剖检病变

1. 仔猪黄痢： 主要病变为急性肠炎和败血症。外观尸体严重脱水，干瘦，黏膜苍白发绀，肛门及腹部周围有黄白色稀粪污染。剖检见肠系膜高度充血扩张，肠系淋巴结轻度肿大。胃显著膨胀，充满酸臭的凝乳块。胃壁黏膜水肿，表现有多量黏液覆盖，胃底腺及黏膜潮红，部分病例有出血斑。小肠中十二指肠膨胀，肠壁变薄，黏膜和浆膜充血、水肿，肠腔内充满腥臭的黄色内容物，空肠和回肠的黏膜病变程度稍轻，但发酵积气显著。大肠变化轻微。

2. 仔猪白痢： 主要病变在胃和小肠前部。剖检见胃黏膜充血、出血、水肿，表面覆盖黏液。肠壁变薄，灰白半透明，肠黏膜易剥落，肠内空虚。肠系膜淋巴结肿大、水肿。

（五）诊断方法

猪大肠杆菌病通常根据发病日龄、典型症状和病变可做出初步诊断，确诊必须依赖于实验室检查。

具体实验室诊断方法介绍如下：

1. 直接涂片镜检：无菌采集病死仔猪的肝、脾和肠系膜淋巴结涂片染色镜检，有少量散在、无荚膜、无芽孢的革兰氏阴性小杆菌者为大肠杆菌。

2. 细菌培养：无菌采集病死仔猪肝、脾、肠系膜淋巴结接种于麦康凯琼脂培养基上培养，生长菌落为红色菌落，取单个菌落涂片染色镜检，菌落形态与病料涂片中的细菌相同者为大肠杆菌。

3. 生化试验：分离细菌能发酵葡萄糖、乳糖、麦芽糖和甘露醇，产酸产气；能产生靛基质，不产生硫化氢，不分解尿素，甲基红试验阳性，二乙酰试验阴性者为大肠杆菌。

以上三种方法都可以用于仔猪黄、白痢的诊断，但应在没有使用过药物治疗以前进行，用过药物的不易分离。

（六）防治措施

1. 加强对母猪的饲养管理，合理调配饲料，饲料品种不要突然改变，保持母猪泌乳平衡。改善猪舍和环境卫生，母猪临产前，对母猪舍进行彻底清扫，然后用2%的氢氧化钠溶液，或0.25%的百毒杀清毒，保持母猪舍清洁干燥。尽量减少各种应激因素，猪舍地面保持平整、清洁，随时清除污水和粪尿，每周消毒一次。注意通风、保暖。仔猪实行提早喂料，饲料应营养全面，加强运动，补充饮水，可在仔猪运动场内放置少许炒熟的谷粒和清洁泥土，让仔猪嚼食，以促进其消化功能发育。防止缺铁性贫血，2～6日龄仔猪肌内注射5%右旋糖酐2毫升，或给母猪加喂抗贫血药，如硫酸亚铁250毫克，硫酸铜10毫克，亚砷酸1毫克，每天1次。

2. 应用疫苗接种母猪，是预防新生仔猪大肠杆菌腹泻的最佳选择。有科学家比较了8种不同大肠杆菌菌苗的免疫效果，均能改善仔猪的健康状况，减少粪便中致病性大肠杆菌的分离率；

其中含有 K88、K99、987P 纤毛和 LT 肠毒素 B 亚单位的灭活苗效果最好。国内已研制了新生猪腹泻大肠杆菌 K88、K99 双价基因工程菌苗，仔猪大肠杆菌腹泻 K88、K99、987P 三价灭活菌苗等。母猪产前 40 天、15 天用大肠杆菌 K88、K99 双价基因工程苗或大肠杆菌腹泻 K88、K99、987P 三价灭活苗分别免疫接种 1 次，每次肌内注射 2 毫升；或者在产前 20 天肌内注射 K88LTB 基因工程苗 1 次。只要仔猪出生时吃到充足的初乳，可有效地控制仔猪黄白痢。

3. 做好仔猪的保温防寒。仔猪出生后，视天气变化和温度情况，增设保温灯，对仔猪进行保温。以此增强仔猪的抗寒和抗病能力。不同日龄仔猪的一般控温范围：1～3 日龄，30～32 ℃；3～7 日龄，28～30 ℃；8～28 日龄，26～28 ℃；28～40 日龄，24～26 ℃；40～60 日龄，22～22 ℃。而母猪适宜的温度环境是 16～20 ℃。同时，保持适宜的湿度，在整个仔猪的饲养过程中，相对湿度应保持在 60%～80%。

4. 在有本病的猪群中，可进行药物预防，在饲料内添加适宜的抗生素，如氯霉素、土霉素、新霉素，按 5～20 毫克/千克体重。仔猪在断奶前 20 天和断奶当天各注射 1 次亚硒酸钠可作为预防；用量：0.1% 的亚硒酸钠 0.2～0.3 毫升/千克体重。

5. 大肠杆菌易产生抗药菌株，宜交替用药，治疗时应全窝给药，最好先做细菌分离和药敏试验。选用敏感药物，两种药物同时使用，防止产生耐药性。若在出现症状时再治疗，往往效果不佳；在发现 1 头病猪后，立即对与病猪接触过的未发病仔猪进行药物预防，控制效果会较好；传统的药物如磺胺类、卡那霉素、硫酸新霉素等目前疗效有所下降，原因是耐药株的出现，因此，规模化猪场都使用较新型的药物，并配合应用微生态制剂。

二、猪梭菌性肠炎

本病又称坏死性肠炎或仔猪红痢，是由 C 型产气荚膜梭菌（魏氏梭菌）引起的以侵害 1 周龄内仔猪为主的一种急性中毒性传染病，其特征是肠毒血症、下痢、小肠后段弥漫性出血或坏死性，病程短，致死率高。主发于 1～3 日龄仔猪，1 周龄以上少发，发病率20%～100%不等。我国 1964 年发现本病，目前全国各地均有发生，但致病特点有所变化。本病为世界性疫病，各养猪国家均有发生。

（一）病原

病原是 C 型产气荚膜梭菌。该菌为革兰氏阳性厌氧大杆菌。可形成芽孢，形成芽孢后，对外界抵抗力强，80 ℃下 15～30 分钟，100 ℃下则几分钟才能被杀死，对各种抗生素均敏感，但治疗却无效，主要因为其致病因子是毒素。

（二）流行病学

本病主要发生在新生仔猪，特别是 1 周龄以内仔猪最易感染，死亡多发生在 3 日龄以内。较大的猪则表现为慢性，成年猪多为隐性感染。传播途径主要是消化道，特别是母猪乳头最易引起仔猪感染。母猪经肠道排菌后污染环境，造成传播。发病率不定，但致死率极高。即或是慢性病例，也很难治愈。发病年龄愈小，病死率越高。

（三）临床症状

本病潜伏期为数小时至一天。一般在出生后 3 天多发。根据病程表现可分为三型。

1. 最急性型：血痢、倒地，或无血痢突然死亡。

2. 急性型：有典型症状，也是最常见的病型。明显血痢，带有米黄色或灰白色坏死组织碎片，消瘦、脱水、药物治疗无效，1 周左右死亡。多见于生后 5 天以上的仔猪。

3. 慢性型：见于1周龄以上仔猪，持续拉稀或间歇拉稀1周以上，粪便呈灰黄色，病猪消瘦，虚弱，发育不良，最后死亡。

（四）剖检病变

病猪剖检见主要病变在空肠，外观呈暗红色，肠腔内充满含血液体，腹水呈红色，淋巴结鲜红色。病程稍长的，黏膜弥漫性出血，有黄豆样坏死灶散布，肠壁变厚，有时有假膜，膜下为坏死。脾边缘、膀胱出血。

（五）诊断方法

根据流行病学、症状和病变的特点可初步诊断，实验室诊断方法有两种：

1. 分离培养：

（1）病料采集：采集病猪肠内容物，冷藏送检，避免冷冻。

（2）结果判定：用普通培养基厌氧培养后，涂片革兰氏染色，镜检菌体呈蓝紫色、两端钝圆的粗大杆菌，有荚膜，部分菌体中央或近端有芽孢，芽孢小于菌体横径，可诊断为仔猪红痢。

2. 发酵试验：

（1）病料采集：采集病猪肠内容物，冷藏送检，避免冷冻。

（2）结果判定：将被检材料接种于肉肝汤培养基及紫奶培养基，置37 ℃温箱厌氧培养6～8小时，肉肝汤变得混浊并产生大量气体，紫奶培养基中牛乳凝团呈多孔的海绵状凝块，可诊断为仔猪红痢。

无论是否使用仔猪红痢灭活疫苗，都可使用以上两种诊断方法进行仔猪红痢的诊断。

（六）防治措施

由于仔猪红痢发病急、病程短，因此仔猪发病后往往来不及治疗，因此该病应以预防为主。

1. 加强饲养管理。建立兽医卫生防疫制度，做好猪场的卫生消毒工作。在产前，对产房和仔猪舍进行彻底清扫，对地面、用具等进行全面消毒；对临产母猪腹部皮肤及乳头进行消毒。

2. 免疫预防。初产母猪在分娩前30天和15天各肌内注射1次仔猪红痢灭活疫苗，用量为5~10毫升。经产母猪如前胎已注射过此疫苗，可在产仔前15天肌内注射仔猪红痢灭活菌苗3~5毫升，能使母猪产生坚强的免疫力，初生仔猪可从免疫母猪的初乳中获得抗体，对仔猪的免疫保护率可达100%。

3. 注射抗血清。仔猪出生后肌内注射抗仔猪红痢血清，注射3毫升/千克体重，可获得充分保护，但注射要早，否则效果不佳。

4. 药物预防。仔猪在未吃初乳前及以后的3天，用青霉素钾和链霉素各10万单位，加蜂蜜调制成糊状抹于仔猪舌面，可预防仔猪红痢发生。治疗仔猪红痢每千克仔猪体重肌内注射青霉素钾和链霉素各1万单位，青霉素钾每天4次，链霉素每天2次，连用3天。

三、猪副伤寒

猪副伤寒（又称猪沙门菌病）是由沙门菌属细菌引起仔猪的一种传染病。急性者为败血症，慢性者为坏死性肠炎，有时以卡他性或干酪性肺炎为特征。

（一）病原

病原主要是猪霍乱沙门菌和猪伤寒沙门菌。两者均为革兰氏染色阴性、两端钝圆、卵圆形小杆菌。

病菌对干燥、腐败、日光等环境因素有较强的抵抗力，在冰冻的土壤中可存活过冬，但对热的抵抗力不强，对各种消毒剂的抵抗力也不强，常规消毒药均能达到消毒的目的。

（二）流行病学

本病一年四季均可发生，但阴雨潮湿季节多发，主要侵害6

月龄以下仔猪，尤以1～4月龄仔猪多发。6月龄以上仔猪很少发病。病猪和带菌猪是主要传染源，可经粪、尿、乳汁以及流产的胎儿、胎衣和羊水排菌，主要经消化道感染；交配或人工授精也可感染；在子宫内也可能感染。另据报道，健康带菌猪相当普遍，当受外界不良因素影响以及猪抵抗力下降时，常导致内源性感染。

（三）临床症状

本病潜伏期为数天，或长达数月，与猪体抵抗力及细菌的数量、毒力有关。

临床上分急性型、亚急性型和慢性型三型。

1. 急性型：又称败血型，多发生于断乳前后的仔猪，常突然死亡。病程稍长者，表现为体温升高到41～42 ℃，腹痛，下痢，呼吸困难，耳根、胸前和腹下皮肤有紫斑，多以死亡告终。病程1～4天。

2. 亚急性型和慢性型：为常见病型。表现体温升高，眼结膜发炎，有脓性分泌物。初便秘后腹泻，排灰白色或黄绿色恶臭粪便。病猪消瘦，皮肤有痂状湿疹。病程持续可达数周，最终死亡或成为僵猪。

（四）剖检病变

1. 急性型：急性型以败血症变化为特征。尸体膘度正常，耳、腹、肋等部皮肤有时可见淤血或出血，并有黄疸。全身浆膜、黏膜（喉头、膀胱等处）有出血斑。脾肿大，坚硬似橡皮，切面呈蓝紫色。肠系膜淋巴结索状肿大，全身其他淋巴结也不同程度肿大，切面呈大理石样。肝、肾肿大、充血和出血，胃肠黏膜卡他性炎症。

2. 亚急性型和慢性型：以坏死性肠炎为特征，多见盲肠、结肠，有时波及回肠后段。肠黏膜上覆有一层灰黄色腐乳状物，强行剥离则露出红色、边缘不整的溃疡面。如滤泡周围黏膜坏死，常形成同心轮状溃疡面。肠系膜淋巴结索状肿大，有的干酪样坏死。脾稍肿大，肝有可见灰黄色坏死灶。有时肺发生慢性卡他性炎症，并有黄色干酪样结节。

（五）诊断方法

根据临床症状和病理变化可做出初步诊断，确诊需进一步做实验室诊断。实验室检查方法与大肠杆菌检验方法相似，具体有以下几种：

1. 细菌分离鉴定：采取病猪的肝、肾或肠系膜淋巴结等做分离培养鉴定。在沙门菌志贺菌 SS 选择性培养基上培养过夜，在麦康凯琼脂上生长成无色透明或中间有黑色圆点的菌落，在三糖铁试管上底层产酸或产酸、产气，变棕黑色，上层斜面不变色则可初步判定为沙门菌阳性。

2. 凝集试验：挑取培养的菌落，于玻片上与沙门菌标准血清混匀，发生凝集者为阳性，呈均匀混浊者为阴性。

3. PCR 检测：采取病猪的肝、肾或肠系膜淋巴结等，扩增出目的片段者为阳性，未扩增出目的片段者为阴性。

无论养殖场是否进行过猪副伤寒疫苗免疫，都可以用以上三种检测方法进行诊断，阳性者诊断为猪副伤寒。

（六）防治措施

1．仔猪的饲养管理及卫生条件不良可促进本病的发生和传播。因此，预防本病必须认真贯彻“预防为主”的方针。首先应该改善饲养管理和卫生条件，消除发病诱因，增强仔猪的抵抗力。饲养管理用具和食槽经常洗刷，圈舍要清洁，经常保持干燥，及时清除粪便，以减少感染机会。哺乳及培育仔猪防止乱吃脏物，给予优质而易消化的饲料，忌突然更换饲料。

2．在本病常发地区，可对 1 月龄以上哺乳或断奶仔猪，用仔猪副伤寒活疫苗进行预防，免疫剂量为 1 毫升，免疫方法可在耳后浅层肌内注射，免疫期为 9 个月。

3. 发现病猪应及时隔离和治疗；同时圈舍要清扫、消毒，特别是饲槽要经常刷洗干净；粪便及时清除，堆积发酵后利用；死猪应深埋，切不可食用，防止人发生中毒事故。

4. 提供以下几种治疗方案供选择：肌内注射 10～20 毫克/千克体重氟苯尼考，连续注射 3～5 天；也可按内服 20～30 毫克/千克体重氟苯尼考，连服 3～5 天；按内服 10～30 毫克/千克体重环丙沙星粉，连服 3～5 天；内服 50～100 毫克/千克体重土霉素或 2～5 毫克/千克体重强力霉素，连服 3～5 天；按肌内注射 0.2 毫克/千克体重复方新诺明，首次用量要加倍，连续注射3～7 天；如用粉剂，应按时内服 70 毫克/千克体重，首次用量要加倍，连服 3～7 天。

四、猪痢疾

本病曾称为血痢、黏液出血性下痢或弧菌性痢疾，现称为猪痢疾。猪痢疾是猪的一种肠道传染病，以黏液性或黏液出血性下痢为特征。

（一）病原

本病病原是猪痢疾蛇形螺旋体，多呈 4～6 个疏螺旋弯曲，本菌革兰氏染色阴性，厌氧，但对氧有一定的耐受性，在空气中 10 小时内不会死亡。最适培养温度为 37～42 ℃。

（二）流行病学

1. 猪痢疾在自然流行中仅引起猪发病。不同年龄、品种的猪均有易感性，但以 1.5～4 个月龄仔猪最为易感，哺乳仔猪发病较少。生长小猪的发病率和病死率比大猪高。但一般认为发病率约 75%，病死率 5%～25%。仅猪感染，其他动物未见发生。

2. 传染源主要是病猪和带菌猪。康复猪的带菌率很高，带菌时间可达数月。病猪和康复猪粪便带有大量病菌，被污染饲料、饮水、猪圈、饲槽、用具、周围环境及母猪躯体（包括母猪奶头）。

3．病菌主要经消化道传播，通过受污染的饲料、饮水而感染健康猪，或经饲养员、用具、运输工具的携带而传播。

4．猪痢疾流行原因是引进带菌猪所致。但本病的暴发也见于没有新猪购入史的猪群，可通过传播媒介间接传播。发病季节不明显，一年四季均有发生，但4月、5月、9月、10月发病较多。流行比较缓慢，持续期长，且可反复发病，具有常在性，不易根除。

5．本病最初在一个猪舍，零星几头猪发病，以后逐渐蔓延开来进而同群猪陆续发病。断奶仔猪的发病率常为90%，死亡率在50%左右。在较大的猪群流行时，常常拖延达几个月，直到出售时仍有发病。突然变换饲料、阉割、运输、拥挤及寒冷等应激因素，均可促使本病发生。但根本的因素是带菌猪在猪群中存在。

（三）临床症状

1. 最急性型：见于流行初期，死亡率很高。个别突然死亡，无症状。多数病例表现为不食，剧烈下痢，粪便开始时呈黄灰色软便，迅速转为水样，夹有黏液、血液或血块，最后粪便中混杂脱落的黏膜或纤维素渗出物形成的碎片，气味腥臭。病猪肛门松弛，排便失禁，弓腰缩腹，眼球下陷，高度脱水，寒战，抽搐而死，病程12～24小时。

2. 急性型：多见于流行初、中期。病初排稀便，继而粪便带有大量半透明的黏液而呈胶冻状，夹杂血液或血凝块及褐色脱落黏膜组织碎片。同时表现为食欲减退，腹痛并迅速消瘦。有的死亡，有的转为慢性型。病程7～10天。

3. 亚急性型和慢性型：多见于流行的中、后期。下痢时轻时重，反复发生。下痢时粪便中常常有血液和黏液。食欲正常或稍减退，进行性消瘦，生长迟滞。呈恶病质状态。少数康复猪一定时间内复发，甚至多次复发。亚急性病程为2～3周，慢性病程为 4 周以上。

（四）剖检病变

剖检主要病变在大肠。急性病例营养状况良好，可见卡他性或出血性肠炎，肠系膜淋巴结肿胀，结肠及盲肠黏膜肿胀，皱褶明显，上附黏液，黏膜有出血，肠内容物稀薄，其中混有黏液及血液而呈酱色或巧克力色。直肠黏膜增厚，重者可见出血。病程稍长的猪明显消瘦，大肠黏膜表层点状坏死，或有黄色和灰色假膜，呈麸皮样，剥去假膜可露出较浅的糜烂面。肠内容物混有大量黏膜和坏死组织碎片，肠系膜淋巴结肿胀，切面多汁。胃底幽门处红肿或出血。肝、脾、心、肺无明显变化。

（五）诊断方法

根据本病的流行病学、症状和病变，可据此做出初诊。确诊还有赖于实验室检查。

具体实验室诊断方法介绍如下：

1. 显微镜检查：是目前诊断最快、适合基层养殖场（户）使用的实验室诊断方法，养殖场（户）可用直肠拭子采急性病猪大肠黏膜或粪便，送实验室进行抹片染色或暗视野检查，发现有多量 4 ~6 个疏螺旋弯曲的革兰氏阴性螺旋体（≥3 ~5 条/视野），可诊断为猪痢疾。

2. 病原体分离和鉴定：是目前诊断本病较为可靠的方法。常用直肠拭子采集大肠黏液或粪便样品进行分离，常用培养基为酪蛋白胰酶消化大豆琼脂，可在其内加入 5% ~10% 马或牛血及大观霉素 400 微克/毫升或多黏菌素 B 200 微克/毫升。放入厌氧容器内，抽去其中空气，灌入一个大气压的 80% H_2 和 20% CO_2 混合气体，置 38 ~42 ℃培养。培养基上出现 β 溶血区，染色镜检或暗视野检查，发现有 4 ~6 个疏螺旋弯曲的革兰氏阴性螺旋体，可诊断为猪痢疾。

3. 微量凝集试验：该方法快速、简便，适合大规模的群体诊断。对猪只前腔静脉或耳静脉采血，送实验室分离血清进行微量凝集试验。血清凝集效价以 50% 凝集的最高稀释倍数表示，凝集效价达到 40 为阳性。

由于本病无有效菌苗，不能进行本病免疫，以上三种方法都可以作为本病的诊断依据。

（六）防治措施

本病预防无有效菌苗，须采用综合防治措施。

1. 预防：猪场实行“全进全出”饲养制。禁止从疫区引进种猪，外地引进的带菌猪必须隔离观察 1 个月以上，确定无异常。在无本病的地区或猪场，一旦发现本病，最好全群淘汰，对猪场彻底清扫和消毒，并空圈 2 ~ 3 个月，粪便用 1% 的氢氧化钠消毒，堆集处理，猪舍用 1% 来苏儿消毒，再引进健康猪。若不能立即做到全群淘汰，应用微量凝集试验或其他方法进行检测，对感染猪群实行药物治疗，无病猪群实行药物预防，经常消毒，严格控制本病的传播。

2. 治疗：痢菌净 5 毫克/千克体重内服或 0. 5% 痢菌净 2 ~ 5 毫克/千克体重肌内注射，每天 2 次，连续 3 ~ 5 天为 1 个疗程；或 0. 025% 二甲硝咪唑水溶液饮用 5 天或 20 毫克/千克体重肌内注射，预防量为 100 克/吨饲料；或呋喃唑酮治疗量为 300 克/吨饲料，连用 14 天，预防量为 100 克/吨饲料；或庆大霉素按 2 000 单位/千克体重肌内注射，每天 2 次，连用 5 天后应用预防药物。

五、猪增生性肠炎

猪增生性肠炎又称为坏死性肠炎、增生性出血性肠病、局部性肠炎、回肠末端炎、猪肠腺瘤，是由细胞内劳森菌引起的猪的接触性传染病。它主要发生在 6 ~ 20 周龄的生长肥育猪。临床主要表现为间歇性下痢、食欲下降和生长缓慢等病变。以回肠和结肠隐窝内未成熟的肠细胞发生腺瘤样增生为特征。该病目前已经在全世界流行，危害巨大。

（一）病原

本病病原为细胞内劳森菌，为革兰氏阴性菌。很多猪在感染活跃期会排放出大量细菌，感染猪可持续排菌4～10周。病菌一旦被排放在农场环境中，能够长时间存活于猪只粪便中，从而造成猪场持续性感染。本菌对一般的消毒剂有抵抗力，但对季铵盐和含碘消毒剂敏感。

（二）流行病学

本病主要发生在断奶后6～20周龄的生长育成猪，白色品种猪易感性强，发病率0.7%～30%，与天气热应激或突然变化有关，混群或转群不久发病，长途运输和饲养密度过大则能促进本病的发生。临床发病的生长育肥猪有1%～5%的死亡率，如无继发症，4～6周可自然康复，有的猪长期不愈而成为僵猪，大量存在阳性的隐性感染猪。病猪及病原的携带者是主要传染源。易感猪与病猪及病原的携带者直接接触是最主要的传播方式。潜伏期7～21天，感染剂量越高，潜伏期越短。

工人的服装、靴子和器械均可携带细菌而成为传播媒介。细胞内劳森菌可在鼠体内繁殖，因此啮齿类动物可为本病的传播媒介，所以灭鼠有利于控制本病的传播。

（三）临床症状

临床上本病一般分急性型与慢性型两种。

1. 急性型： 通常发生于后备种猪及育成猪，以及部分经产母猪，呈暴发性、散发性发病，病猪拉黑色（隐血）或暗红色粥样粪便，粪便通常松散不成形，并常粘污臀部和后背部。病程一般很短。病死猪和同群中病猪皮肤苍白，可引起母猪和后备猪猝死。

2. 慢性型： 一般发生于20～50千克体重的生长猪，病猪临床表现轻微，猪只食欲减退，精神沉郁，皮肤苍白，多数表现为粪便变软不成形、变稀或糊状成水样，有时混有血液或坏死组织碎片，个别猪轻微或间歇性下痢，感染猪生长发育受阻并成为僵猪。猪场患病严重时，生长育成猪发病率可高达30%，死亡率可达到5%～6%。

（四）剖检病变

急性型及慢性型增生性肠炎病变均出现在回肠、盲肠及结肠前部，肉眼可见小肠末端和结肠螺旋前约1/3处肠壁增厚呈深褶状，切开病变组织呈外翻，肠管直径增粗，肠黏膜变厚坏死，内容物黄灰糊状，偶有线状溃疡、充血、出血，含凝血块，即增生性出血性肠病。部分病猪浆膜下和肠系膜常见水肿，肠系膜淋巴结肿大，切面多汁。急性型增生性肠炎在回肠和结肠腔内有一个或多个血凝块，且混有血液、纤维蛋白等，大肠的回旋位充满血液。慢性病例由于继发细菌感染，可发展为坏死性肠炎。

（五）诊断方法

根据流行病学、临床症状、病理变化可对该病做出初步诊断，确诊需要进行实验室检查。

1. 涂片镜检：采集病死猪肠黏膜涂片，革兰氏染色阴性，抗酸染色阳性，镀银染色可着色者为阳性，否则为阴性。

2. PCR检测：采集病死猪肠黏膜、淋巴结等，扩增出目的片段者为阳性，未扩增出目的片段者为阴性。

以上两种方法都可以作为增生性肠炎的诊断依据，阳性者诊断为猪增生性肠炎。

（六）防治措施

猪场必须采取综合性的防治措施，以减轻增生性肠炎造成的损失。这些措施包括药物治疗、改善饲养管理以及消毒等。

1. 加强饲养管理，减少猪群转栏和混群的次数，降低饲养密度，加强猪舍的通风，做好冬天保温和夏天防暑的工作，保持较足够的饮水器和食槽数量，尽量减少各类应激因素。

2. 保持猪群稳定、合理、均衡的营养水平，提高猪体抵抗力。

3. 猪场应加强猪舍内外环境的清洁卫生和消毒工作，存在病原的猪场，建议采用“全进全出”饲养方式，细胞内劳森菌等病原体常存在于猪的粪便中，对复合醛类和卤素类消毒剂非常敏感，建议使用复合醛或双链季铵盐复合碘消毒液，在每批猪出栏后严格冲洗消毒猪舍，空置1周后再转入新的猪群。猪场生产区消毒池以及各栋猪舍门口脚浴盆都应添加消毒剂。

4. 加强灭鼠、灭蝇、驱虫等工作，健康猪与含细胞内劳森菌的粪便接触可以造成本病的传播，因此，必须及时清除猪群的粪便，尽量减少接触粪便的机会，切断传播途径。

5. 国外已有增生性肠炎疫苗，但要求使用疫苗前后3天均不能饲喂抗生素，可操作性差。国内目前还没有增生性肠炎疫苗。

6. 全群用药可在基础日粮中添加泰妙菌素（100克/吨饲料）和阿莫西林粉（200克/吨饲料），或替米考星（500克/吨饲料）和阿莫西林（500克/吨饲料），连用7~10天。发病猪需隔离治疗，可交替使用恩诺沙星注射液和硫酸小檗碱注射液于病猪后海穴注射。恩诺沙星每次按照2.5毫克/千克体重注射，硫酸小檗碱每头猪注射0.05~0.1克，每天1次，连用3~5天。

第四节　寄生虫性疾病

一、猪球虫病

球虫是专门寄生于细胞内的原虫。猪球虫病是由多种球虫寄生于猪肠道黏膜上皮细胞内，引起以肠黏膜出血和腹泻为主的寄生虫病。本病主要发生于小猪，且多发于7~11日龄的乳猪，是哺乳仔猪腹泻的重要病原。

（一）病原

引起猪球虫病的病原有很多种，但引起的新生仔猪的球虫病最重要的病原是猪等孢球虫。

（二）流行病学

本病主要发生于小猪，且多发于7～11日龄的乳猪，但是断奶仔猪也会发生，成年猪为带虫者。各种研究表明哺乳仔猪并不是摄入母猪粪便中的球虫卵囊而感染，目前等孢球虫是如何在猪场中传染的尚未可知。由于球虫卵囊发育需要较高的温度，因此本病多发于春末和夏季。哺乳仔猪发病无季节性。

（三）临床症状

本病的临床症状多出现在7～11日龄的健康乳猪中，腹泻是本病主要的临床症状，粪便呈黄色到灰色。开始时粪便松软或呈糊状，随着病情加重粪便呈黄色胶冻状或液状，混有大量黏液和未消化的饲料。仔猪粘满液状粪便，使其看起来很潮湿，并且会发出腐败乳汁样的酸臭味。一般情况下，仔猪会继续吃奶，但被毛粗乱，脱水，消瘦，增重缓慢。不同窝的仔猪症状的严重程度往往不同，即使同窝仔猪不同个体受影响的程度也不尽相同。本病发病率通常很高，但死亡率一般较低。

（四）剖检病变

病猪剖检可见空肠和回肠呈卡他性炎症，肠壁增厚，并有黏液性渗出物附着或呈坏死性病变，但只有在严重感染的仔猪中出现。

（五）诊断方法

根据本病主要引起7～14日龄仔猪腹泻，并且这种腹泻用抗生素治疗无效等特征做出初诊。

确诊采集有临床症状的仔猪新鲜粪便，用饱和盐水漂浮法检查球虫卵囊，显微镜下发现呈椭圆形、圆形、卵圆形或梨形有卵囊壁的球虫卵囊，判为阳性，说明该动物已感染球虫。

检查球虫卵囊的具体方法为：取被检动物或动物群的新鲜粪便 10 克，放入 50 毫升烧杯中，加入适量水。轻轻搅匀，经 60 目（非法定计量单位，即每平方英寸上的孔数）铜丝网或尼龙网过滤。将滤液移入 4 支 10～15 毫升试管，2 500 转/分离心 10 分钟，倾去上清液，各试管沉淀物中加入少量饱和盐水，混匀，移入一个 5 毫升玻璃瓶。用饱和盐水加满，盖上盖玻片，盖玻片须能与液面接触，静置 10 分钟，取下盖玻片，放在载玻片上。置载玻片于显微镜台上，放大 100 倍或 400 倍检查。

（六）防治措施

1. 预防：目前尚无很好的预防方法，只有及时清除粪便，减少猪与卵囊接触的机会。由于卵囊对一般消毒药抵抗力强，喷洒 5% 的氨水能杀死卵囊。药物预防有一定的效果。在母猪分娩前后一周的饲料内，每吨加氨丙啉 1 千克进行预防，有助于控制 8 日龄猪的球虫病发生。但如果长期喂此药，代价就太大了。

2. 治疗：病猪可口服氨丙啉，20 毫克/千克体重，每天 1 次，连用 3～5 天；或者口服百球清，20～30 毫克/千克体重，服用 1 次；或者氯苯胍，20 毫克/千克体重，灌服，每天 1 次，连服 3 天。

二、猪鞭虫病

猪鞭虫病是由猪鞭虫（又称猪毛尾线虫）引起的，又称猪毛尾线虫病。虫体为乳白色，前部细长，后部短粗，外观极似马鞭，故称鞭虫。我国各地均有报道，长期以来一直是影响养猪业发展的一个普遍问题。

（一）病原

猪鞭虫属于毛首科，虫体呈乳白色，雄虫长 20～52 毫米，雌虫长 39～53 毫米。虫卵呈棕黄色，呈腰鼓状，卵壳厚，两端有塞。寄生于猪和野猪的盲肠，也寄生于人和其他灵长类动物。

由于厚厚的卵壳保护，虫卵的抵抗力极强，可在土壤中存活 5 年。本病一年四季均可感染，夏季发病率最高。

成虫在盲肠中产卵，卵随粪便排到外界，在适宜的温度和湿度下，约经 3 周时间发育为感染性虫卵（内含感染性幼虫）。虫卵随饲料及饮水被宿主吞食，幼虫在小肠内脱壳而出，第 8 天后移行到盲肠和结肠并固着在肠黏膜上，经 1 个月左右发育为成虫。成虫的寿命为 4～5 个月。

（二）流行病学

本病主要发生于仔猪，1.5 个月龄的仔猪即可检出虫卵，4 月龄的猪粪便中虫卵数和感染率均很高；14 月龄以上的猪很少感染。

（三）临床症状

极轻者没有明显症状。轻者精神倦怠，体温略升高，体形消瘦，被毛无光泽，饲料转化率降低。严重感染时，病猪身体极度衰竭，弓背，行走摇摆，体温高达 41 ℃，食欲减退，全身苍白，脱水，顽固性下血痢，脱落的肠黏膜随粪便排出，5～6 天便因呼吸困难衰竭而死。

（四）剖检病变

剖检可见大量虫体粘在盲肠黏膜上，有的虫体牢固地固定在黏膜上，在钻入处大量虫体周围分泌炎性渗出物形成纤维性坏死性薄膜，并聚集成圆形的囊状结节，肠黏膜层溃疡状坏死，主要是盲肠和结肠段，并有充血、出血和水肿现象。

（五）诊断方法

死猪剖检可在盲肠上发现病变和大量的虫体。确诊可进行虫卵检查，称取 10 克左右病猪粪便，弄碎后放入适量饱和盐水，搅匀过滤静置半小时后，蘸取表面液膜放于载玻片上，加盖进行镜检，若观察到很多腰鼓形、棕黄色、两端有卵塞的虫卵，便可以确诊是鞭虫感染。

（六）防治措施

1. 猪群出栏后，对垫料深翻后堆积发酵，确保发酵温度在60 ℃以上（表面深度20厘米处），并维持5～7天，然后将堆积的发酵床垫料外翻，进行第2次堆积发酵，从而达到充分杀灭寄生虫虫卵的目的。对于感染压力较大的猪群，应及时调整驱虫程序，自猪群转至保育阶段起，每6周驱虫一次，共驱2～3次。

2. 大部分驱虫药（如阿维菌素类药物、多拉菌素、苯硫咪唑等）对猪鞭虫的效果较差，建议使用下列药物驱虫：

（1）每吨饲料中加泰乐菌素150克、强力霉素200克、多维300克混饲，全群连续饲喂7天。

（2）羟嘧啶。2毫克/千克体重，混入饲料喂服。

（3）左旋咪唑。剂量为10～15毫克/千克体重，混饲或混饮。

三、猪结节虫病

猪结节虫病也称食道口线虫病，是由结节虫寄生在猪的结节肠内所引起。本病特征是在大肠壁上形成结节，故有结节虫之名。虫体的致病力轻微，但严重感染时可以引起结肠炎。

（一）病原

病原为常见于猪的食道口线虫，成虫在大肠中产卵，卵随粪便排出体外，经24～48小时孵出幼虫，再经3～6天发育为感染性幼虫，猪在吃食或饮水时吞进感染性幼虫后，幼虫即在大肠黏膜下形成结节并蜕皮，经5～6天后，第四期幼虫返回肠腔，再蜕一次皮即发育为成虫。

（二）流行病学

感染性幼虫可以越冬。在室温22～24 ℃的湿润状态下，可生存10个月，在－19～20 ℃下可生存1个月。虫卵在60 ℃高温下迅速死亡。干燥可致虫卵和幼虫死亡。成年猪被寄生的较多。放牧猪在清晨、雨后和多雾时易遭感染。潮湿和不勤换垫草的猪舍中，感染也较多。

（三）临床症状

只有严重感染时，大肠才产生大量结节，发生结节性肠炎。粪便中带有脱落的黏膜，猪只表现腹痛、不食、拉稀、高度消瘦、贫血发育障碍。继发细菌感染时，则发生化脓性结节性大肠炎。严重时可引起仔猪死亡。

（四）诊断方法

用饱和盐水漂浮法检查粪便中有无虫卵。注意察看粪便中有无自然排出的虫体。虫卵不易鉴别时，可培养检查幼虫。幼虫长500～530微米，宽26微米，尾部呈圆锥形。剖检时发现虫体和结节性病灶即可确诊。

（五）防治措施

1. 预防：注意搞好猪舍和运动场的清洁卫生，保持其干燥，及时清理粪便；保持饲料和饮水的清洁，避免幼虫污染。每吨饲料中加入0.12%的潮霉素，连喂5周，有抑制虫卵产生和驱除虫体的作用。

2. 治疗：左旋咪唑8～10毫克/千克体重，一次口服；硫苯咪唑5～10毫克/千克体重，一次口服；伊维菌素0.2～0.4毫克/千克体重，一次颈部皮下注射；阿维菌素1毫升/30千克体重（1%），颈部皮下注射。

四、猪蛔虫病

猪蛔虫病是由猪蛔虫引起的一种肠道线虫病，主要感染仔猪，分布广泛，感染普遍，对养猪业的危害极为严重；特别是在卫生条件不好的猪场或营养不良的猪群中，感染率很高，通常可达50%以上。感染本病的仔猪，生长发育不良，增重往往比健康仔猪降低30%左右；病情严重者，不仅生长发育停滞，而且引起死亡。因此，本病是造成养猪业损失最大的寄生虫之一。

（一）病原

猪蛔虫为黄白色或淡红色的大型线虫，虫体呈中间较粗，两端较细的圆柱体。蛔虫卵对不良的外界环境影响和化学药品作用的抵抗力非常强大，这可能与有卵膜保护有直接的关系。例如，在 -20 ~ 70 ℃，感染性虫卵能存活 3 周；在疏松湿润的耕地或园土中可以生存 2 ~ 5 年。常用的消毒药也不能将蛔虫卵杀死，例如，在 2% 福尔马林液中，虫卵不仅可以生存，而且还能正常发育；10% 漂白粉溶液、15% 硫酸与硝酸溶液和 2% 氢氧化钠溶液均不能将虫卵杀死。一般要杀死蛔虫卵，必须用 60 ℃ 以上的 3% ~5% 热碱水、20% ~30% 热草木灰或新鲜石灰才有效。

（二）流行病学

猪蛔虫病的广泛流行，主要与猪蛔虫的生活史简单、产卵量大（每条雌虫一生可产卵 3 000 万个）、虫卵的抵抗力强大有关。

本病虽然可发生于各年龄的猪，但以 3 ~5 月龄的仔猪最易感染，可成流行性发生。病情严重时，能引起死亡。病猪和带虫猪是本病的主要传染源。据报道，3 ~5 月龄的仔猪感染后，于 6 ~7 月龄时开始排虫；轻、中度感染猪的带虫现象可持续 1. 5 ~ 2 年；成年母猪也可能有 1% ~10% 是带虫者。消化道是本病的主要传播途径。据研究，猪感染蛔虫病主要是由于猪采食了被感染性虫卵污染的饲料和饮水；放牧猪也可在野外感染；母猪的乳房容易沾污虫卵，使仔猪在吃奶时受到感染。

此外，本病的发生与饲养管理、环境卫生也有很大的关系。在饲养管理不良、卫生条件恶劣和猪只过于拥挤的猪场；在营养缺乏，特别是饲料中缺少维生素和矿物质的情况下，容易在仔猪中暴发流行。本病一年四季都可以发生，但以深秋、冬季和早春更为多见。

（三）临床症状

猪蛔虫病的临床症状随着猪只的年龄大小、猪体质的好坏、感染的数量以及蛔虫的发育阶段的不同而有所不同。一般仔猪发生后的病情重，症状明显；而成年猪能抵抗一定数量虫体的侵害，感染后的症状常不明显。

仔猪轻度感染时，体温升高至 40 ℃，有轻微的湿咳，有并发症时，则易引起肺炎。感染较重时，病猪精神沉郁，被毛粗乱，呼吸和心跳加快，食欲时好时坏，营养不良，有异食、消瘦、贫血等表现，有的还出现全身黄疸等症状。生长发育明显受阻，部分变为僵猪。感染严重时，病猪的呼吸困难，急促而不规律，常伴发声音低沉而粗粝的咳嗽；还出现口渴、流涎、呕吐、腹泻等症状。病猪喜卧地，不愿走动，逐渐消瘦而死亡。当病猪的肠道有大量蛔虫寄生时，常引起蛔虫性肠梗阻，随梗阻程度的不同，病猪可出现不同的腹痛症状；严重时，病猪的四肢乱蹬或卧地呻吟。蛔虫进入胆管时，可引起胆管梗阻。此时，病猪除有剧烈的腹痛症状外，还出现体温升高，食欲废绝，腹泻，黄疸等症状。

成年猪感染蛔虫后，如寄生虫的数量不多，病猪的营养良好，常无明显的症状。但感染较严重时，常因胃肠功能遭受破坏，病猪则出现食欲降低，磨牙，轻度贫血，生长缓慢等症状；严重的感染，也可出现类似仔猪感染的所有症状。

（四）剖检病变

猪蛔虫病发病初期，小肠黏膜出血，轻度水肿；肝脏出现出血点，有时出现局灶性坏死；幼虫由肺毛细血管进入肺泡时，肺表面有大量出血点和暗红色斑点，肺组织水肿，肺泡内充满水肿液，此时，在肺组织中常可发现大量虫体。后期，肝表面有许多大小不等的白色斑纹；小肠中可发现数量不等的虫体，寄生数量少时，肠道无明显的变化，寄生数量多时，可见有肠炎，肠黏膜散在出血点或者出血斑，甚至可见溃疡病灶；肠破裂的可见腹膜炎，肠和肠系膜以及腹膜粘连；偶尔可见虫体钻入胆道；虫体钻入胰管，则造成胰管的炎症。

（五）诊断方法

一般仔猪体形消瘦、发育不良就可怀疑为此病。但确诊需在粪便或尸体的肠道中发现虫体，或对 2 个月龄以上的猪做粪便虫卵检查。也可以用皮内变态反应来诊断，发生变态反应者诊断为猪蛔虫病。

（六）防治措施

1. 预防：猪粪便经过堆积发酵或沼气发酵处理后方可作为农用肥料，以防止蛔虫卵散播。预防性驱虫，成年猪最好每年驱虫 2 次，2 ~ 8 月龄的仔猪应每隔 2 个月驱虫一次。圈面、墙壁、用具可用 50 ~ 75 ℃的热水冲洗，对污染的场地用生石灰、2% ~ 5% 热碱水（60 ℃以上）及 5% ~ 10% 石炭酸液进行喷洒，均可杀灭蛔虫卵。发现病猪要及时驱虫。最好是在发育为成虫前驱虫，这样既可消灭猪蛔虫对猪的危害，又可避免粪中带有虫卵。

2. 治疗：

（1）左旋咪唑：用量 7 ~ 8 毫克/千克体重，一次内服或肌内注射。

（2）噻嘧啶：20 ~ 30 毫克/千克体重，混入饲料，一次内服。

（3）磷酸哌嗪、硫酸哌嗪：200 毫克/千克体重，混入饲料，一次内服。

（4）潮霉素 B：按 12 毫克/千克体重的比例，混入饲料，连续投饲数周。

（5）越霉素 A：按 10 毫克/千克体重比例，混入饲料，连续投饲 2 个月。

五、猪隐孢子虫病

猪隐孢子虫病是由隐孢子虫属寄生性原虫引起的一种消化道疾病。以腹泻、呕吐、脱水、减少日增重和降低饲料转化率为主要特征，该病易与其他肠道病原混合或继发感染表现明显临床症状，是仔猪腹泻的一种重要疾病。

（一）病原

猪隐孢子虫病的病原为隐孢子虫，是一种肉眼看不到的微小寄生虫。

隐孢子虫卵囊在 4 ℃的水中能存活 12 周以上；在 4 ℃和25 ℃的粪便中，隐孢子虫卵囊分别能保持感染性 12 周以上和 4 周。

（二）流行病学

本病流行比较广泛，不受地域的限制，散养猪与规模养殖场猪感染率都比较高，寒冷季节和高温季节均有流行。

各年龄段的猪都易感染隐孢子虫，育肥猪和种猪虽然不表现症状，却是重要的病原携带者，对断奶前后的仔猪危害更大，易与其他肠道病原混合或继发感染表现明显临床症状，是仔猪腹泻的一种重要病原。

（三）临床症状

猪隐孢子虫的致病性与猪的年龄、免疫状况等因素密切相关。研究发现排出的卵囊多少与猪的腹泻没有明显的相关性，并且感染强度较小。虽然猪排出卵囊数量比较多，但无腹泻症状或很轻微，主要症状为腹泻、呕吐、脱水、减少日增重和降低饲料转化率。但是当隐孢子虫与其他肠道病原混合感染时，表现明显的腹泻症状，并具有较高的死亡率。7 日龄以内的仔猪感染隐孢子虫易出现明显的腹泻症状，15 日龄以上的仔猪虽然也排出卵囊，但腹泻症状不明显甚至不表现腹泻。

（四）诊断方法

隐孢子虫感染多为隐性感染，确切的诊断只能靠实验室手段观察到虫体。

1. 饱和蔗糖溶液浮聚法：活猪诊断采用病猪粪便，死后诊断可用病变部肠黏膜。漂浮病料之后直接镜检，可见到特异的粉红色、有内部结构的卵囊，染色方法最好是改良抗酸染色法，该方法特异、简便、常用。

2. PCR 检测： 采集病变部肠黏膜，扩增出目的片段者为阳性，未扩增出目的片段者为阴性。

（五）防治措施

1. 预防： 应加强饲养管理，搞好环境卫生，合理处理粪便特别是病猪粪便，减少隐孢子虫卵囊对人的食物饮水和动物水源、饲料、用具、环境等的污染；把好引种关，做好隐孢子虫检测，杜绝从有隐孢子虫感染史的猪场引种。被污染的场所要彻底消毒，用福尔马林或氨水等能使隐孢子虫卵囊感染力丧失，加热 65 ℃以上 30 分钟也可使其感染力丧失。

2. 治疗： 隐孢子虫病目前尚无有效的治疗药物。由于该病是一种自限性疾病，所以采用支持疗法，增强机体免疫功能更为重要。先后报道的众多药物中，多数药物只能产生部分疗效，可靠性差，其中以巴龙霉素和螺旋霉素效果较好，巴龙霉素拌料饲喂，按照 30～40 毫克/千克体重的用量，每天 2 次，连用 7 天，螺旋霉素对该病症状改善有一定疗效。中药大蒜素、苦参合剂和驱隐汤效果也不错。

六、猪类圆线虫病

猪类圆线虫病是由兰氏类圆线虫引起的一种寄生虫病，主要危害 3～4 周龄的仔猪，可引起严重的小肠炎。病猪消瘦、生长缓慢，感染严重时可引起死亡。本病呈世界性分布，但在温热带地区尤为严重。

（一）病原

兰氏类圆线虫只有孤雌生殖的雌虫营寄生。成虫小，体长 3.1～4.6 毫米。卵壳薄，虫卵内含一蜷曲的幼虫。

成虫在猪的小肠中产卵，卵随粪便排至外界，夏季一般经

5～6 小时即孵出杆状幼虫，再经 2～3 天变为丝状幼虫（直接发育型），即可感染宿主。

（二）流行病学

类圆线虫主要侵袭仔猪，生后 5～8 天的仔猪粪便中即可见到虫卵，1 月龄左右感染最为严重，2～3 月龄后逐渐减少。春产仔猪较秋产的感染严重。类圆线虫的幼虫不带鞘，对外界环境比较敏感，温暖和潮湿的环境有利于其发育和存活，因此，本病在夏季和雨季流行严重。

（三）临床症状

本病症状为消化障碍、腹痛、下痢、便中带血和黏液，皮肤上可见到湿疹样病变；当移行幼虫入心肌、大脑或脊髓时，可导致急性死亡，死亡率可高达 50%。

（四）剖检病变

剖检主要限于小肠，见肠黏膜充血，间有斑点状出血，有时可见有深陷的溃疡。肠内容物恶臭。

（五）诊断方法

1. 用饱和盐水漂浮法检查虫卵，必须采用新鲜粪便，夏季不得超过 6 小时，虫卵小，可见到虫卵内有一蜷曲的幼虫。

2. 剖检查虫时，由于虫体较细小，又深藏在小肠黏膜内，必须用刀刮取黏膜，仔细检查，才能发现虫体。

（六）防治措施

1. 预防：由于虫卵及幼虫对干燥的抵抗力很低，应经常保持圈舍干燥、清洁，经常用石灰水消毒地面和用具，清除猪粪，堆积发酵。病猪应及时隔离，带奶母猪的奶头要经常消毒清洗。此外，应定期对猪群进行预防性驱虫。

2. 治疗：用甲苯咪唑，30 毫克/千克体重，1 次口服；或者每头猪 1 次给予龙胆紫 0.1～0.3 克，溶于水中喂服，每天喂 3 次，连用 2 天；或者按照 50 毫克/千克体重拌入噻苯唑饲料投服，或按饲料量0.01%加入，连用14天，对感染严重的猪有较佳疗效。

第五节　中毒类疾病

一、霉菌毒素中毒

霉菌常寄生于含淀粉的饲料原料（玉米最常见）上，当温度28 ℃和相对湿度80%的适宜环境中，可在其内大量生长繁殖，在这过程中产生并释放有毒物质。

（一）病因

引起猪中毒的霉菌毒素有：黄曲霉毒素、镰刀菌毒素、赤霉菌毒素、新月霉素等。但临床上难以断定为何种霉菌毒素中毒，往往是几种霉菌毒素协同作用的结果。

（二）临床症状

不同类型的猪临床症状如下：

1. 仔猪： 中毒仔猪常急性发作，出现中枢神经症状，头弯向一侧，头顶墙壁，数天内死亡。

2. 大猪： 病程较长，呈慢性经过。一般表现体温正常，初期食欲减退，在嘴、耳、四肢内侧和腹部皮肤出现红斑，后期食欲废绝，腹痛，下痢或便秘，粪便中夹有黏液和血液。

3. 妊娠母猪： 表现死胎、木乃伊胎、流产或新生仔猪死亡率上升，以及产后发情不正常。青年母猪饲料中含 1×10^{-7} ~ 1.5×10^{-7}的霉菌毒素时，易引起青年母猪阴门红肿，子宫体积和重量增加，表现发情或临产症状。

4. 哺乳期母猪： 表现为逐渐的拒食，表现持续发情或发情周期延长，影响哺乳期乳猪成活率。大剂量霉菌毒素即饲料中含霉菌毒素超过 5×10^{-6}时，母猪会出现直肠和阴道脱出的现象。

5. 成年公猪：中毒症状主要表现为睾丸萎缩。

（三）剖检病变

剖检见肝肿大，色淡黄，淋巴结水肿。病程长的病例，皮下组织黄染，胸腹膜、肾、胃肠道出血；急性病例突出变化是胆囊黏膜下层严重水肿。

（四）诊断方法

根据饲喂霉变饲料的病史、临床症状及病理组织变化，进行综合分析，可做出初诊。霉菌毒素中毒的猪体温基本正常，这可与某些传染病相区别。

（五）防治措施

1. 从根本上防止饲料霉变及其使用，不使用虫蛀、霉变原料；勤查原料储存，玉米等籽实原料最好水分保持在12%以下。严防原料库房漏雨。对原料库要定时检查，发现原料发热或有异味，马上进行晾晒处理，清除发霉变质的原料，保存易发霉的饲料原料时，注意水分和温、湿度的控制，最好使其快速干燥，置于干燥低温及通风处保存，对于已加工的成品饲料应在一周内及时用完。

2. 在湿度过大的季节应在饲料中添加0.1%～0.3%丙酸盐防止饲料发霉变质，对于严重发霉的原料绝对禁止饲喂，应全部废弃；对于轻微发霉的饲料，可用真菌吸附剂0.05%拌料或1.5%氢氧化钠溶液或草木灰溶液浸泡处理，浸泡几小时后，用清水多次清洗至泡洗液清澈无色为止，或者先用清水反复冲洗3次，再用0.1%漂白粉水浸泡3小时，然后再用清水冲洗至水无色，晾晒干。

3. 在饲喂时要严格限量给予，对饲槽的剩料要及时清理，保持食槽干净卫生。特别要强调的是对产仔舍哺乳母猪的饲喂，由于产仔舍温度高，大多数哺乳母猪都采用湿拌料，饲喂量大，容易出现剩料，高温、高湿料容易出现霉变，对产仔舍里母猪槽要勤清理，根据母猪的采食量添加饲料，以吃饱不剩料为原则。如发现剩料及时清理。

4. 该病目前暂无特效疗法。主要是发病后及时更换霉变原料并进行对症治疗。可用0.1%高锰酸钾、温生理盐水或2%碳酸氢钠进行洗胃或灌肠，然后内服盐类泻药，如硫酸钠30～100克，水1升，一次内服；静脉注射5%葡萄糖生理盐水300～500毫升，5%维生素C 5～15毫升，40%乌洛托品20毫升；同时皮下注射20%安钠咖5～10毫升，以强心排毒。

二、其他毒物中毒

还有很多中毒性疾病，都或多或少表现出一定的消化道症状，在此简单介绍几种常见的引起消化道症状的中毒性疾病。

（一）痢特灵中毒

猪的用量为0.007克/千克体重，分2～3次内服。仔猪对痢特灵较为敏感，当饲喂量过大或长期使用时，会造成其急性或慢性中毒。中毒后，仔猪食欲减退，四肢无力，站立不稳，走路摇摆，前后肢向外伸展，皮温降低，反应迟缓，昏迷，全身肌肉颤抖。剖检死亡仔猪，可发现其胃底黏膜有严重的炎症，从幽门经胃底到贲门有一带形发炎区域，并分散有少量大小不等的出血点，肠内容物为金黄色。

（二）食盐中毒

因饲料中食盐的含量过高所致。病猪表现口渴，食欲减退，呕吐，腹痛，腹泻。反复转圈，前冲后撞，做游泳姿势，瞳孔放大，后倒地死亡。

（三）发芽马铃薯中毒

马铃薯的嫩芽、新鲜的茎叶和花蕾都含有大量的毒素，其绿色部分含有硝酸盐类，能形成亚硝酸盐。猪食大量发芽马铃薯后1周内发病。轻度中毒时有下痢、口膜炎、皮疹等症状。严重中毒时四肢无力，走路摇摆或倒地，肌肉痉挛，流涎呕吐，心脏衰竭，瞳孔散大。孕猪流产。通常在1~3天死亡。

（四）有机磷中毒

猪主要是误食误喝了有机磷农药污染的饲料以及饮用水等，或滥用有机磷农药驱除猪体内、外寄生虫而导致中毒。症状主要表现为胆碱能神经兴奋，大量流涎，口吐白沫，肌肉震颤，瞳孔缩小，磨牙，呕吐，腹泻。若抢救不及时，常会发生肺水肿而窒息死亡。

（五）毒物中毒防治措施

1. 下泻：估计毒物已进入肠道时，应给予泻药，促使毒物尽快排出。一般应选用盐类泻剂而不宜用油类泻剂，因多数有毒物质都易溶于油，用油类泻剂反而会加快机体对毒物的吸收而使中毒加剧。常用的盐类泻剂有芒硝、硫酸镁等。当猪发生食盐中毒时，不能选用盐类泻剂，应大量灌服清水，以降低盐在胃肠中的浓度。

2. 使用解毒剂：当毒物进入血液后，必须使用解毒剂。亚硝酸盐中毒（又叫饱潲症）可用1%美蓝溶液，1毫升/千克体重，肌内或静脉注射；有机磷农药中毒，可用阿托品或解磷定注射解毒，碱性物质中毒，可用稀盐酸或食醋中和解毒；生物碱中毒，可用0.2%高锰酸钾溶液将毒物氧化分解。

3. 放血：如果中毒时间较长、毒物已经大量进入血液，在使用解毒剂的同时，可采用放静脉血的办法解救，每次放血量为300~400毫升。另外，采取输液、给予大量饮水等办法，通过排尿和出汗亦可缓解病情。

4. 催吐：一般用于有机磷等药物中毒。可皮下注射催吐剂有藜芦碱0.01~0.03克，或口服催吐剂吐根末1~3克（或酒石酸锑钾 1～2 克）；如无催吐剂，亦可用木棍、胶管轻拭咽喉黏膜，促进呕吐。

5. 洗胃：当毒物进入猪体 4～6 小时后，就应进行洗胃。有机磷农药中毒可选用 1%～5% 碳酸氢钠溶液；腐蚀性药物中毒不宜洗胃，以免引起胃穿孔。洗胃时要反复冲洗，直至洗出的水变清为止。

第六节　消化系统疾病鉴别诊断要点

猪消化系统疾病是养猪生产中比较常见的疾病，尤其是对仔猪危害较大，大部分消化系统疾病的临床症状又比较相似，因此，必须掌握这类疾病的临床识别要点，以准确诊断，避免较大的经济损失。猪消化系统疾病鉴别诊断要点见表 1。

表 1　猪消化系统疾病鉴别诊断表

疾病	发病年龄	消化系统症状	其他症状	剖检特点	诊断方法
猪传染性胃肠炎	任何年龄，10 日龄以内小猪最严重	淡黄色水样，恶臭	呕吐，脱水，发病率高，多发见于寒冷季节，死亡率较高	胃有不同内容物，肠中有黄褐色液体，肠血管充血，胃壁出血，小肠壁薄	PCR、荧光定量 PCR 检测
猪流行性腹泻	任何年龄，1 周龄以内小猪最严重	淡黄色水样，恶臭	呕吐，脱水，发病率高，死亡率较高	仅小肠病变，如小肠扩张，内充满黄色液体	PCR、荧光定量 PCR 检测
猪轮状病毒病	仔猪	水样，糊状，有黄凝乳样物	偶见呕吐，消瘦，发病率高，死亡率低	肠壁变薄，充有液体，为灰黄色或灰黑色，结肠扩张	PCR、荧光定量 PCR 检测

续表

疾病	发病年龄	消化系统症状	其他症状	剖检特点	诊断方法
猪伪狂犬病	任何年龄	不定	呆滞，呕吐，共济失调，呼吸困难，眼睑水肿，流涎，中枢神经症状	肠溃疡，各器官均见白色坏死灶，肺炎，淋巴结炎	酶联免疫吸附实验、PCR、荧光定量PCR检测、乳胶凝集试验、动物接种试验
猪瘟	任何年龄	水样带黏液、血液	全身症状，神经症状等，死亡率高	肠纽扣状溃疡，全身败血性变化，大理石状淋巴结	PCR、荧光定量PCR检测、抗原ELISA、抗体阻断ELISA
猪肠道病毒感染	任何年龄，4～5周龄最易感	轻微腹泻	复杂多样，脑脊髓炎、母猪繁殖障碍呈窝发性，肺炎，条件致病，死亡率低	皮下和大肠及肠系膜水肿，胸腔和心包积液，脑膜和肾皮质部有小出血点	PCR、荧光定量PCR检测
猪腺病毒感染	任何年龄，4～5周龄多发	腹泻、呕吐	轻微呼吸症状，有时共济失调	电镜下可见空肠末梢和回肠的肠细胞中发现核内包涵体	PCR、荧光定量PCR检测
仔猪黄痢、仔猪白痢	仔猪	粪便黄白色水样，有气泡	脱水，无呕吐，尾坏死，典型全窝感染	肠充血或不充血，肠壁轻度水肿，肠扩张，内充盈液体、黏液和气体	直接涂片镜检、细菌分离、生化试验

续表

疾病	发病年龄	消化系统症状	其他症状	剖检特点	诊断方法
猪梭菌性肠炎	仔猪、青年猪	带血性腹泻	虚脱，偶见呕吐，病程短，致死率高	空、回肠肠壁充血，肠腔内有血性液体，黏膜增厚坏死，腹腔淋巴结出血	细菌培养、暴烈发酵试验
猪副伤寒	2～4月龄仔猪	持续下痢，呈慢性经过，黏液带血	败血症，部分仔猪还有肺炎症状	胃肠道卡他性炎症，出血或弥漫性坏死，肝脏和淋巴结干酪样坏死	细菌分离鉴定、凝集试验、PCR检测
猪痢疾	7日龄以上青年猪	粪便水样，带血和黏液	无脱水，成窝散发，传播缓慢，流行期长，死亡率低，夏末和秋季多发	病变限于大肠、肠系膜和大肠壁充血水肿，轻度腹水，带有假膜	显微镜检查、病原体分离和鉴定、微量凝集试验
猪增生性肠炎	6～20周龄育成猪	拉黑色或暗红色粥样粪便	粪便混有血液或坏死组织碎片	小肠末端和结肠前端肠壁增厚，呈深褶状	涂片镜检、PCR检测
猪球虫病	7～14日龄仔猪	腹泻不止，水样，灰黄色，恶臭	消瘦，被毛粗乱，发病率不等，死亡率高，在8、9月份多发	纤维性坏死性肠炎，空、回肠出现固膜，大肠无变化	饱和盐水漂浮法
猪隐孢子虫病	任何年龄	腹泻、呕吐	脱水，症状不明显，死亡率低，与其他肠道病原混合感染时，表现明显的腹泻症状，并具有较高的死亡率	无明显病变	饱和蔗糖溶液浮聚法、PCR检测

续表

疾病	发病年龄	消化系统症状	其他症状	剖检特点	诊断方法
猪鞭虫病	仔猪	顽固性下血痢，有脱落的肠黏膜随粪便排出	弓背，行走摇摆，体温升高明显，全身苍白，脱水	盲肠黏膜附着大量虫体	剖检查虫、虫卵
猪蛔虫病	任何年龄，3～5月龄最易感	食欲时好时坏，异食，呕吐，腹泻	消瘦，贫血，全身黄疸，口渴、流涎，腹痛，体温升高	小肠中可发现数量不等的虫体	剖检查虫、虫卵、皮内变态反应
类圆虫病	仔猪4～10日龄	不定	呼吸困难，中枢神经症状	肠黏膜小点出血	饱和盐水漂浮法剖检查虫
猪结节虫病	成年猪较多	拉稀，粪便中带有脱落的黏膜	腹痛，不食，高度消瘦，贫血，发育障碍	大肠产生大量结节性病灶	饱和盐水漂浮法、剖检查虫
霉菌毒素中毒	大猪	下痢或便秘，粪便中夹有黏液和血液	体温基本不升高，神经症状，皮肤出现红斑，腹痛，母猪繁殖障碍，公猪睾丸萎缩	肝肿大，淋巴结水肿，皮下组织黄染，胸腹膜、肾、胃肠道出血	根据饲喂霉变饲料的病史和猪体温基本正常的症状等综合判定

第三章　神经系统疾病

猪神经系统疾病是目前养猪生产中较常见和多发的疾病，猪在患有许多疾病时都可能会表现出神经症状，从精神状态上看，主要表现为兴奋或抑制；从运动机能上看，主要表现为强制运动，如共济运动失调、阵发性痉挛、瘫痪，转圈运动、角弓反张、盲目运动、暴进暴退、滚转运动、四肢呈游泳样划动等。这些疾病根据发病原因大致可以分为病毒性疾病、细菌性疾病和中毒性疾病等，神经系统疾病给养猪业生产带来了很大的损失，临床上应根据病猪所出现的症状再结合实验室、流行病学诊断加以判断，尽早治疗，减少经济损失。

第一节　猪神经系统特点及致病因素

一、猪神经系统特点

猪的神经系统包括脑、脊髓、周围神经系统和自主神经系统四个部分。

1. 脑： 属于中枢神经系统的一部分，脑的表面完整地覆盖着一层清亮透明的膜，称为脑膜。

2. 脊髓： 是中枢神经系统的另一部分，脊髓存在于细长的脊髓腔里，从脑一直延伸到尾部。在每两个脊椎骨之间，脊髓都有分支延伸出来，连至身体的各个部位。脊髓负责将脑部的脉冲电信号传导到这些分支。

3. 周围神经系统：是从脑部和脊髓分支出来的神经，负责全身各处的神经信号传导，这套神经系统是主动神经系统，受猪的控制。

4. 自主神经系统：为非主动神经系统，不受猪的控制，负责控制范围广泛的各个非主动功能。该系统部分控制心脏跳动、消化道管壁平滑肌的运动、内分泌系统及排泄系统。

猪神经系统是猪机体和器官活动的重要协调机构，该系统几乎对所有的机能都发挥着调节作用。

二、致病因素

当猪机体受到强烈的外界因素和内在因素，尤其是对脑、脑膜、脊髓或任何周围神经有着直接损害或机能紊乱的致病因素侵入时，神经系统的正常反射和机能就会受到影响和破坏，从而出现神经症状。能够引起神经症状的病因多而复杂，综合考虑，我们把它们概括为以下几类：

（一）神经系统器质性损害

由乙脑病毒、破伤风梭菌等感染性病菌造成。一些条件性致病菌如链球菌、副猪嗜血杆菌等均能直接损害神经组织，引起炎症、变性以及坏死。有机磷农药、发芽马铃薯、霉变饲料、砷以及食盐等外源性毒物引起的中毒。另外，还有胃、肠、肝、肾等疾病引发的自身中毒。

（二）神经系统血液异常及循环障碍

病毒性疾病，如猪传染性脑脊髓炎、伪狂犬病、猪瘟等引起的脑充血、脑淤血。

脑水肿见于脑膜脑炎、水肿病、局部或全身淤血、缺氧、中毒以及脑脊液回流障碍等。

（三）强烈的刺激引起的反射异常

如恐惧引起兴奋不安，剧烈疼痛引起休克或昏厥等。

第二节 病毒性疾病

一、猪伪狂犬病

引起猪出现神经症状的伪狂犬病多发生于仔猪，伪狂犬病其他知识参照本篇第一章第三节猪伪狂犬病详细介绍。

（一）流行病学

本病一年四季均可发生，但以春季和产仔旺季多发，猪场猪群暴发本病时，犬常先于猪或与猪同时发病，犬感染后也出现神经症状。

2012 年，河南、河北、湖南、湖北等地的一些猪场纷纷暴发伪狂犬病。一些生物工程公司普遍反映有关该疫苗的投诉、咨询案例增多。关于伪狂犬病卷土重来、伪狂犬病毒变异的言论纷至沓来。经研究证明，伪狂犬病毒的毒力并没有增强，疫情暴发可能是因为免疫过的猪群仍然会发生感染，而且不一定会表现明显的临床症状。在一些伪狂犬野毒抗体阳性率超过 30% 以上的猪场，按照阴性场的免疫程序去做，由于猪场环境中存在大量的病原体，非常容易出现免疫失败，尤其是在二次免疫的交界时间、免疫抗体开始下降的时候。一部分猪不能抵抗伪狂犬野毒的感染，就会表现临床症状。

（二）临床症状

1 月龄以内哺乳仔猪患病，表现出明显的神经症状，主要表现为发抖，运动不协调，痉挛，角弓反张，呕吐，腹泻，极少康复；断奶仔猪的神经症状主要表现为震颤、共济失调、头向上抬、背拱起、倒地后四肢痉挛、间歇性发作；青年猪神经症状较幼猪轻，病死率也低；成年猪很少见到神经症状。

（三）剖检病变

剖检见神经系统病变，表现为脑膜充血、出血、水肿，病程较长者脑脊髓液明显增多，同时还可见到伪狂犬的其他典型病变。

（四）诊断方法、防治措施

本病的诊断方法、防治措施可参照本篇第一章第三节猪伪狂犬病的诊断和防治措施。

二、猪瘟

引起猪出现神经症状的猪瘟多为猪瘟的急性型，与猪瘟相关的其他知识请参照第二章第二节猪瘟的详细介绍。

（一）流行病学

本病不同年龄、性别、品种的猪都易感，一年四季均可发生，呈流行性或地方流行性。

（二）临床症状

急性型猪瘟通常变现为稽留热，弓背、寒战及行走摇晃；结膜发炎，鼻流脓性鼻液；初期便秘，后期腹泻；鼻端、耳后根、腹部及四肢内侧的皮肤及齿龈、唇内、肛门等处黏膜出现针尖状出血点，指压不褪色；小猪可出现神经症状，表现磨牙、后退、转圈、强直、侧卧及游泳状，甚至昏迷等。

（三）剖检病变

剖检见白细胞及血小板减少；全身性出血、淤血；脾不肿大，边缘有暗紫色稍突出表面的出血性梗死；全身淋巴结肿大、出血，呈大理石状。

（四）诊断方法、防治措施

本病的诊断方法、防治措施可参照本篇第二章第二节猪瘟的诊断和防治措施。

三、猪传染性脑脊髓炎

猪传染性脑脊髓炎又名猪捷申病、猪脑髓灰质炎、猪泰法病、塔尔凡病，本病是由小 RNA 病毒科肠道病毒属病毒引起的一种接触性传染病。主要引起猪脑脊髓炎、母猪繁殖障碍、肺炎、下痢、心包炎和心肌炎。以侵害中枢神经系统引起共济失调、肌肉抽搐和肢体麻痹等一系列神经症状为主要特征。

（一）病原

猪捷申病毒属于小 RNA 病毒科肠道病毒属。捷申病毒对多种消毒剂具有抵抗力，但它能被次氯酸钠和 70% 乙醇完全灭活。在 4 ℃时，病毒于 pH 值 3 ~ 9 环境中能够存活 24 小时以上；56 ℃仍能存活 30 ~ 120 分钟。

（二）流行病学

本病可在一年内的任何季节发生，但在深秋和初春更为严重。幼龄仔猪，特别是断奶仔猪最易感染，而成年猪多为隐性感染，很少发病。病猪和带毒猪是本病的传染源。病猪无论是在临诊症状期还是在潜伏期都具有传染性，最危险的阶段是在潜伏期和发病初期。通过直接或间接接触感染，消化道是主要的感染途径。

（三）临床症状

猪捷申病的潜伏期为 2 ~ 28 天，临床表现多种多样，但以死木乃伊胎症候群为主。临床上分为 4 个型：即急性型、亚急性型、慢性型和隐性型。

1. 急性型：病猪首先出现体温升高，多在 40.0 ~ 41.1 ℃或更高，病猪表现为厌食、倦怠、呕吐、严重鼻炎、腹泻及行动失调。1 ~ 2 天后，体温降至正常，出现中枢神经系统的症状，如寒战、感觉过敏、抽搐、共济失调，四肢僵直（特别是后肢）、角弓反张和昏迷，接着发生麻痹，病猪呈犬坐姿势或于一侧卧地，前肢做划水样，受声响或触摸刺激时，可引起四肢不协调的运动，或角弓反张，也可见面部麻痹和失音。病猪发生便秘。传染性脑脊髓炎的病程发展迅猛，瘫痪出现后的 2 ~ 3 天，就有 80% ~95% 的病猪可因呼吸中枢麻痹而死亡，有些病猪死于吸入性肺炎，有些病例于急性期之后食欲有所恢复，如能精心护理常可耐过，但见消瘦并有麻痹症状。

2. 亚急性型：该病的亚急性期为 6 ~ 8 天，死亡较少。

3. 慢性型：传染性脑脊髓炎多发于成年猪，病程为几周到几个月，特征为沉郁、行动困难、尾部麻痹、前肢瘫痪。其中有 20% 的病猪因肺炎、褥疮、败血症等原因而死亡。

4. 隐性型：由毒力较低的毒株引起的则症状较轻，发病率和死亡率均较低，主要侵害仔猪。病初体温升高，运动失调和背部软弱。这些症状大多可在几天内消失，但有些病猪则随后出现易兴奋、发抖、平衡失调、运动失控，最后肢体麻痹。

（四）剖检病变

剖检死亡猪时可见皮下、大肠及肠系膜水肿，胸腔和心包积液，脑膜和肾皮质有出血点。组织学检查可见脑脊髓血管周围水肿、出血和淋巴细胞浸润，延脑髓质中枢神经胶质细胞增生。死于本病的猪有的可见肺心叶、尖叶及中间叶有灰质实变区，肺泡及气管内有渗出液，严重的有心肌坏死和浆液性纤维素性心包炎病变。有时观察不到特征性的病变。

（五）诊断方法

根据本病流行病学特点、临床症状与剖检变化特别是病理组织学检查，可以做出初步诊断。确诊需做实验室诊断。

具体实验室诊断方法介绍如下：

1. 动物接种：将病猪脑组织处理后接种易感猪，接种猪若出现与自然病例相同的症状和病理变化则可确诊。

2. 中和试验和ELISA试验：可采集急性期和恢复期猪血液送检，用中和试验和ELISA试验进行血清抗体检测。检测时一般中和滴度为1:64可判为阳性，1:16以上为可疑。通常病猪在发生麻痹前6～9天血清中的中和抗体滴度可达1:256。康复猪体内的中和抗体最短也可持续280天。

（六）防治措施

猪场应坚持自繁自养，尽量减少外购猪的数量，而且要严格控制外购猪的质量。与此同时，还要加强饲养管理，特别要注意提高饲粮中能量饲料的供给，完善防寒保暖措施，提高猪群整体抗病能力。搞好猪舍的清洁卫生和消毒工作，圈舍粪尿及垃圾要天天清除，并坚持对圈舍固定时间消毒。病毒在紫外线和日光下容易死亡，在猪舍内适当地加强光照，安装紫外灯可杀灭有效距离内的病毒，对保持地面干燥也有一定的作用。

猪场一旦感染发病，猪群发病时必须迅速确诊，除用抗菌药物防止细菌继发感染外，还要采取隔离措施，防止发病猪舍的病菌传到健康舍，要控制人员串舍，妥善处理病猪粪便，禁止猫、狗肆意活动，消灭老鼠，赶走飞鸟，及时用药，随时清除病猪或疑似病猪。

目前国内外对猪捷申病尚无有效的治疗方法，也无特效抗病毒药物。只有采取综合防治措施，才会有效降低发病率和死亡率。猪群发病后主要采取对症治疗，也可用康复猪血清治疗，但效果不是很好。如果本病呈暴发流行，则应考虑新毒株的感染。

四、猪流行性乙型脑炎

本病主要以母猪流产、死胎和公猪睾丸炎为特征，由日本乙型脑炎病毒引起的一种急性人兽共患传染病。猪主要特征为高热、流产、死胎和公猪睾丸炎。

（一）病原

乙型脑炎病毒属于被膜病毒科，黄病毒属。乙型脑炎病毒在外界环境中的抵抗力不强，56 ℃加热 30 分钟或 100 ℃加热 2 分钟均可使其灭活。常用消毒药如碘酊、来苏儿水、甲醛等都有迅速灭活作用。

（二）流行病学

乙型脑炎是自然疫源性疫病，许多动物感染后可成为本病的传染源，猪的感染最为普遍。本病主要通过蚊虫的叮咬进行传播。病毒能在蚊虫体内繁殖，并可越冬，经卵传递，成为次年感染动物的来源。由于本病经蚊虫传播，因而流行与蚊虫的滋生及活动有密切关系，有明显的季节性，80% 的病例发生在 7 ~ 9 月；猪的发病年龄与性成熟有关，大多在 6 月龄左右发病，其特点是感染率高，发病率低，为 20% ~ 30%，死亡率也较低；新疫区发病率高，病情严重，以后逐年减轻，最后多呈无症状的带毒猪。

（三）临床症状

猪只感染乙脑时，临床诊断上几乎没有脑炎症状的病例；猪常突然发生，体温升至 40 ~ 41 ℃，稽留热，病猪精神委顿，食欲减少或废绝，粪干呈球状，表面附着灰白色黏液；有的猪后肢呈轻度麻痹，步态不稳，关节肿大，跛行；有的病猪视力障碍；最后麻痹死亡。妊娠母猪突然发生流产，产出死胎、木乃伊胎和弱胎，母猪无明显异常表现，同胎也见正常胎儿。公猪除有一般症状外，常发生一侧性睾丸肿大，也有两侧性的，患病睾丸阴囊皱襞消失、发亮，有热痛感，经 3 ~ 5 天后肿胀消退，有的睾丸变小变硬，失去配种繁殖能力。如仅一侧发炎，仍有配种能力。

（四）剖检病变

剖检见流产胎儿脑水肿，皮下血样浸润，肌肉似水煮样，腹水增多；木乃伊胎儿从拇指大小到正常大小；肝、脾、肾有坏死灶；全身淋巴结出血；肺淤血、水肿；子宫黏膜充血、出血和有黏液；胎盘水肿或见出血；公猪睾丸实质充血、出血和小坏死灶；睾丸硬化者，体积缩小，与阴囊粘连，实质结缔组织化。

（五）诊断方法

根据本病发生有明显的季节性及母猪发生流产、死胎、木乃伊胎，公猪睾丸一侧性肿大等特征，可做出初步诊断。确诊必须进行实验室诊断。具体实验室诊断方法介绍如下：

1. PCR 或荧光定量 PCR 检测：采集淋巴结、脾脏等病料，尽快低温送至实验室。PCR 检测扩增出目的片段者为阳性，荧光定量 PCR 检测出现标准曲线者为阳性，否则为阴性。

2. 乳胶凝集试验：养殖场（户）采集病猪血液送检，以50% 以上乳胶凝集者为阳性，不到 50% 凝集者为阴性。该方法简便快速，是目前临床上常用的检测方法，可用于未免疫乙脑疫苗的猪只感染诊断。

免疫过乙脑疫苗的猪只可用 PCR 或荧光定量 PCR 方法检测，未免疫过乙脑疫苗的猪只以上两种方法都可以进行诊断。

（六）防治措施

1. 做好日常饲养管理：尤其是管理好没有经过乙脑流行季节的幼龄动物和从非疫区引进的动物。这类动物大多为乙脑阴性，很易感染，一旦感染则很快产生病毒血症，成为传染源。尤其是猪，饲养期短，猪群更新快，因此应在乙脑流行前完成疫苗接种，并在流行期间尽量杜绝蚊虫叮咬。动物发病后立即隔离治疗，做好护理工作，可减少死亡，促进健康。但目前对乙脑的治疗还没有特效药物，主要是对症治疗，为防止继发感染，可用抗生素或磺胺类药物。

2. 阻断传播媒介：乙脑属于昆虫媒介传染病，蚊虫扮演了关键的角色，蚊虫是乙脑病毒的长期保存宿主，防蚊灭蚊是防治乙脑的重要措施。最直接、有效的灭蚊方法是运用高效化学药物杀灭蚊虫。为了减少蚊虫的滋生，一定要搞好环境卫生、清理卫生死角、疏通沟渠、防止积水，同时对积水处和污水撒放药剂。为了防止雨水冲淡杀虫剂的毒力，可在灭蚊的同时施放可使药力缓释的颗粒药剂，药剂入水沉淀，不会随雨水流失，该药剂药力释放期一般可达半个月，最长的则有1个月之久。使用化学农药时必须采取停用、轮用和混用等措施。

3. 免疫防治：乙脑病毒的抗原性十分稳定，尚未发现在免疫原性方面明显不同的型或亚型，这为乙脑的特异性预防提供了坚实的基础。目前常用的乙脑疫苗为弱毒活疫苗。接种疫苗必须在乙脑流行季节前使用才有效，一般要求4月进行疫苗接种1次，最迟不宜超过5月中旬，9月再接种1次，临床上主要接种头胎母猪，注射剂量为1头份。该疫苗除使用安全外，还具有剂量小、注射次数少、免疫期长、成本低等优点。

五、新生仔猪先天性震颤综合征

新生仔猪先天性震颤综合征是由于脊髓水平以上的中枢神经系统髓鞘形成阻滞，致使肌肉发生阵发性痉挛。1854年首次报道此病后，世界各地陆续报道了此病，我国多省都有此病报道。试验已证实本病的传染性。

（一）病原

先天性震颤病毒的分类位置尚未确定，理化特性的描述也尚不清楚。先天性震颤病毒可用猪肾PK-15细胞或其他器官组织进行细胞培养，对细胞无致病作用，不产生细胞病变。

（二）流行病学

仔猪先天性震颤仅见于新生仔猪，受感染母猪怀孕期间不显示临床症状。成年猪多为隐性感染。本病是由母猪经胎盘传播给仔猪的，未发现仔猪间相互传播的现象。公猪可能通过交配传给母猪。母猪若产过一窝发病仔猪，则以后产的几窝仔猪都不发病。在同一感染猪群中，产仔季节早期出生的仔猪，症状最重，随着季节的推移，后来出生的仔猪震颤症状就轻微。不同品种及其杂交猪对本病的易感性没有明显差别。有人认为，本病的发生与母猪孕期营养不良有关，如维生素和无机质缺乏，磷、钙比例失调等，可促进本病的发生。

（三）临床症状

母猪在发病仔猪出生的前后无明显的临床症状。仔猪出生后立即呈现典型症状，仔猪的症状轻重不等，若全窝仔猪发病，则症状往往严重，若一窝中只有部分仔猪发病，则症状较轻。震颤呈双侧性，主要侵犯骨骼肌。一般表现在头部、四肢和尾部。轻的仅见于耳、尾，重的可见全身抖动，表现为剧烈的、有节奏的、阵发性痉挛。骨骼肌不自主地有节律地震颤，严重的全身肌群剧烈痉挛，整个躯体和头部强烈抖动，表现为难以控制的上下跳动或左右摇摆，以及共济失调，行走困难，被迫呈蹲坐姿势或摔倒在地（俗称跳跳病），似犬坐姿势；仔猪难以觅到奶头，口半张开并抖动，吸吮乳头困难。躺卧症状减轻，入睡后症状完全消失；清醒后，站立时症状立即再现，外界刺激可使症状加剧。个别严重的发病率达80%以上，多数仔猪出生后数日内饿死或被压死、踩死，如至7～8日龄仍存活者，大多可免于死亡，通常于3周内震颤逐渐减轻以至消失。症状轻微的病猪可在数日内恢复，症状严重者耐过后，仍有可能长期遗留轻微的震颤，而且生长发育也受到影响。

（四）剖检病变

病猪无肉眼可见的明显病变。对中枢神经的组织学检查，可见明显的髓鞘形成不全，脑血管周围充血、出血，小脑发育不全，小脑轻度炎症和变性，小脑硬脑膜纵沟窦水肿、增厚和出血等。

（五）诊断方法

仔猪出生后立即出现独特的震颤症状，较易做出诊断。两型遗传性先天性震颤，根据其遗传特点、发病情况和病理学特征可以鉴别。与非遗传性各型的鉴别，可根据流行病学资料、组织病理学及神经化学特征综合判断。对中枢神经组织进行组织学检查，如发现髓鞘形成不全等病变，可以确诊。

（六）防治措施

1. 该病目前尚无有效的治疗方法，给予苯巴比妥钠等药物只能在短时间内减轻震颤症状，药效消失后仍表现原先症状，无助于缩短病程或降低死亡率。

2. 超前免疫在种猪场禁用，防止母猪成为带毒者，猪瘟病毒经胎盘感染胎儿而发病。

3. 为避免由公猪通过配种将本病传给母猪，应注意查清公猪的来历。不从有先天性震颤病的猪场引进种猪。种公猪与致病有密切关系时，应立即淘汰该种公猪，控制新发病。

4. 对于遗传性类型，病猪即使活到成年，症状消失，亦不能作种用，以杜绝本病在猪群中传播。

5. 对发病仔猪应加强照管，猪舍要保持温暖、干燥、清洁，使仔猪靠近母猪以便能吃上奶，或对仔猪进行人工哺乳，这可使大多数病仔猪自然恢复而减少死亡损失。患病仔猪死亡多在 1 周龄内，一般情况下，死亡率达 50% 以上；精心护理可明显降低死亡率。

六、圆环病毒病

圆环病毒感染也可以引起新生仔猪的肌肉震颤，称为传染性先天性震颤。猪圆环病毒感染其他知识参照本篇第一章第三节猪圆环病毒病详细介绍。

（一）流行病学

本病仅发生于新生仔猪，主要由感染母猪经胎盘传播给仔猪，母猪孕期营养不良如维生素缺乏、钙磷比例失调等也可促进本病的发生。

（二）临床症状

本病主要感染新生仔猪，表现双侧性震颤，影响骨骼肌肉的功能，当躺卧或沉睡时，不表现震颤。突发噪声、低温等外界刺激可引发或加重震颤。震颤严重的会影响吮乳，而导致死亡，出生 7 天后存活者，大多可在 3 周恢复。

（三）剖检病变

剖检没有明显的临床病变。

（四）诊断方法、防治措施

本病的诊断方法、防治措施可参照本篇第一章第三节猪圆环病毒病的诊断和防治措施。

第三节　细菌性疾病

一、猪链球菌病

引起猪出现神经症状的猪链球菌病为脑膜炎型，猪链球菌病其他知识参照本篇第一章第四节猪链球菌病的详细介绍。

（一）流行病学

本病一年四季均可发生，但在夏秋炎热、潮湿季节较为多发。大多呈散发和地方性流行，偶有暴发，仔猪多发。

（二）临床症状

依据临床表现不同，猪链球菌病可分为败血型、脑膜炎型、淋巴结脓肿型三种类型。其中脑膜炎型以脑膜炎为主要症状。多发生于哺乳仔猪和断奶仔猪，主要表现为神经症状，如运动失调、盲目走动、转圈、空嚼、磨牙、仰卧，后躯麻痹，侧卧于地，四肢呈游泳状划动。病程短的几小时，长的 1～5 天，致死率极高。病程长的表现呈多发性关节炎。其他两种类型则不表现神经症状。

（三）剖检病变

脑膜脑炎型剖检可见脑膜充血、出血，脑脊液混浊，脑实质有化脓性脑炎病变。致病性 2 型猪链球菌引起的脑膜炎可造成严重后果，引起的损失比其他血清型猪链球菌引起的病症都更为严重。

（四）诊断方法、防治措施

本病的诊断方法、防治措施可参照本篇第一章第四节猪链球菌病的诊断和防治措施。

二、副猪嗜血杆菌病

引起猪出现神经症状的为发生脑膜炎的副猪嗜血杆菌病，副猪嗜血杆菌病的其他知识参照本篇第一章第四节副猪嗜血杆菌病的详细介绍。

（一）流行病学

本病一年四季均可发生，但以早春和深秋天气变化比较大的时候多发，各种应激可诱发此病，主要在断奶前后和仔猪阶段发病，常见于 5 ~8 周龄猪，发病率一般为 10% ~15%，严重时死亡率可达 50% 以上。

（二）临床症状

某些猪由于发生脑膜炎而表现肌肉震颤，麻痹、惊厥。病畜四肢关节肿大，跛行，颤抖，共济失调，可视黏膜发绀，临死前侧卧或四肢呈划水样。

（三）剖检病变

剖检可见，主要病变为多发性纤维素性或浆液性脑膜炎，见蛛网膜下腔内积蓄有纤维素性化脓性渗出物而致脑髓液变为混浊。脑软膜充血、淤血和轻度出血，脑回变得扁平，脑膜与头骨的内膜以及脑实质之间粘连；镜检，脑膜血管扩张、充血并有出血性变化，脑膜内有大量嗜中性白细胞浸润，多呈化脓性炎症变化。

（四）诊断方法、防治措施

本病的诊断方法、防治措施可参照本篇第一章第四节副猪嗜血杆菌病的诊断和防治措施。

三、猪水肿病

猪水肿病是断奶前后仔猪的一种急性散发性肠毒血症疾病，又名猪胃肠水肿。一般认为本病是由溶血性大肠杆菌引起的，主要表现为突然发病，运动共济失调，惊厥，局部或全身麻痹及头部水肿。剖检变化为头部皮下、胃壁及大肠间膜的水肿。本病在我国较多地区有所发生，死亡率较高，给仔猪培育造成较大损失。

（一）病原

本病病原大肠埃希杆菌是中等大小、两端钝圆的杆菌，散在或成对，不产生芽孢，革兰氏染色阴性。大肠杆菌广泛存在于自然界，在潮湿、阴暗温暖环境中，能存活 1 个月；在寒冷干燥环境中存活时间更长；在水和土壤中可存活数月之久。60 ℃加热 15 分钟可被杀死，常用的消毒药液短时间可将其杀死。

（二）流行病学

本菌在部分健康母猪和感染的仔猪肠道内存在，在一定条件下大量繁殖，随粪便排出体外，污染饲料、饮水及环境，通过消化道传至其他健康猪。

本病主要发生于断乳前后的仔猪，以春秋产仔季节发生较多。在仔猪群中，部分仔猪常突然发病，迅速死亡。据对某些猪场观察，大多是生长快、体格健壮、营养良好的仔猪发病，常是仔猪群中突然急速死亡 1 ~ 2 头，其他仔猪不见发病；有时较多仔猪先后发病，有时一群仔猪中几头发病，而在远隔猪栏中的仔猪中又有几头发病。总的趋势是发病率差异很大，而致死率甚高，可达80%～100%，一般不广泛传播。

猪水肿病的发生，一般认为与以下应激因素有关：

1. 仔猪在断奶前后由于饲料和环境的急剧改变，管理不善，圈舍卫生条件差；或突然断奶；或缺乏维生素或矿物质等，引起肠道微生物区系的变化，促进某些微生物的生长繁殖，引起发病。

2. 仔猪断奶后，喂给大量浓精饲料，引起胃肠功能紊乱，有利于本菌的繁殖和产生毒素，诱发本病。我们曾多次观察到某些猪场发病与此有关。

3. 气候变化，如阴雨潮湿，使仔猪受凉，抵抗力减弱，本菌在肠内大量增殖，产生内毒素，并经吸收后引起速发性过敏反应，而使血管通透性增高，发生水肿。

4. 仔猪出生后，母源抗体的传递是通过小肠吸收母乳而获得。断奶前后的仔猪发病，与仔猪特异性抗体的减少或消失有关。出生后发生过黄痢病而康复的仔猪，一般不再发生水肿病。

（三）临床症状

在疾病暴发初期，常见不到症状就突然死亡。发病稍慢的早期病猪，表现为精神沉郁，食欲减退，多数病猪体温不高，有的升高到40.5～41 ℃，行走不稳，摇摆，四肢运动不协调。有些病猪无目的地走动或转圈，或类似盲目乱冲。有的病猪前肢跪地，两后肢直立，突然猛向前跃；当受刺激或被捕捉时，十分敏感，触之惊叫，突然倒地，四肢乱动，似游泳样动作，空嚼磨牙，口流泡沫液体。后期反应迟钝，呼吸困难，声音嘶哑，腹泻或便秘。病猪常见眼睑水肿，严重时上下眼睑间仅现一小缝隙，然后逐渐延至颜面、颈部、头部变“胖”。病程较短，除最急性死亡外，一般在3天以内死亡或可耐过。年龄稍大的猪，病期可长至5～7天。

（四）剖检病变

病程长短不同，剖检变化不完全一样，主要的变化是水肿。上下眼睑、颜面、下颌部、头顶部皮下水肿，切开水肿部呈灰白色凉粉样，厚度可达0.5～1厘米，流出少量白色或黄白色液体。

胃壁及肠系膜水肿最为典型。胃壁特别是胃大弯部显著水肿，在胃的肌肉层和黏膜层之间，切开呈胶冻样，流出清亮无色或呈黄白色液体，水肿厚度可达0.5～3厘米。有的可见胃底黏膜出血。有时水肿病灶较小，须多切几处方可见到。贲门部也常见到水肿。结肠肠间膜水肿也很明显，整个肠间膜凉粉样，切开有无色液体流出；肠道黏膜红肿，大肠壁也发生水肿。严重时可见肠浆膜呈红色，切开时流出淡红色液体，大肠浆膜有出血点，大肠黏膜红肿或见出血。

全身淋巴结几乎都有水肿，尤以肠系膜淋巴结明显。还有不同程度的充血或出血变化。肺水肿，心包、胸腔、腹腔内积液，呈无色或淡黄色，暴露于空气中后很快凝固或呈胶冻样。脑膜充血，大脑间有水肿或有出血点。部分病例，还可见肺、喉头、胆囊、肾包膜、直肠浆膜等发生水肿，以及其他器官亦有出血和变性的变化。

（五）诊断方法

本病主要根据症状、病理变化和流行病学以及实验室诊断来确诊。本病以水肿为特征，生前有眼睑、颈部水肿，死后剖检见有小肠系膜，特别是胃壁水肿，结合其他症状、病理变化和流行病学，可以做出诊断。本病主要发生于断乳仔猪，发病急，致死率高，多有神经症状和下痢，都是诊断的重要依据。

实验室诊断方法与仔猪黄白痢相同，可参照本篇第三章第三节仔猪黄白痢的实验室诊断。

（六）防治措施

1. 对仔猪逐步进行断奶。断奶后要逐渐改变饲料，喂量逐渐增加，防止喂饲料单一或蛋白质过多的饲料，增加青绿饲料及麦麸等富含无机盐和维生素的饲料，适当补充添加富含硒、维生素的饲料。对常发病的猪圈需定期进行消毒，同时在饲料中添加适量复方新诺明、土霉素、氟哌酸等药物。

2. 彻底消毒，尽量减少母、仔猪环境中的病原微生物，每批仔猪转入前、转出后，应把猪舍门窗、墙壁、地面等先用水冲干净，再用2.5%的氢氧化钠溶液喷洒消毒，以喷湿为宜；母猪转入产仔舍前3天，用0.5%的高锰酸钾喷洒消毒，也可用1:600百毒杀喷洒消毒，以尽可能地杀灭母、仔猪周围环境的致病性病原微生物。母猪产仔后，应每天清理一次粪尿，保持产仔舍的干燥与清洁，每两天用0.5%的高锰酸钾消毒一次，以防止周围环境病原微生物的滋生与繁殖。

3. 给母猪注射疫苗，给仔猪补铁、补硒，提高仔猪的抗病能力。在母猪临产前40天和15天，分别肌内注射仔猪大肠杆菌K88、K99、987P三价灭活苗，每次每头2毫升，以增加母猪血清和初乳中抗大肠杆菌的抗体。同时应加强哺乳母猪的营养，使之能够均匀地分泌性状优良、数量充足的乳汁，以利于仔猪的消化吸收和生长发育。在仔猪3~4日龄，肌内注射络合铁150毫克，硒化合物1毫克，可有效增强仔猪体质，提高仔猪抗病能力。也可在仔猪3日龄内注射牲血素1毫升、0.1%亚硒酸钠2毫升来预防铁、硒的不足；在仔猪3~5日龄补水时，可在水中加入适量人工盐，供仔猪自由饮用；7日龄起给仔猪补食富含蛋白质、维生素的饲料，以促进器官发育。仔猪断奶一周内只喂七八成饱即可，以后逐渐增加饲料供应，此时饲料中蛋白含量以17%~18%为宜。

4. 猪群中一旦有发病，应以控制全群为主，病猪隔离，单独治疗，圈舍消毒，大群药物预防。普遍注射疗效更佳，但要坚持更换针头。绝不可只治疗病猪，那样会出现，发病的因病程长治愈率低，未发病的陆续发病，结果造成几乎全群都发病；都打了针，药钱花了不少，猪也死亡不少。

5. 本病一旦发病，死亡率较高，经济损失惨重。因此一旦出现本病，应早诊断、早治疗、早预防，以防扩展，尽力降低损失。对发生仔猪水肿病例可采用下列药物进行治疗：氯霉素首次量按 10 毫克/千克深部肌内注射，同时配合亚硒酸钠 1～2 毫升、维生素 B_1 10 毫升进行肌内注射。

四、猪破伤风

破伤风是由破伤风梭菌引起人、畜的一种经创伤感染的急性、中毒性传染病，又名强直症、锁口风。该病的特征是病猪全身骨骼肌或某些肌群呈现持续的强直性痉挛和对外界刺激的兴奋性增高。该病分布于世界各地，中国各地呈零星散发。猪只发病主要是阉割时消毒不严或不消毒引起的。病死率很高，造成一定的损失。

（一）病原

破伤风梭菌为革兰氏染色阳性，为两端钝圆、细长、直或略弯曲的大杆菌，在动物体内外能形成芽孢，其直径较菌体大，位于菌体一端，形似鼓槌。破伤风梭菌毒素能引起动物强直症状，是仅次于肉毒梭菌毒素的第二种毒性最强的细菌毒素，可将它制成类毒素，用于预防破伤风感染。破伤风梭菌抵抗力不强，煮沸 5 分钟死亡，常用的消毒药液均能将其杀死。但芽孢型破伤风梭菌的抵抗力很强，在土壤中能存活几十年，煮沸 1～3 小时才能死亡；5% 石炭酸经 15 分钟，10% 碘酊、10% 漂白粉和 30% 过氧化氢经 10 分钟，3% 福尔马林经 24 小时才能杀死芽孢。

（二）流行病学

该菌广泛存在于自然界，人和动物的粪便中都有该菌存在，施过肥的土壤、尘土、腐烂淤泥等处也存有该菌。各种家养的动物和人均有易感性。实验动物中，豚鼠、小鼠易感，家兔有抵抗力。在自然情况下，感染途径主要是通过各种创伤感染，如猪的去势、手术、断尾和脐带、口腔伤口、分娩创伤等，我国猪破伤风以去势创伤感染最为常见。

必须说明，并非一切创伤都可以引起发病，必须具备一定条件。由于破伤风梭菌是一种严格的厌氧菌，所以，伤口狭小而深，伤口内发生坏死，或伤口被泥土、粪污、痂皮封盖，或创伤内组织损伤严重、出血、有异物，或与需氧菌混合感染等情况时，才是该菌最适合的生长繁殖场所。临诊上多数见不到伤口，可能是潜伏期创伤已愈合，或是由子宫、胃肠道黏膜损伤感染。该病无季节性，通常是零星发生。一般来说，幼龄猪比成年猪发病多，仔猪常因阉割引起。

（三）临床症状

本病潜伏期最短的1天，最长的可达数月，一般是1～2周。潜伏期长短与动物种类、创伤部位有关，如创伤距头部较近，组织创伤口深而小，创伤深部损伤严重，发生坏死或创口被粪土、痂皮覆盖等的潜伏期缩短，反之则长。一般来说，幼畜感染的潜伏期较短，如脐带感染。猪常发生该病，头部肌肉痉挛，牙关紧闭，口流液体，常有“吱吱”的尖细叫声，眼神发直，瞬膜外露，两耳直立，腹部向上蜷缩，尾不摇动，僵直，腰背弓起，触摸时坚实如木板，四肢强硬，行走僵直，难于行走和站立。轻微刺激（光、声响、触摸）可使病猪兴奋度增强，痉挛加重。重者发生全身肌肉痉挛和角弓反张。死亡率高。

（四）剖检病变

解剖无可见的病理变化。

（五）诊断方法

根据该病的特征性临诊症状，如体温正常、神志清楚、反射兴奋性增高、骨骼肌强直性痉挛，并有创伤史（如猪的去势）

等即可确诊。没有特异的剖检变化可供诊断。

（六）防治措施

1. 预防： 防止和减少伤口感染是预防该病十分重要的办法。在猪只饲养过程中，要注意管理，消除可能引起创伤的因素；在去势、断脐带、断尾、接产及外科手术时，工作人员应遵守各项操作规程，注意术部和器械的消毒。对猪进行剖腹手术时，还要注意无菌操作。在饲养过程中，如果发现猪只有伤口时，应及时进行处治。我国猪只发生破伤风，大多数是因民间阉割时不进行消毒或消毒不严引起的，特别是在公猪去势时，忽视消毒工作而多发。此外，对猪进行外科手术、接产或阉割时，可同时注射破伤风抗血清 3 000 ~ 5 000单位预防，会收到好的预防效果。

2. 治疗： 首先，及时发现伤口和处理伤口，这是特别重要的环节之一。彻底清除伤口处的痂盖、脓汁、异物和坏死组织，然后用3%过氧化氢或1%高锰酸钾或5% ~10%碘酊冲洗、消毒，必要时可进行扩创。冲洗消毒后，撒入碘仿硼酸合剂。也可用青霉素 20 万单位，在伤口周围注射。全身治疗用青霉素或青霉素、链霉素联用进行肌内注射，早晚各 1 次，连用 3 天。以消除破伤风梭菌继续繁殖和产生毒素。其次，早期及时用破伤风抗血清治疗，常可收到较好疗效。根据猪只体重大小，用 10 万 ~20 万单位，分 2 ~3 次，静脉、皮下或肌内注射，每天 1 次。最后对症治疗，如果病猪强烈兴奋和痉挛时，可用有镇静解痉作用的氯丙嗪肌内注射，用量 100 ~150 毫克；或用 25% 硫酸镁溶液 50 ~100 毫升，肌内或静脉注射；用 1% 普鲁卡因溶液或加 0. 1% 肾上腺素注射于咬肌或腰背部肌肉，以缓解肌肉僵硬和痉挛。为维持病猪体况，可根据病猪具体病情注射葡萄糖盐水、维生素制剂、强心剂和防止酸中毒的 5% 碳酸氢钠溶液等以综合对症治疗。

五、猪李氏杆菌病

猪李氏杆菌病主要是由产单核细胞李氏杆菌引起的人、家畜和禽类的共患传染病。猪为以脑膜炎、败血症和单核细胞增多症、妊娠母猪发生流产为特征的传染病。本病在我国较多省份发生，但多呈散发，近年来发病率有所上升。

（一）病原

产单核细胞李氏杆菌，呈规则的短杆状，两端钝圆。革兰氏染色阳性，无荚膜，不形成芽孢。

本菌在酸性环境下缺乏耐受性，对食盐有较强的耐受性，在20%的食盐溶液中经久不死；对热的耐受性较强，常规巴氏消毒法不能杀灭它，但常用消毒药都能将其杀死。本菌对青霉素有抵抗力，对链霉素敏感，但易形成抗药性；对四环素类和磺胺类药物敏感。

（二）流行病学

本病一般为散发，但发病后的致死率很高。本病的发生无季节性，幼龄和妊娠猪较易感。

患病和带菌动物是本病的传染源，其粪、尿、乳汁、精液以及眼、鼻孔和生殖道的分泌液都含有本菌。传染主要通过“粪—口”途径。自然感染的传播途径包括消化道、呼吸道、眼结膜和损伤的皮肤。被污染的土壤、饲料、水和垫料都可成为本菌的传播媒介。

（三）临床症状

本病主要表现为败血症和脑膜炎症状。

1. 败血型和脑膜炎型混合型：多发生于哺乳仔猪，突然发病，体温升高至41～41.5℃，不吮乳，呼吸困难，粪便干燥或腹泻，排尿少，皮肤发紫，后期体温下降，病程1～3天。多数病猪表现为脑炎症状，病初意识障碍，兴奋、共济失调、肌肉震颤、无目的地走动或转圈，或不自主地后退，或以头抵地、呆立；有的头颈后仰，呈观星姿势；严重的倒卧、抽搐、口吐白沫、四肢乱划动，遇刺激时则出现惊叫，病程 3 ~ 7 天。较大的猪呈现共济失调，步态强拘，有的后肢麻痹，不能起立，或拖地行走，病程可达半个月以上。

2. 单纯脑膜炎型：大多发生于断奶后的仔猪或哺乳仔猪。病情稍缓和，体温与食欲无明显变化，脑炎症状与混合型相似，病程较长，终归死亡。病猪的血液检查时，其白细胞总数升高。单核细胞达 8% ~12% 。

母猪感染一般无明显的临诊症状，但妊娠母猪感染常发生流产，一般引起妊娠后期母猪的流产。

（四）剖检病变

脑和脑膜充血或水肿，脑脊髓液增多、混浊，脑干变软，有小化脓灶。脑髓质偶尔可见软化区。发生败血症时，肝脏可见多处坏死灶，脾脏偶尔可见。发生流产的母猪可见子宫内膜充血并发生广泛坏死，胎盘子叶常见有出血和坏死。流产胎儿肝脏有大量小的坏死灶，胎儿可发生自体溶解。

（五）诊断方法

依据该病的流行特点、临诊症状及剖检病变，可以怀疑本病，确诊需进行实验室诊断。具体实验室诊断方法介绍如下：

1. 直接涂片镜检：无菌条件下取病死猪肝、脾、心血及脑组织等涂片，用革兰氏染色，镜检，见典型的“V”字形排列、两端钝圆的革兰氏阳性小杆菌，无荚膜，无芽孢可诊断为李氏杆菌。

2. 分离培养：无菌条件下取病死猪肝、脾、心血及脑组织等接种于血液琼脂培养基上培养，菌落周围有狭窄溶血环。菌落接种于普通肉汤培养基内培养，肉汤培养基呈均匀混浊，有颗粒状沉淀，摇振试管时呈发辫状浮起，不形成菌环和菌膜，培养物涂片镜检与直接涂片镜检结果一致可诊断为李氏杆菌。

3. 动物试验： 将病料或培养物用4只豚鼠做滴眼感染试验，结果4只豚鼠在3天内均发生结膜炎，7天内均发生败血症死亡。剖检死鼠的肝、脾、脑组织等器官有坏死病变，从病灶中能分离出本菌可诊断为李氏杆菌。

以上三种诊断方法都可以作为李氏杆菌病的诊断方法，三者结合起来判断，诊断结果更加准确。

（六）防治措施

1. 经常打扫猪舍及运动场，彻底清除粪便、垃圾及污物，对猪舍地面、环境、运动场要用3%氢氧化钠溶液每周消毒1次，饲槽、用具每天清洗后要用0.5%百毒杀或1∶800畜康严格消毒。哺乳仔猪要保证吃足初乳或人工哺乳，固定乳头，尽早进行补铁、补硒，5～7日龄开始诱食，做到早补料，可提高仔猪的抗病能力。

2. 坚持自繁自养可避免传染病的侵入，如必须从场外引进种猪和苗猪时，一定要隔离检疫，确认无病才可入群，千万不要从疫区引进猪。

3. 由于李氏杆菌病的传染源很多且较复杂，所以严禁其他家畜、家禽及野生动物进入猪场。尤其要消灭猪场、舍内、饲料库内的鼠类，被污染的水源可用漂白粉消毒，防止其他疾病感染，及时驱除猪体内的寄生虫，增强猪的抵抗力。

4. 猪群发病，应及时隔离治疗，严格消毒，病死猪的尸体不得食用，要焚烧或深埋。

5. 发病仔猪早期应用大剂量磺胺类药物，与青霉素、金霉素、氟苯尼考等药物并用有良好的治疗效果。氨苄青霉素与庆大霉素联合使用效果更佳。具体用20%磺胺嘧啶钠注射液5～10毫升肌内注射，每天2次，内服盐酸金霉素20～50毫克/千克体重，分2次灌服；也可用庆大霉素1毫克/千克体重、氨苄青霉素4～10毫克/千克体重，分别肌内注射，每天2次。能采食的仔猪可在饲料中添加复方氟苯尼考、含氟苯尼考、黄芪多糖、增效剂等1克/千克饲料拌于饲料中，连喂5天。对于哺乳仔猪在饮水中添加复方阿莫西林200毫克/升水+电解多维227克/150升水+0.1%维生素C，每天饮用，连饮3～5天，可收到良好的治疗效果。病猪高度兴奋不安时，可用水合氯醛50毫克/千克体重溶于水后用胃管投给，不可灌服，此药对口腔黏膜有刺激。有明显神经症状的哺乳仔猪治疗效果不佳。

第四节　中毒性疾病

中毒性疾病有其特殊病史、发病急、短期内大面积发病、伴有呼吸困难、口吐白沫、癫痫样症状等特征，容易与其他疾病区分。

一、有机氟中毒

有机氟中毒是指误食氟乙酰胺、氟乙酸钠等有机氟杀鼠药引起的中毒。临诊上以发生呼吸困难、口吐白沫、兴奋不安为特征。

（一）病因

猪常因误食被有机氟处理的毒饵或被污染的植物、种子、饲料、饮水引起中毒。也可因食入死鼠等发生二次中毒。有机氟中毒中以误食氟乙酰胺中毒的老鼠而发生中毒者为多，占鼠药引起中毒的91.3%。

（二）临床症状

猪在摄入毒物后数小时发作，主要表现为中枢神经系统和循环系统功能障碍。初期狂奔乱冲，不避障碍，或跳高转圈，继而卧地痉挛、抽搐，尖声吼叫，流涎，呕吐，呼吸急促，心动过速，瞳孔散大，很快死亡。

深度中毒的猪突然出现神经症状，兴奋不安，无目的奔跑、乱叫、乱撞、乱窜、乱跳，有的走路摇晃，似“醉酒”样，呕吐白沫，呼吸困难，心跳加快，节律不齐，瞳孔散大，体温稍低，频频排尿和排便，全身肌肉震颤，痉挛、抽搐、癫痫，十几分钟后衰竭而死，特别是冲撞时遇到障碍物即倒地死亡。轻度中毒的猪初期精神沉郁，随后兴奋不安，心跳、呼吸加快，流涎增多，结膜发绀，感觉灵敏，尖叫，体温偏低，从发病到死亡在3小时以内，倒地后四肢如游泳状，头向后背，呈角弓反张姿势，舌伸出口腔外，多数被自己咬破而从口鼻腔流出带血色的泡沫，最后终因衰竭而死。症状轻微者，全身肌肉震颤、昏迷，体温降低，1 ~2 天死亡。耐过者 3 ~5 天康复。

（三）剖检病变

剖检见心肌变性，心内、外膜有出血斑点。胃肠黏膜出血，胃黏膜脱落。肝、肾充血，血液凝固不全。

（四）诊断方法

依据病史、体温偏低、发病急、症状和剖检变化等特点，可做出初步诊断；确诊需做毒物分析。取可疑饲料、饮水、呕吐物或胃内容物送检，实验室检测结果显示溶液颜色呈紫色，诊断为有机氟中毒。

毒物分析具体步骤：送检材料加甲醇浸泡，过滤，滤液在水浴上蒸干，残渣加乙醇加温溶解。冷后过滤，滤液在水浴上蒸干，残渣加少许甲醇溶解作为检液。取制备检液 2 滴于小试管中加 3.5 摩尔/升氢氧化钠溶液和盐酸羟肟胺溶液各 2 滴，水浴上加热 5 分钟，冷却后加入 3.5 摩尔/升盐酸 2 滴，再滴入三氯化铁溶液，溶液颜色呈紫色。

（五）防治措施

1. 预防：禁止饲喂经有机氟化物喷洒的植物叶茎、瓜果以及被污染的饲料、饲草。严格执行农药保管、使用制度，正确投放灭鼠药，对毒死的鼠类尸体要深埋，以防被猪吞食发生中毒。

2. 治疗：通过催吐、洗胃、缓泻以减少猪对毒物的吸收，立即肌内注射或静脉注射特效解毒药解氟灵（乙酰胺），0.1 克/千克体重，首次量可加大，间隔 1～2 小时重复注射，连用 3～4 次。或者在发病前期应用 1∶5 000 的高锰酸钾洗胃，然后灌服鸡蛋清保护胃肠黏膜，用盐类泻剂硫酸镁 450 克导泻，用解氟灵肌内注射，每日给药 0.1 克/千克体重，首次应用量加倍，每天 2 次。为缓解临床症状，5% 葡萄糖氯化钠溶液 1 000 毫升、维生素 C 0.5 克、10% 樟脑磺酸钠 10 毫升静脉注射。另外，也可应用白酒 50～150 毫升内服，解除肌肉痉挛，有机氟中毒常出现血钙降低，故用葡萄糖酸钙或柠檬酸钙静脉注射。镇静用巴比妥、水合氯醛口服或氯丙嗪肌内注射。兴奋呼吸可用山梗菜碱（洛贝林）、尼可刹米、可拉明解除呼吸抑制。静脉注射 10% 葡萄糖和维生素 C、B 族维生素等。

二、有机磷中毒

（一）病因

有机磷农药为有机磷酸酯类化合物，种类很多。常见的有机磷农药有对硫磷（1605）、内吸磷（1059）、敌敌畏、乐果、杀螟松、敌百虫等。有机磷主要抑制体内的胆碱酯酶，引起神经生理的紊乱，造成中毒。当猪采食喷洒了有机磷农药的蔬菜或其他作物，用敌百虫给猪驱虫用量过大，或外用敌百虫治疗疥癣等被猪舔食时，都可引起中毒。

（二）临床症状

有机磷农药中毒基本上都表现为胆碱能神经受乙酰胆碱的过度刺激而引起过度兴奋现象，分为三类症候群。

1. 毒蕈碱样症状：按其程度不同，可表现为食欲减退，流涎、呕吐，腹痛，出汗，大小便失禁，瞳孔缩小，可视黏膜苍白，眼球震颤等。

2. 烟碱样症状：表现为肌纤维性挛缩震颤，先从面部眼睑开始，以后至全身肌肉跳动、痉挛，最后因呼吸肌痉挛，致呼吸停止而死亡。

3. 中枢神经系统症状：急性中毒病猪表现为兴奋不安，前冲、奔跑、转圈，体温升高，抽搐，甚至陷于昏睡等。

（三）剖检病变

有机磷农药中毒的病猪尸体，除其组织标本中可检出毒物和胆碱酯酶的活性降低外，缺少特征性的病变。

（四）诊断方法

对呈现胆碱能神经过度兴奋现象的病例，应仔细调查其与有机磷农药的接触史，同时应测定其胆碱酯酶活性，必要时应采集病料进行毒物鉴定。

（五）防治措施

1. 做好对农药的保管和使用。

2. 中毒猪可用2%～4%碳酸氢钠液、肥皂水或清水反复洗胃，并及时应用特效解毒药物。

（1）阿托品：轻度中毒者，可皮下注射或肌内注射阿托品1～5毫克，30～60分钟注射1次，待阿托品化后，每天2～3次，用量减半。中度中毒及重度中毒的猪，阿托品用量可加大2～5倍。静脉注射，每隔半小时注射1次，待猪的瞳孔开始散大后，可隔3～5小时按维持量注射。

（2）胆碱酯酶复活剂：目前使用较广泛的有氯解磷定、解磷定、双复磷和双解磷等。复活剂与阿托品同时应用可发挥协同作用。同时应用复活剂时，阿托品的用量宜酌减。用复活剂治疗无效的中毒，主要应以大剂量阿托品治疗为主，且维持时间要长。轻症中毒者，氯磷定按5～10毫克/千克体重给药，重度中毒者剂量可加倍，同时对中毒猪静脉注射5%葡萄糖氯化钠、维生素C等，以促进毒物的排出。注入后30～60分钟病情尚无好转者，可重复给药。待病情好转后，可酌减或停药。

三、食盐中毒

猪食盐中毒主要是由于采食含过量食盐的饲料，尤其是在饮水不足的情况下而发生的中毒性疾病。本病主要的临床特征是突出的神经症状和一定的消化紊乱。本病多发于散养猪，规模化猪场少发。猪食盐内服急性致死量约为2.2克/千克体重。

（一）病因

猪食盐中毒是由于采食含盐分较多的饲料或饮水，如泔水、腌菜水、饭店食堂的残羹、洗咸鱼水或酱渣等喂猪，配制饲料时误加过量的食盐或混合不均匀等造成。全价饲养，特别是日粮中钙、镁等矿物质充足时，对过量食盐的敏感性大大降低，反之则敏感性显著增高。饮水是否充足，对食盐中毒的发生更具有绝对的影响。食盐中毒的关键在于限制饮水。

（二）临床症状

根据病程可分为最急性型和急性型两种。

1. 最急性型：一次食入大量食盐而发生。临床症状为肌肉震颤，阵发性惊厥，昏迷，倒地，2天内死亡。

2. 急性型：当病猪吃的食盐较多，而饮水不足时，经过1～5天发病，临床上较为常见。临床症状为食欲减退，口渴，流涎，头碰撞物体，步态不稳，转圈运动。大多数病例呈间歇性癫痫样神经症状。神经症状发作时，颈肌抽搐，不断咀嚼流涎，犬坐姿势，张口呼吸，皮肤黏膜发绀；发作过程1～5分钟，发作间歇时，病猪可不呈现任何异常情况，1天内可反复发作无数次。发作时，肌肉抽搐，体温升高，但一般不超过39.5℃，间歇期体温正常。末期后躯麻痹，卧地不起，常在昏迷中死亡。

（三）剖检病变

剖检可见胃肠黏膜充血、出血、水肿，呈卡他性和出血性炎症，并有小点溃疡，粪便液状或干燥，全身组织及器官水肿，体腔及心包积水，脑水肿显著，并可能有脑软化或早期坏死。

（四）诊断方法

本病主要根据过食食盐和（或）饮水不足的病史，暴饮后癫痫样发作等突出的神经症状及脑组织典型的病变初步诊断。如确诊，可采取饮水、饲料、胃肠内容物以及肝、脑等组织做氯化钠含量测定。肝和脑中的钠含量超过 1.50 毫克/克，或氯化钠含量超过 2.50 毫克/克和 1.80 毫克/克，即可认为是食盐中毒。

（五）防治措施

1. 注意饲料中的盐含量。每千克饲料，饲喂仔猪其中食盐不超过 0.4%，饲喂育肥猪不超过 0.21%，饲喂母猪不超过 0.35%。并保证充足的饮水。用泔水、饭店食堂下脚料作饲料时，须限制用量，同时配以其他饲料，并予以充分饮水，调整日粮中食盐的含量符合标准。

2. 用 0.5% ~1% 鞣酸溶液洗胃或内服 1% 硫酸铜 50 ~ 100 毫升催吐，再内服白糖 150 ~200 克或面粉糊、牛奶、植物油等保护胃肠黏膜。5% 葡萄糖 500 ~1 000 毫升，樟脑磺酸钠 5 ~10 毫升，25% 维生素 C 2 ~4 毫升静脉注射，必要时 8 ~12 小时再注射一次，小猪减量。

3. 病程稍长者，有脑水肿可能，用甘露醇按 4 毫升/千克体重加 5% 葡萄糖 100 ~200 毫升静脉注射。

4. 抑制狂躁兴奋不安，用氯丙嗪 1 ~3 毫克/千克体重或 25% 硫酸镁 20 ~40 毫升肌内注射。如排尿液少或无尿用 10% 葡萄糖 250 毫升与速尿 40 毫升混合静脉注射，每天 2 次，连用 3 ~5 天，排出尿液时停用。如病猪出现牙关紧闭不能进食，用 0.5% 的普鲁卡因 10 毫升于两侧牙关、锁口穴封闭注射。

5．按每头猪200毫升醋加水或生豆浆1 000毫升，或甘草50～100克加绿豆200～300克煎服。

6．按猪体重15千克，生石膏25克、天花粉25克、鲜芦根35克、绿豆40克，煎汤内服。

四、砷中毒

猪砷中毒是由于猪采食经农药处理的种子、喷洒农药的青绿饲料，误食灭鼠药或用砷制剂给猪驱虫时剂量过大等而导致的中毒。

（一）病因

引起动物中毒的砷制剂有三氧化二砷、砷酸钠、亚砷酸钠、砷酸钙、砷酸铅以及低毒的砷铁铵、新胂凡钠明等。砷化物主要分布在肝、肾，慢性中毒时主要分布于骨骼、皮肤及角质组织（被毛或蹄）中。

（二）临床症状

本病主要表现为重剧性胃肠炎症状，病猪口吐白沫，流涎、呕吐、齿龈黑紫色，剧烈腹痛、出现腹泻，粪便带血，有蒜臭味，有时混有黏液。随后精神沉郁，站立不动，肌肉震颤，步态蹒跚，共济失调，麻痹衰竭而死。慢性者，消瘦和全身虚弱，被毛粗乱，易脱落。持续性腹泻，黏膜潮红或黄染，食欲减退，四肢末梢冷厥。后肢麻痹，昏迷而死。

（三）剖检病变

剖检可见食管、气管水肿，黏膜充血。胃、小肠和盲肠黏膜充血、出血、水肿、糜烂，严重时可见穿孔。胃内容物有蒜臭味。肝、脾脂肪变性。胸膜、心内外膜、膀胱有点状或弥漫性出血。尸体经久不易腐败。

（四）诊断方法

根据病史、临诊症状及剖检变化可做出初步诊断。确诊可采集胃内容物、尿、被毛、肝、脾和可疑饲草等进行砷含量分析检验。肝、肾中砷含量超过 10～15 毫克/千克，血砷达 1～2 毫克/升，即可确诊砷中毒。

（五）防治措施

1. 预防： 要加强砷制剂管理、标明标签，以免让猪误食。不要用喷洒有砷和砷制剂的作物来喂猪。不要用受污染的水来调制饲料或供作饮水。用砷制剂治疗时，应严格控制剂量。

2. 治疗： 如观察到上述症状，应立即停喂可疑饲料，并用盐类泻药，每头猪只饲喂人工盐 150～300 克，拌料或饮水，同时使用特效解毒药二巯基丙醇，首次用量 2～3 毫克/千克体重。其后用量减半，开始每隔 6 小时使用 1 次，连用 3～5 天，而后改为每天 1 次，7 天为 1 个疗程。或者二巯基丙磺酸钠注射液，7～10毫克/千克体重，第 1 天 6～8 小时用 1 次，以后每天 1 次，5～7 天为 1 个疗程。二巯基丁二酸钠、25% 的硫代硫酸钠等也均有很好疗效。另外，应采取对症治疗。大剂量使用解毒药后，可使毛细血管扩张，呼吸促迫，严重时发生肌肉挛缩，应用时要控制用量。

五、硒中毒

硒制剂在畜牧业生产中可促进动物生长及可用于硒缺乏症的治疗而广泛应用。但是，由于硒制剂添加的盲目性及添加方法不当，常常引发畜禽硒中毒。

（一）病因

1. 硒制剂使用不合理，盲目使用硒制剂作为动物促生长剂及使用方法不当是硒中毒的主要原因。如亚硒酸钠是常用硒添加剂，过量时有剧毒，是急性硒中毒的主要原因之一。

2. 在日粮中添加硒制剂时，未考虑原料中的硒，导致日粮硒总量超标，引发硒中毒。

3. 饲用受到含硒工业“三废”污染的饲料、饮水造成硒中毒。猪过量采食富含硒植物和高硒农作物也能造成硒中毒。

4. 含硒制剂使用不当，也可造成硒中毒。近年来曾多次发生初生仔猪因注射含硒葡萄糖酸亚铁导致急性硒中毒。

（二）临床症状

猪硒中毒症状在临床上可分为急性、亚急性和慢性中毒。

1. 猪急性硒中毒：临床主要症状为精神沉郁，反应迟钝，运动失调；心跳加快，胃肠臌气、呕吐、腹疼、腹泻，多尿，呼吸困难，黏膜发绀，最后呼吸衰竭死亡。

2. 猪亚急性硒中毒：主要临床症状为感觉迟钝、视力下降或失明、共济失调、腹疼、腹泻、流涎、流泪、吞咽困难，最后常因麻痹、虚脱和呼吸衰竭死亡。

3. 猪慢性硒中毒：临床主要症状为食欲下降，反应迟钝；生长缓慢，消瘦、贫血；被毛粗乱，局部或全身脱毛；蹄冠肿胀，蹄变形，甚至蹄壳脱落，重度跛行。母猪出现受胎率下降，死胎率升高，新生仔猪成活率下降等繁殖障碍综合征。

（三）剖检病变

1. 猪急性硒中毒病理变化：全身性出血，肺充血、水肿，肝、脾、肾变性。

2. 亚急性硒中毒主要病理变化：心肌萎缩，肝萎缩、硬化，并伴有胃肠炎、肾炎病变，关节面糜烂，蹄壳变性脱落，脱毛等。

（四）诊断方法

根据病史、临诊症状及剖检变化可做出初步诊断。确诊可采集胃内容物、尿、被毛、肝、脾等进行硒含量分析检验。

1. 氢碘酸法：如为阴性，产生黑色斑点，滴入1滴5%硫代硫酸钠溶液完全褪色，如为阳性，则出现红棕（褐）色斑点，且不褪色。

2. 二苯肼法：如为阳性，立即出现红色反应，随即变成亮红紫色；如为阴性，则不出现红色反应。

以上两种方法阳性者可诊断为硒中毒。

（五）防治措施

1. 严格控制日粮补硒剂量：硒制剂是猪日粮常用添加剂，不同生长阶段的猪对硒的需求量不同，不同国家和地区对猪日粮硒的添加量规定不同，硒的营养需要量与中毒量之间差距很小。日粮中添加硒制剂时，要准确计算硒用量，否则易发生硒中毒。

2. 正确选择硒源：不同的硒源其毒性及吸收利用率都有所不同，通常情况下，有机硒因毒性低、吸收利用率高，常作为补硒的首选。无机硒需在肝脏内转化后才能被机体所利用，因此毒性较大，动物使用后毒副作用较强，是临床硒中毒的主要原因，使用时要严格控制剂量。

3. 选择合理的补硒方法：根据养猪生产中补硒的目的不同、硒制剂类型不同，采用不同的补硒方法。在预防硒缺乏和促进猪生长时，常采用硒添加剂对日粮补硒，添加方法简便易行，效果良好，关键是要搅拌均匀。治疗缺硒症则以注射硒制剂或饮用硒制剂效果较好，但应根据猪的品种和不同生长阶段精确计算，严格控制治疗剂量。

4. 补硒与日粮的关系：硒与维生素 E 有协同作用，饲喂富含维生素 E 的日粮时，应注意降低硒的用量。饲料中的多种矿物质（铜、铁、锌、磷、硫、砷等）能抑制硒的吸收。高蛋白日粮对硒中毒有显著的保护作用。因此，在防治硒中毒时，建议使用优质高蛋白全价日粮。

5. 猪硒中毒的治疗：目前尚无特效解毒药，多采取对症治疗。使用解毒剂时，禁止使用二巯基丙醇，因为二巯基丙醇与硒形成毒性很强的二巯基丙醇硒络合物，加重中毒症状。可用5% ~10%葡萄糖100 ~500毫升、10%毛花强心苷0.4毫克，静脉注射，每天1次，连用2~3天。急性中毒用氯丙嗪50毫克，肌内注射，用以镇静。另给充足饮水。因饲料含硒过高引起，立即停喂，新配制饲料中按照100毫克/千克加入阿散酸，以促进硒的排泄。

第五节　神经系统疾病鉴别诊断要点

猪神经系统疾病鉴别诊断见表2。

表2　猪神经系统疾病鉴别诊断表

病因	发病年龄	发病率	死亡率	临床症状	剖检	诊断
猪伪狂犬病	所有年龄	严重，整群感染	高	小猪神经症状明显，肌痉挛，共济失调，昏迷，咳嗽，便秘，呕吐，流涎。大猪症状似同流行性感冒，母猪流产	少见肉眼病变，肺水肿，肝有白色小坏死灶	酶联免疫吸附试验、PCR、荧光定量PCR检测、乳胶凝集试验、动物接种试验
猪瘟	所有年龄	严重，整群感染	高	体温升高明显，神经症状，便秘、腹泻交替出现	全身广泛出血，脾脏不肿大但边缘有坏死或者回盲口纽扣状溃疡	PCR、荧光定量PCR检测、抗原ELISA、抗体阻断ELISA
新生仔猪先天性震颤综合征	新生仔猪	头胎明显，窝发或散发	高	有节奏的、阵发性痉挛，难以控制的上下跳动或左右摇摆	无肉眼可见的明显病变，小脑轻度炎症和变性	根据独特的震颤症状可诊断，组织学检查

续表

病因	发病年龄	发病率	死亡率	临床症状	剖检	诊断
流行性乙型脑炎	6月龄左右	夏季和秋初多发，感染率高，发病率低	低	稽留热，后肢轻度麻痹，关节肿大、跛行，母猪流产，产死胎、木乃伊胎，公猪睾丸一侧性肿大	流产胎儿脑水肿，肝、脾、肾有坏死灶，肺淤血、水肿，子宫黏膜充血、出血	PCR或荧光定量PCR检测、乳胶凝集试验
猪传染性脑脊髓炎	所有年龄，断奶仔猪多发	整群感染，地方流行性	高	发热，厌食，共济失调，抽搐，麻痹，角弓反张和昏迷	胸腔和心包积液、脑膜和肾皮质有出血点	动物接种、中和试验、ELISA试验
圆环病毒感染	新生仔猪	整群发生，头胎发生	高	双侧性震颤，外界刺激可加重，躺卧或睡沉时不表现震颤	无肉眼变化	PCR或荧光定量PCR检测、酶联免疫吸附试验
链球菌病	哺乳猪多发	散发	高	不表现症状突然死亡，高热、耳和鼻发绀、呼吸急促、神经症状（喝脏水，向后走路等），部分有关节肿、跛行	纤维素性胸膜炎、心包炎和化脓性脑脊髓脑膜炎，脾脏显著增大，常伴有纤维素性脾被膜炎	涂片镜检、细菌分离鉴定、生化试验、动物接种

续表

病因	发病年龄	发病率	死亡率	临床症状	剖检	诊断
副猪嗜血杆菌病	5~8周龄多见	发病率10%~15%	中等	发热，肌震颤，关节肿大，跛行，卧倒四肢呈划水样	80%的病例纤维素性脑膜炎，心包炎，胸膜炎	涂片镜检、细菌分离鉴定、动物接种、间接血凝试验、ELISA
猪水肿病	20~30千克断奶仔猪	差异很大	高，可达80%~100%	多发于营养良好的猪，突然死亡，体温不升高，多有共济失调、震颤等神经症状，眼睑、颈部水肿	皮下、小肠系膜和胃壁水肿	直接涂片镜检、细菌分离、生化试验
李氏杆菌病	任何年龄、幼龄猪多发	散发	高	发热，震颤，不平衡，前腿僵直，后腿拖地，应激性高	脑膜炎，局灶性肝坏死	直接涂片镜检、分离培养、动物试验
破伤风	任何年龄	散发	高	步态僵硬，耳尾直立，侧卧，角弓反张，肌肉僵硬，强直性腿痉挛	无肉眼变化	细菌分离
有机氟中毒	任何年龄	不等	高	体温偏低、发病急、呼吸困难、口吐白沫、抽搐、角弓反张、兴奋不安	心肌变性，出血斑点；胃肠黏膜出血、脱落；肝、肾充血，血凝不良	毒物分析

续表

病因	发病年龄	发病率	死亡率	临床症状	剖检	诊断
有机磷中毒	任何年龄	不等	仔猪高	体温升高，共济失调，抽搐，瞳孔缩小，流涎，痉挛，鹅步	无，有时见肺水肿	有机磷使用史、化验含量
食盐中毒	任何年龄	整圈发生	高	失明，肌肉无力，迟钝，厌食，呕吐，腹泻，暴饮后癫痫样神经症状，角弓反张等	胃炎，肠炎，便秘	过食食盐的病史和癫痫样症状可诊断，氯化钠含量测定
砷中毒	任何年龄	散发	高	剧烈腹痛，口吐白沫，流涎、呕吐、齿龈黑紫色	不定，胃肠病变明显，胃内容物有蒜臭味	病史、砷含量检验
硒中毒	任何年龄	不等	高	精神沉郁，运动失调；呕吐、腹疼、腹泻，多尿，呼吸困难，黏膜发绀，蹄冠肿胀、蹄变形，甚至蹄壳脱落	全身性出血，肺充血、水肿，肝、脾、肾变性	根据病史和典型症状可诊断，分析检验方法有氢碘酸法、二苯肼法

第四章　繁殖障碍性疾病

猪繁殖障碍在猪生产实践中极为常见，俗称猪繁殖障碍症，多以妊娠母猪发生流产、有死胎、有木乃伊胎、产出无活力的弱仔、畸形仔、少仔和公、母猪的不育等为特征。目前，该病已经逐渐成为影响规模猪场健康发展的一大因素，除了造成种猪繁殖性能下降，还使治疗费用增加、饲料利用率下降、生猪死亡率上升。

第一节　猪繁殖障碍性疾病的主要表现及发病因素

一、繁殖障碍性疾病的主要表现

（一）发情障碍

母猪在繁殖年龄内数月不发情或发情周期紊乱，如到了配种年龄的后备母猪不发情，断奶后母猪较长时期不发情。

（二）妊娠障碍

妊娠障碍是指母猪屡配不孕，或妊娠母猪发生流产、死胎、产仔不足和木乃伊胎。流产母猪流产前多无临床表现，少数有短时体温升高、食欲消失等症状，但能很快恢复。发生死胎的母猪妊娠期正常或推迟，产前胎动减弱或无胎动，产仔过程中同时出现活仔和死仔，或全部是死仔，一般分娩较顺利。有的母猪在妊娠期，部分胚胎在早期被感染死亡后被母体吸收，致使产仔数减少，一般产仔数在5头以下。

（三）泌乳障碍

泌乳障碍是指无乳或少乳。母猪在分娩时或分娩后数小时内出现呼吸急促、发热，乳房肿大发硬，挤不出乳汁，拒乳等症状。通常发生于分娩后3天之内，患病母猪多为初产母猪、过肥母猪和老龄体弱母猪。

（四）公猪繁殖障碍

公猪繁殖障碍一般表现为性欲降低，精液量减少，精液品质变差或死精，生殖器官炎症。

（五）仔猪成活障碍

仔猪成活障碍是指母猪产下的仔猪部分或全部生活力低下，不吃奶或拱奶无力，震颤或站立不稳，哀鸣，有的腹泻，体温正常或稍低，常于出生后1～3天死亡。

二、发病因素

引起猪繁殖障碍的疾病很多，一般可分为非传染性与传染性两类。非传染性猪繁殖障碍性疾病主要是生殖器官畸形、功能障碍以及饲养管理等因素所导致，不具有传染性，同群猪中只有个别发病不会传播蔓延。传染性繁殖障碍则主要是传染性因素如病毒、细菌、螺旋体、衣原体、寄生虫等微生物引起，具有群发性和传染性。

（一）非传染性猪繁殖障碍性疾病

1. 先天性繁殖障碍：生殖器官畸形、发育不全，输卵管阻塞或形成盲端，缺乏子宫角、实体子宫、子宫颈闭锁以及阴瓣发育过度等。

防治措施：淘汰。

2. 功能性繁殖障碍：

（1）临床表现：性腺功能减退或衰退，组织萎缩硬化以及卵巢囊肿。卵巢囊肿可分为卵泡囊肿与黄体囊肿。卵泡囊肿为卵泡上皮变性、卵泡壁增生、卵母细胞死亡，卵泡发育中断而卵泡液未被吸收或增生形成。黄体囊肿为卵泡壁细胞黄体化、增生变性形成。

（2）防治措施：

1）卵巢囊肿：垂体前叶促性腺激素 500 单位、绒毛膜促性素500 ~1 000 单位、黄体酮 15 ~20 毫克/次等选用一种，肌内注射 2 ~5 次，并通过直肠检查判断卵巢反应性，反复使用一次。

2）持久黄体：肌内注射前列腺素 10 毫升，当黄体消失后将子宫内异物排出。若患子宫炎或子宫积脓，可肌内注射雌二醇 15 毫克，再肌内注射催产素或麦角新碱，或往子宫内注入温生理盐水 500 毫升，促进异物排出。

3）乏情：让断奶后的母猪自由接近种公猪，以便诱导发情。母猪断奶后经 3 ~5 天仍不见发情，可肌内注射孕马血清促性腺激素 1 000 ~1 500 单位，1 ~2 次，发情后还应肌内注射绒毛膜促性腺激素 500 单位。15 天后仍不发情则继续观察到 30 天，如果仍不发情则应淘汰。

3. 子宫内膜炎：

（1）发病原因：

1）后备母猪子宫内膜炎：由于后备母猪发情时子宫和阴道口开张而发生外源性感染。后备母猪发生亚临床的细小病毒病、猪瘟、乙型脑炎、伪狂犬病，或链球菌等所造成的内源性感染。

2）流产母猪子宫内膜炎：母猪在分娩、难产、产褥期中机体抵抗力下降，加之母猪分娩时环境不洁，助产时发生损伤产道，或未进行无菌操作，胎衣不下，产后恶露，从而促成子宫内膜炎。人工授精器具消毒不彻底，输精达不到无菌操作规范标准，也是引起子宫内膜炎的重要原因。

3）生产母猪子宫内膜炎：炎热夏天，妊娠母猪易出现难产、死产、产程长，提早或推迟生产等不同程度的生产不正常现象，除了疾病的原因，就是妊娠母猪重胎期（即妊娠后 80 ~ 100 天）不吃料或少吃料，妊娠母猪从日粮中获得钙离子少，而钙离子是子宫收缩的原动力，故妊娠母猪在炎热的夏天出现不同程度的生产不正常现象，特别初产母猪更加明显。

（2）临床表现：

1）急性子宫内膜炎：母猪食欲下降、体温升高、拱背、频频排尿、努责、从阴门中不断地排出白色的含有絮状分泌物的脓性分泌物，当其卧倒时排出较多。

2）慢性卡他性子宫内膜炎：母猪一般无全身症状，体温有时略有升高，食欲和产奶量下降，发情周期不正常，有时发情正常但屡配不孕，冲洗子宫时回流液略混浊，似淘米水或清鼻液。

3）慢性卡他性化脓性子宫内膜炎：母猪有轻度的全身反应，逐渐消瘦，发情周期不正常，从阴门中不断地排出灰白色或黄褐色稀薄脓液，其尾根、阴门、飞节上常粘有阴道排出物并形成干痂。

4）慢性化脓性子宫内膜炎：从阴门中常排出分泌物，卧下时较多，呈灰色、黄褐色、灰白色，阴门周围皮肤及尾根上黏附着脓性分泌物，干后形成薄痂，冲洗子宫时，回流液混浊，像稀面糊状，有时见有黄色脓液。

（3）防治措施：

1）防疫注射：根据当地疫情，母猪产地疫病流行情况，给母猪进行相关疫病的免疫注射，如细小病毒病、猪瘟、伪狂犬病、乙型脑炎、蓝耳病、钩端螺旋体病、衣原体病等。

2）母猪保健：让怀孕母猪适当运动，补充优质饲料，饲喂母猪全价饲料，加强母猪分娩前后的药物预防，增强母猪机体的抵抗力。

3）清洁消毒、产前空栏消毒：产仔时母猪的乳房、阴部、产具、手背和毛巾都要做好清洗消毒，保持产仔栏的清洁卫生。

4）改善饲养管理：特别在炎热夏天，应避开高热天气喂饲料，即在每天早晨7时和傍晚6～7时喂料。在重胎期妊娠母猪预混料中每餐添加磷酸氢钙10～15克/头。不喂干料，只喂湿料；每天必须保持24小时有清洁、干净、凉爽的饮水；用冷水冲栏、冲猪必须在每次喂料前，若要在中午前后冲猪、冲栏必须通风，防止猪中暑。

5）预防性用药：母猪分娩前后7天内，在母猪料中加入土霉素碱。母猪正常分娩胎衣排空后用0.1%高锰酸钾500毫升冲洗一次即可。对流产、木乃伊胎、经过助产的母猪、产程过长的母猪、属非正常预产期内的生产母猪和产后长时间胎衣不下的母猪，先用2%碘酊、5%来苏儿、0.5%呋喃西林三等份冲洗子宫一次，再投入青霉素160万单位、土霉素1克、氯霉素1克、葡萄糖20克，溶入20～30毫升水后注入子宫，间隔2～3天再重复1次。

6）治疗性用药：

①冲洗子宫。用0.1%高锰酸钾1 000～2 000毫升，或1%盐水1 000毫升和2%碘酊20毫升，或新鲜益母草2.5千克，煮成1千克水，或鱼腥草2.5千克，煮成1千克水，或2%碘酊，5%来苏儿，0.5%呋喃西林三等份。用灌肠器或100毫升金属注射器带长50厘米长的胃导管，反复冲洗子宫，清除积留在子宫内的炎性分泌物，直到冲洗子宫回流液变成澄清液即冲洗液原本的颜色即可。说明已冲洗干净，同时注射5个单位的缩宫素。

②宫内投药。冲洗子宫后，先用青霉素160万单位、氯霉素

1 克、土霉素 1 克、葡萄糖 20 克，溶于 20 毫升水中，注入子宫内。或用青霉素 160 单位，长效治菌磺 20 毫升注入子宫内，隔 1 天再重复注入 1 次。

③注射治疗。较轻的子宫内膜炎，经冲洗、宫内投药后就能治愈。重者还必须配合肌内注射青霉素 400 万单位/次，用复方氨基比林和蒸馏水稀释，每天 2 次，连续用药 5 ~7 天，一般情况都能治愈。冲洗子宫，宫内投药，肌内注射，为 1 个疗程，若经 2 ~3 个疗程不能治愈者，应淘汰。

4. 营养性繁殖障碍：

（1）高能量：

1）发病原因及表现：高能量日粮使母猪过肥，特别是在母猪缺乏运动的情况下，在输卵管、子宫角与卵巢中沉积脂肪，卵泡细胞变性，致肥胖性不育。

2）防治措施：任选一种。

在母猪日粮中加入 3% ~4% 的氯化钙，连喂 5 天；或在母猪日粮中加入 3% 的磷酸钠，连喂 7 天；或母猪配种前半个月，喂抗生素，每千克饲料中添加青霉素 12 毫克。

（2）低能量：

1）发病原因及表现：如果日粮中能量与蛋白质过于不足，可致母猪瘦弱，初情期延迟，不发情，卵泡停止发育或形成卵泡囊肿。

2）防治措施：配种前一周，每天给母猪 2.5 千克饲料，保证其营养水平为消化能 12 兆焦/千克，蛋白质为 12%，这样可获得最高排卵率；怀孕后第 1 周限饲为 1.5 千克/天，能获得最高的胚胎成活率。

（3）维生素缺乏：

1）缺乏维生素 A：会造成母猪不容易受胎，中途流产，产弱仔和死胎，日粮中应供给维生素 A 4 000 国际单位。

2）缺乏维生素 B_1：母猪屡配不孕，性机能紊乱，发情不正常，产弱仔，日粮中应供给维生素 B_1 1.6 毫克。

3）缺乏维生素 B_2：母猪生产的仔猪僵猪比例升高，日粮中应供给维生素 B_2 5 毫克。

4）缺乏维生素 B_{12}：母猪泌乳量下降，产仔少，仔猪易患贫血症，日粮中应供给维生素 B_{12} 24 微克。

5）缺乏维生素 D：母猪泌乳量下降，受胎率低，易患产后瘫痪，表现为流产、死胎、子宫脱落。仔猪生长不良，易患佝偻症。日粮中应供给维生素 D 320 国际单位。

6）缺乏维生素 E：母猪生殖道上皮角质化，不易受胎，易流产，日粮中应供给维生素 E 16 国际单位。

5. 应激性繁殖障碍：

（1）临床表现：热应激可引起母猪发情不规律，影响公猪精液品质，受精率降低，胚胎死亡，流产或产仔数减少。猪舍空气污浊，含有较多的氨气、硫化氢等有害气体，均可以引起猪不同程度的繁殖障碍。

（2）防治措施：改善饲养管理，夏季注意防暑降温，冬季注意防寒保暖，保持空气流通，为母猪提供一个舒适的生产环境。

6. 中毒性繁殖障碍：

（1）真菌毒素：

1）临床表现：赤霉烯酮（F－2 毒素）中毒，临床上可见公猪和去势公猪睾丸萎缩，包皮和乳头肿大，乳房隆起，性欲减退；妊娠母猪早产、流产；断奶母猪发情延迟或发情异常：分娩母猪产程延长，弱仔、死胎增多。

T－2 毒素（单端孢霉烯族毒素）中毒，急性中毒以呕吐和腹泻为主要特征，慢性中毒可表现为食欲减退，消化不良，生长迟缓，贫血，僵猪增多；母猪受胎率和产仔率降低有的发生流产，早产或死胎，有的伤口流血不止。

2）剖检病变：可见内脏器官广泛性出血和损害，心肌出血，肝、脾肿大出血。

3）防治措施：真菌毒素的预防，重点做好防霉和去毒。

① 防霉应从饲料原料的采购、储存、运输和加工配制等环节加以注意，不能采购霉变、虫蛀的原料，玉米籽实的水分不超过12%（作物籽实水分含量在15%～32%时，尤其是17%左右时，黄曲霉最易生长并持续产毒）。

② 加强饲料原料及成品饲料的保管，严防受潮霉变。搞好饲料仓库杀虫灭鼠工作，防止虫蛀和鼠害，减少真菌传播，避免毒素危害。

③ 严禁使用霉变的原料加工饲料，不得用霉变的饲料喂猪。

④ 对轻微霉变的玉米可用1.5%氢氧化钠溶液浸泡至少12小时后，再用清水漂洗多次，直至漂洗液澄清为止，但由于处理后玉米中仍存留一定毒素，应限量饲喂，并添加真菌毒素吸附剂。

⑤ 对轻微霉变的原料用辐射或暴晒的办法处理，可破坏50%～90%的黄曲霉毒素。

⑥ 添加200～250克/吨大蒜素，能有效减轻真菌毒素的毒害。

⑦选择有效的防霉剂及毒素吸附剂。防霉剂能防止饲料霉变：毒素吸附剂可吸附饲料中原有的毒素及储藏中产生的毒素。

目前这些产品较多，但在实践中应用较多、效果比较确切的有：百安明、霉可脱、霉可吸和脱霉素等，可根据饲料霉变程度添加0.05%～0.2%。

一旦发现中毒，应立即停喂原来霉变的饲料，更换新鲜优质饲料或在饲料中添加足够、有效的毒素吸附剂，然后按中毒病的治疗原则实施治疗。

7. 传染性猪繁殖障碍性疾病：主要有猪瘟、蓝耳病、高致病性猪蓝耳病等病毒病及布鲁菌病等细菌病和猪衣原体病等其他繁殖障碍性疾病。

第二节　病毒性繁殖障碍性疾病

一、猪瘟

（一）流行病学

繁殖障碍型猪瘟主要发生于生产母猪。

（二）临床表现

感染猪瘟的母猪隐性带毒，无明显的临床症状，但病毒能通过胎盘屏障传给不同时期的胚胎，产出木乃伊胎、死胎和弱仔。感染仔猪出生后精神沉郁，震颤，间歇性腹泻；有的发生呕吐和运动失调，皮肤出现出血斑、皮下水肿等症状。病仔猪常在2～3天死亡，致死率很高。发病率的高低与带毒母猪的多少有关。

（三）剖检病变

剖检发现本病与典型猪瘟有相似之处，但病变程度较轻。一般在咽喉、肾、膀胱黏膜等处有不同程度的出血小点，淋巴结出血、充血和水肿，胃肠道有出血性炎症，大部分胚胎感染仔猪的肾脏畸形，表面不光滑有小沟或小孔、被膜不易剥离常在沟内及孔内和肾脏皮质融合。

猪瘟其他知识参照本篇第二章第二节猪瘟详细介绍。

二、猪繁殖与呼吸障碍综合征

该病又称蓝耳病，主要特征是母猪发热，厌食，流产，产死胎、木乃伊胎、弱仔等，该病病原主要侵害妊娠母猪和哺乳仔猪。

（一）发病机制

猪繁殖与呼吸障碍综合征病毒可通过血液循环穿过胎盘使胎儿受到感染，从而引起妊娠后期母猪流产等繁殖障碍。

（二）临床症状

发病母猪主要表现为精神沉郁、食欲减少或废绝、发热，出现不同程度的呼吸困难，妊娠后期（105～107 天），母猪发生流产、早产、死胎、木乃伊胎、弱仔。母猪流产率可达 50%～70%，死产率可达 35% 以上，木乃伊胎可达 25%。少数母猪表现为产后无乳、胎衣停滞及阴道分泌物增多。

种公猪的发病率较低，主要表现为一般性的临诊症状，但公猪的精液品质下降，精子出现畸形，精液可带毒。

（三）剖检病变

蓝耳病感染引起的繁殖障碍所产仔猪和胎儿很少有特征性病变，其致死的胎儿病变是子宫内无菌性自溶的结果，没出现特异性；流产的胎儿血管周围出现以巨噬细胞和淋巴细胞浸润为特征的动脉炎、心肌炎和脑炎。脐带发生出血性扩张和坏死性动脉炎。

其他相关知识参照本篇第一章第三节猪繁殖与呼吸综合征部分。

三、猪细小病毒病

猪细小病毒病是由病毒引起的母猪繁殖障碍性传染病。临床上以怀孕母猪流产、死胎、配不上为主要特征。该病是引起猪繁殖障碍的主要病因之一，多感染在春夏季配种的头胎母猪，病毒可通过胎盘传染胎儿，也可通过交配传染，导致流产或胎儿死亡。

（一）病原

本病病原属细小病毒科细小病毒属。本病毒能凝集豚鼠、大鼠、小鼠、鸡、鹅、猫、猴和人 O 型红细胞，其中以豚鼠的红细胞最好。本病毒对外界抵抗力极强，在 56 ℃恒温下 48 小时，病毒的传染性和凝集红细胞能力均无明显的改变。70 ℃经 2 小时处理后仍不失感染力，在 80 ℃经 5 分钟加热才可使病毒失去血凝活性和感染性。在 0.5% 漂白粉、2% 氢氧化钠溶液中 5 分钟可杀死病毒。

（二）流行病学

猪是唯一的已知宿主，不同年龄、性别和品种的家猪、野猪都可感染，但发病常见于初产母猪。一般呈地方流行性或散发。一旦猪场发生本病后，可持续多年。感染本病的母猪、公猪及污染的精液等是本病的主要传染源。本病可经胎盘垂直感染和交配感染，公猪、育肥猪、母猪主要通过被污染的食物、环境，经呼吸道、消化道感染。本病的发生与季节关系密切，多发生在每年4~10月或母猪产仔和交配后的一段时间。母猪早期怀孕感染时，其胚胎、胚猪死亡率可高达80%~100%。本病的感染率与动物年龄呈正相关，5~6月龄阳性率为8%~29%，11~16月龄阳性率可高达80%~100%，在阳性猪群中有30%~50%的猪带毒。

（三）临床症状

仔猪和母猪的急性感染通常都表现为亚临床症状。猪细小病毒感染的主要症状表现为母源性繁殖障碍。感染的母猪可能重新发情而不分娩，或只产出少数仔猪，或产大部分死胎、弱仔及木乃伊胎等。怀孕中期感染母猪的腹围减小，无其他明显临床症状。此外，本病还可引起产仔瘦小、弱胎、母猪发情不正常、久配不孕等症状。

（四）剖检病变

母猪流产时，肉眼可见母猪有轻度子宫内膜炎变化，胎盘部分钙化，胎儿在子宫内有被溶解和被吸收的现象。大多数死胎、死仔或弱仔皮下充血或水肿，胸、腹腔积有淡红色或淡黄色渗出液。肝、脾、肾有时肿大脆弱或萎缩发暗，个别死胎、死仔皮肤出血，弱仔生后半小时先在耳尖，后在颈、胸、腹部及四肢上端内侧出现淤血、出血斑，半日内皮肤全变紫而死亡。除上述各种变化外，还可见到畸形胎儿、干尸化胎儿（木乃伊胎）及骨质不全的腐败胎儿。

（五）诊断方法

常用的实验室检测方法有：免疫荧光法、病毒分离和血凝抑制试验等。送检材料可以是一些木乃伊化胎儿或这些胎儿的肺或病猪全血。

（六）防治措施

本病无特效药治疗，通常应用对症疗法，可以减少仔猪死亡率，促进康复。发病后要及时补水和补盐，给大量的口服补液盐，防止脱水，用肠道抗生素防止继发感染可减少死亡率。可试用康复母猪抗凝血或高免血清每天口服 10 毫升，连用 3 天，对新生仔猪有一定治疗和预防作用。同时应立即封锁，严格消毒猪舍、用具及通道等。预防本病可在入冬前 10～11 月给母猪接种弱毒疫苗，通过初乳可使仔猪获得被动免疫。

四、猪流行性乙型脑炎

本病是猪主要繁殖障碍性疾病之一，导致怀孕母猪死胎和其他繁殖障碍，公猪感染后发生急性睾丸炎。

（一）临床症状

母猪、妊娠母猪感染乙脑病毒后无明显临床症状，只有母猪流产或分娩时才发现产生死胎、畸形胎或木乃伊胎等症状。同一胎的仔猪，在大小及病变上都有很大差别，胎儿呈各种木乃伊胎的过程，有的胎儿正常发育和产出弱仔，产后不久即死亡。此外，分娩时间多数超过预产期数日，也有按期分娩的。公猪常发生睾丸炎，多为单侧性，少数为双侧性的。初期睾丸肿胀，触诊有热痛感，数日后炎症消退，睾丸逐渐萎缩变硬，性欲减退，并通过精液排出病毒，精液品质下降，失去配种能力而被淘汰。

（二）剖检病变

早产仔猪多为死胎，死胎大小不一，黑褐色，小的干缩而硬固，中等大的茶褐色、暗褐色。剖检见死胎和弱仔的主要病变是脑水肿、皮下水肿、胸腔积液、腹水、浆膜有出血点、淋巴结充血、肝和脾有坏死灶、脑膜和脊髓膜充血。出生后存活的仔猪，高度衰弱，并有震颤、抽搐、癫痫等神经症状，剖检多见有脑内水肿，颅腔和脑室内脑脊液增量，大脑皮层受压变薄，皮下水肿，体腔积液，肝脏、脾脏、肾脏等器官可见有多发性坏死灶。

其他症状、诊断方法、防治措施等相关知识参照本篇第三章第二节。

五、猪伪狂犬病

本病繁殖障碍主要表现为怀孕母猪感染后可导致流产、死胎、木乃伊胎和种猪不育等综合症候群。其中以死胎为主。无论是头胎母猪还是经产母猪都发病，而且没有严格的季节性，但以寒冷季节即冬末春初多发。

猪伪狂犬病的另一发病特点表现为种猪不育症。近几年发现有的猪场春季暴发伪狂犬病，出现死胎或断奶仔猪患伪狂犬病后，紧接着下半年母猪配不上种，返情率高达90%，有反复配种数次都屡配不上的。此外，公猪感染伪狂犬病毒后，表现出睾丸肿胀、萎缩，丧失配种能力。

猪伪狂犬病的其他症状及剖检病变、诊断、防治措施等具体参照本篇第一章第三节猪伪狂犬病的介绍。

第三节　细菌性繁殖障碍性疾病

一、布鲁杆菌病

本病为一种人畜共患病，猪不分品种和年龄都有易感性。布鲁杆菌感染猪多呈隐性经过，少数出现典型症状，表现为母猪流产、不孕，公猪睾丸炎等。母猪流产多发生在妊娠后第4～12

周，病猪主要表现为精神沉郁，阴唇和乳房肿胀，阴道流黏性或脓性分泌物。

（一）病原

布鲁杆菌，为革兰氏阴性小杆菌，不形成芽孢。根据其病原性、生化特性等不同，可分为 6 个种 20 个生物型，其中羊种布鲁杆菌 3 个型、牛种布鲁杆菌 9 个型、猪种布鲁杆菌 5 个型，还有犬种布鲁杆菌、绵羊附睾种布鲁杆菌和沙林鼠种布鲁杆菌。

布鲁杆菌对各种物理和化学因子比较敏感。巴氏消毒法可以杀灭该菌，在 70 ℃下 10 分钟也可被杀死，高压消毒病菌瞬间死亡。对寒冷的抵抗力较强，低温下可存活 1 个月左右。该菌对消毒剂较敏感，2%来苏儿 3 分钟之内即可被杀死。该菌在自然界的生存力受气温、湿度、酸碱度影响较大，pH 值 7.0 及低温下存活时间较长。

（二）流行病学

多数感染易感动物的传播是与其直接接触感染的猪有关。最重要的感染途径是通过消化道和生殖道。猪的习性和该病的一般特点预示消化道是最常见的侵入门户。各种年龄的猪都可能吃到或喝到污染了感染猪排出物的东西。仔猪经常通过吃乳被感染母猪传染，当种猪被圈养在一起时，流产的胎儿和胎膜通常很快被吃掉。布鲁杆菌病在猪是一种性病，当与感染的公猪交配时，或用污染了布氏杆菌的精液人工授精时，母猪很快被感染。猪可通过结膜，或鼻内接种布鲁杆菌悬液而人工感染。该菌也可通过受损的甚至是完整的皮肤侵入。

（三）临床症状

猪布鲁杆菌病的典型表现是流产，无生育力，睾丸炎，后肢瘫痪以及跛行。感染猪不表现任何稽留热或波浪热。临床症状是一过性的，死亡罕有出现。

布鲁杆菌感染的临床表现在不同的猪群变化极大。母猪流产可以发生在妊娠的任何时间，且受感染时间的影响大。在配种时通过生殖道感染的母猪流产发生率最高。与精液中带有布鲁杆菌的公猪自然受精后 17 天，就可观察到流产。在早期流产时，很难观察到阴道排出物，妊娠中期或晚期发生的流产，通常与母猪在妊娠 35 天或 40 天后受到感染有关。母猪生殖系统感染持续性变化极大。本病在乳猪和断乳猪的临床表现为与后肢瘫痪有关的脊柱炎。这些临床症状偶尔可见于其他各种年龄的猪。

（四）剖检病变

布鲁杆菌最适宜在胎盘、胎衣组织中生长繁殖，其次是乳腺组织、淋巴结、骨髓、关节、腱鞘、滑液囊以及睾丸、附睾、精囊等。特征病变是胎膜水肿，严重充血或有出血点。子宫黏膜出现卡他性或化脓性炎症及脓肿病变。常见有输卵管炎、卵巢炎或乳房炎。公畜精囊中常有出血和坏死病灶，睾丸和附睾肿大，出现脓性和坏死病灶。

（五）诊断方法

根据临床症状和病理变化可做出初步诊断，确诊需进一步做实验室诊断。

实验室诊断：在国际贸易中，指定诊断方法为缓冲布鲁杆菌抗原试验、补体结合试验和酶联免疫吸附试验。替代诊断方法为荧光偏振测定法。

（1）病原检查：抹片镜检（取病猪胎盘绒毛膜表面及水肿区边缘触片染色镜检）、分离培养、动物试验。

（2）血清学检查：缓冲布鲁杆菌抗原试验（虎红平板凝集试验、缓冲布鲁杆菌平板凝集试验）、补体结合试验（特异性高，但操作烦琐）、间接酶联免疫吸附试验、竞争酶联免疫吸附试验、全乳环状试验（可用于筛选病猪群）、血清凝集试验、布鲁杆菌素试验（适用于流行病学调查，由于其敏感性低，不能单独作为正式的诊断试验）。

病料采集：通常采取流产胎儿、胎盘、阴道分泌物或乳汁。

（六）防治措施

1. 坚持自繁自养。必须引进种猪时，要严格检疫2次，确认健康者才能混群。

2. 在疫区，每年定期以凝集反应检疫2次，健康群每年至少检疫1次，检出病猪应扑杀并做无害化处理。阴性反应猪可预防接种菌苗进行预防。

3. 被污染的猪舍、运动场、饲槽、水槽等用10%石灰乳或5%热氢氧化钠水严格消毒；病猪分泌物、排泄物等应做无害化处理或消毒深埋。

4. 兽医、病猪管理人员、接生员、屠宰加工人员，要严守卫生防护制度，特别在母猪产仔季节更要注意。

二、李氏杆菌病

（一）临床症状

母猪感染一般无明显的临诊症状，但妊娠母猪感染常发生流产，一般引起妊娠后期母猪的流产。

（二）病理变化

发生流产的母猪可见子宫内膜充血并发生广泛坏死，胎盘子叶常见有出血和坏死。流产胎儿肝脏有大量小的坏死灶，胎儿可发生自体溶解。

其他相关知识具体参照本篇第三章第三节李氏杆菌病的详细介绍。

第四节　其他繁殖障碍性疾病

一、猪衣原体病

猪衣原体病是由鹦鹉热亲衣原体（旧称鹦鹉热衣原体）的某些菌株引起的一种慢性接触性传染病，又称流行性流产、猪衣原体性流产。临诊上可表现为妊娠母猪流产、死产和产弱仔，新生仔猪肺炎、肠炎、胸膜炎、心包炎、关节炎，种公猪睾丸炎等。常因菌株毒力，猪性别、年龄、生理状况和环境的变化而出现不同的症候群。

（一）病原

衣原体是一类具有滤过性、严格细胞内寄生，大小介于细菌和病毒之间，类似于立克次体的微生物，呈球状，大小为0.2～1.5微米，革兰氏染色阴性。不能在人工培养基上生长，只能在活细胞胞质内繁殖，依赖于宿主细胞的代谢，可在鸡胚、部分细胞单层及小鼠等实验动物中生长繁殖。

紫外线、γ－射线对衣原体有很强的杀灭作用。2%的来苏儿、0.1%的福尔马林、2%的氢氧化钠或氢氧化钾、1%盐酸及75%乙醇溶液可用于衣原体消毒。对四环素族、泰乐菌素、强力霉素、红霉素、螺旋霉素敏感，对庆大霉素、卡那霉素、新霉素、链霉素、磺胺嘧啶钠均不敏感。

（二）流行病学

不同品种及年龄的猪群都可感染本病，但以妊娠母猪和幼龄仔猪最易感。病猪和隐性带菌猪是该病的主要传染源。几乎所有的鸟粪都可能携带衣原体。绵羊、牛和啮齿动物携带病原菌都可能成为猪感染衣原体的疫源。通过粪便、尿、乳汁、胎衣、羊水等污染水源和饲料，经消化道感染，也可由飞沫和污染的尘埃经呼吸道感染，交配也能传播本病；蝇、蜱可起到传播媒介的作用。

该病无明显的季节性，常呈地方流行性。猪场可因引入病猪后暴发该病，康复猪可长期带菌。该病的发生和流行与一些诱发因素有关。

（三）临床症状

该病的潜伏期长短不一，短则几天，长则可达数周乃至数月。依据临诊表现，可分为流产型、肺炎型、关节炎型和肠炎型等。

怀孕母猪感染后引起早产、死胎、流产、胎衣不下、不孕症及产下弱仔或木乃伊胎。

初产母猪发病率高，一般可达 40% ~90%，早产多发生在临产前几周（妊娠 100 ~104 天）发生，妊娠中期（50 ~80 天）的母猪也可发生流产。

母猪流产前一般无任何表现，体温正常，也有的表现出体温升高（39.5 ~41.5 ℃）。产出仔猪部分或全部死亡，活仔多体弱、初生重小、拱奶无力，多数在出生后数小时至 1 ~2 天死亡，死亡率有时高达 70%。

公猪生殖系统感染，可出现睾丸炎、附睾炎、尿道炎等生殖道疾病，有时伴有慢性肺炎。

仔猪还会表现出肠炎、多发性关节炎、结膜炎，断奶前后常患支气管炎、胸膜炎和心包炎。表现为体温升高、食欲废绝、精神沉郁、咳嗽、喘气、腹泻、跛足、关节肿大，有的可出现神经症状。

（四）剖检病变

1. 流产型：母猪子宫内膜出血、水肿，有 1 ~1.5 厘米的坏死灶，流产胎儿和死亡新生仔猪的头、胸及肩胛等部位皮下结缔组织水肿，心脏和肺脏常有浆膜下点状出血，肺常有卡他性炎症。患病公猪睾丸颜色和硬度发生变化，腹股沟淋巴结肿大 1.5 ~2 倍，输精管有出血性炎症，尿道上皮脱落、坏死。

2. 关节炎型：关节肿大，关节周围充血和水肿，关节腔内充满纤维素性渗出液，用针刺时流出灰黄色混浊液体，混杂有灰黄色絮片。

3. 支气管肺炎型：表现为肺水肿，表面有大量的小出血点和出血斑，肺门周围有分散的小黑红色斑，尖叶和心叶呈灰色，坚实僵硬，肺泡膨胀不全，并有大量渗出液，中性粒细胞弥漫性浸润。纵隔淋巴结水肿，细支气管有大量的出血点，有时可见坏死区。

4. 肠炎型：多见于流产胎儿和新生仔猪，胃肠道有急性局灶性卡他性炎症及回肠的出血性变化。肠黏膜发炎而潮红，小肠和结膜浆膜面有灰白色浆液性纤维素性覆盖物，肠系膜淋巴结肿胀。脾脏有出血点，轻度肿大。肝质脆，表面有灰白色斑点。

（五）诊断方法

根据该病的流行病学、临诊特点和病理变化等可做出初步诊断，但确诊需要进行实验室诊断。具体介绍如下：

1. 细菌学诊断：可采取病死猪的肝脏、脾脏、肺脏、排泄物、关节液、流产胎儿等病料进行分离培养。

2. 血清学试验：血清学试验有补体结合反应、血凝抑制试验、团集补体吸收试验、毛细血管凝集试验、琼脂凝胶沉淀试验、间接血凝试验、免疫荧光及免疫酶试验等。补体结合反应是国内最常用的经典方法之一。

（六）防治措施

1. 治疗：猪群发病时，应及时隔离病猪，分开饲养，清除流产死胎、胎盘及其他病料，进行深埋或火化。对猪舍和产房用石炭酸、福尔马林喷雾消毒消灭病原。

药物治疗：四环素为首选药物，也可用金霉素、土霉素、红霉素、螺旋霉素、氧氟沙星等。对新生仔猪，可肌内注射1%土霉素，1毫升/千克体重，每天1次，连用5天。仔猪断奶或患病时，注射含5%葡萄糖的5%土霉素溶液，1毫升/千克体重，连用5天。

在饲料中添加15%金霉素，每吨饲料3千克，有利于控制其他细菌性继发感染。此外，公母猪配种前1～2周及母猪产前2～3周按0.02%～0.04%的比例将四环素类抗生素混于饲料中，可提高受胎率，增加活仔数及降低新生仔猪的病死率。

2. 预防：引进种猪时要严格检疫和监测，阳性种猪场应限制及禁止输出种猪。搞好猪场的环境卫生消毒工作。避免健康猪与病猪、带菌猪及其他易感染的哺乳动物接触。用猪衣原体灭活疫苗对母猪进行免疫接种，初产母猪配种前免疫接种2次，间隔1个月。经产母猪配种前免疫接种1次。

二、弓形虫病

临床症状：怀孕母猪急性感染后，虫体经胎盘侵害胎儿，表现为高热、废食、精神委顿和昏睡，此症状数天后，常引起母猪流产、死胎、胎儿畸形，即使产出活仔，仔猪也会发生急性死亡或发育不全，不会吃奶或畸形怪胎。母猪则在分娩后迅速自愈。同时，弓形虫还会引起育肥猪的高热、咳喘等症状。剖检病变、诊断方法、防治措施均参照本篇第一章第五节弓形虫病的介绍。

三、钩端螺旋体病

钩端螺旋体病是由致病性钩端螺旋体引起的一种人畜共患和自然疫源性传染病。一般呈隐性感染，也时有暴发。该病的临诊症状表现形式多样，主要有发热、血红蛋白尿、贫血、水肿、流产、黄疸、出血性素质、皮肤和黏膜坏死。

（一）病原

本病的病原属于细螺旋体属的钩端细螺旋体。钩端螺旋体形态呈纤细的圆柱形，暗视野显微镜下观察，呈细小的珠链状，革兰氏染色为阴性，但着色不易。常用的染色方法是姬姆萨氏染色和镀银染色。对酸碱敏感。钩端螺旋体主要存在于宿主肾脏、尿液和脊髓液里，在急性发热期，广泛存在于血液和各内脏器官。

（二）流行病学

各种年龄的猪均可感染，但仔猪发病较多，特别是哺乳仔猪和断奶仔猪发病最严重，中、大猪一般病情较轻。传染源主要是发病猪和带菌猪，主要通过皮肤、黏膜和经消化道食入而传染，也可经交配、人工授精和在菌血症期间通过吸血昆虫如蜱、虻、蝇等传播。

本病有明显的流行季节，7～10 月为流行高峰期，其他月份仅为散发。

饲养管理与本病的发生和流行关系密切，饲养环境恶劣或其他疾病发生导致机体抵抗力差时，隐性感染的动物则表现出临诊症状，甚至死亡。管理不善、猪舍的粪尿、污水清理不及时是本病发生的重要因素。

（三）临床症状

怀孕母猪可能发生流产，流产率 20%～70%，流产后有时急性死亡。流产的胎儿有死胎、木乃伊胎，也有弱仔，常于产后不久死亡。

1. 急性黄疸型：多发生于大猪和种猪，呈散发，偶见暴发。病猪体温升高、厌食、皮肤干燥、有时见病猪用力在栅栏或墙壁上摩擦至出血，1～2 天皮肤和黏膜泛黄，尿浓茶样或血尿。数小时内，或几天内突然惊厥死亡。

2. 亚急性型和慢性型：多发生于断奶前后至 30 千克以下的小猪，呈地方流行和暴发，损失严重。病初体温升高，眼结膜潮红，有时有浆性鼻漏、食欲减退、精神不振，几天后，上下颌、头部、颈部甚至全身水肿，指压凹陷，俗称“大头瘟”；尿液发黄，腥臭味浓，便秘与腹泻交替，消瘦无力，康复猪多成为僵猪。

（四）剖检病变

1. 急性型：眼观病变主要是黄疸、出血、血红蛋白尿以及肝、肾不同程度的损害。皮肤、皮下组织、浆膜和可视黏膜、肝脏、肾脏以及膀胱等组织黄染和不同程度的出血。胸腔及心包内有混浊的黄色积液。肝脏肿大，呈土黄色或棕色，质脆，胆囊充盈、淤血，被膜下可见出血灶。肾脏肿大、淤血、出血。肺淤血、水肿，表面有出血点。膀胱积有红色或深黄色尿液。肠及肠系膜充血，肠系膜淋巴结、腹股沟淋巴结、颌下淋巴结肿大，呈灰白色。

2. 亚急性型和慢性型：表现为身体各部位组织水肿，以头颈部、腹部、胸壁、四肢最明显。肾脏、肺脏、肝脏、心外膜出血明显。浆膜腔内常可见有过量的黄色液体与纤维蛋白。肝脏、脾脏、肾脏肿大。成年猪的慢性病例以肾脏病变最明显。

（五）诊断方法

本病需在临诊症状和病理剖检的基础上，结合微生物学和免疫学诊断才能确诊。

1. 显微镜检查：将病猪血液或尿液离心集菌，用暗视野显微镜检查；可见钩端螺旋体呈细长弯曲，可做旋转式摆动。

2. 血清学检查：可用乳胶凝集试验和酶联免疫吸附试验方法。

养猪场户可采集病猪血液或尿液进行显微镜检查和血清学检测。

（六）防治措施

本病预防措施主要为消除带菌排菌的各种动物，禁止养犬、鸡、鸭。加强环境消毒，及时清理被污染的水源、污水、饲料、用具、场舍，搞好灭鼠工作，及时发现、淘汰和处理带菌猪，以防止传染和散播。同时实行预防接种、加强饲养管理，提高生猪特异性和非特异性抵抗力。

对无症状带菌者应全群投放链霉素、土霉素等四环素类抗生素，疗程一般为7天。对急性、亚急性病猪的治疗，单纯抗生素治疗效果不理想，应对肝脏破坏及出血性严重病变进行对症治疗，如葡萄糖维生素C静脉注射剂、强心利尿剂的应用等，对提高治愈率有重要作用。

四、附红细胞体病

猪附红细胞体病是由附红细胞体寄生于猪的红细胞表面、血浆及骨髓中而引起的以仔猪、育肥猪出现急性、热性、黄疸性贫血、呼吸困难、皮肤淤斑、耳缘发紫，母猪出现流产和死胎等特征症状的疾病，常和其他疾病混合感染发生，严重时导致死亡。

（一）病原

本病的病原体为附红细胞体，是单细胞原虫的一种，属寄生虫，也有人认为属立克次体目，乏浆体科，附红细胞体属，真菌类。附红细胞体发育过程中，形状和大小常发生变化，可能也与动物种类、动物抵抗力等因素有关。对干燥和化学药品的抵抗力很低，但耐低温。一般常用消毒剂均能杀死病原。

（二）流行病学

附红细胞体病多发生于炎热的夏季，尤其是高温高湿天气，冬季相对较少。可发生于各龄猪，但以仔猪和长势好的架子猪死亡率较高，母猪的感染也比较严重。患病猪及隐性感染猪是重要的传染源。猪通过摄食血液或带血的物质，如舔食断尾的伤口、互相斗殴等可以直接被传染。间接传播可通过活媒介如疥螨、虱子、吸血昆虫（如刺蝇、蚊子、蜱等）传播。

附红细胞体病是由多种因素引发的疾病，仅仅通过感染一般不会使在正常管理条件下饲养的健康猪发生急性症状，通常情况下只发生于那些抵抗力下降的猪，分娩、过度拥挤、长途运输、恶劣的天气、饲养管理不良、更换圈舍或饲料及其他疾病感染时，猪群亦可能暴发此病。

（三）临床症状

猪附红细胞体病因猪种和个体体况的不同，临床症状差别很大。主要引起仔猪体质变差，贫血，肠道及呼吸道感染增加；育肥猪日增重下降，急性溶血性贫血；母猪生产性能下降等。

1. 母猪症状：感染的怀孕母猪入产房后或分娩后 3～4 天出现临床症状，急性期的母猪表现厌食，高热 42 ℃，乳房或外阴水肿可持续 1～3 天，发病母猪泌乳性能下降、缺乏母性。感染母猪同样出现其他的繁殖障碍疾病如受胎率降低、乏情、流产、产弱仔。怀孕母猪和哺乳母猪患病精神差、喜卧、发热 41.5 ℃左右，所有发病猪全身皮肤发红，个别猪中、后期皮肤黄染，食欲废绝，便秘，有的不发热同样出现上述症状，部分猪出现流产、早产，尤其是临产母猪流产率高，不流产的产出死胎，有的即使产活仔，但仔猪弱小，死亡率高，这种现象持续 1 个月左右才恢复正常。

2. 哺乳仔猪症状：5 天内发病症状明显，新生仔猪出现身体皮肤潮红，精神沉郁，哺乳减少或废绝，急性死亡，一般 7～10 日龄多发，体温升高，眼结膜、皮肤苍白或黄染，贫血症状，四肢抽搐、发抖、腹泻、粪便深黄色或黄色黏稠，有腥臭味，死亡率在 20%～90%，部分很快死亡。大部分仔猪临死前四肢抽搐或划地，有的角弓反张。部分治愈的仔猪会变成僵猪。

3. 育肥猪症状：根据病程长短不同可分为以下三种类型。

（1）急性型：病例较少见，病程 1～3 天。

（2）亚急性型：病猪体温升高，达 39.5～42 ℃。病初精神委顿，食欲减退，颤抖转圈或不愿站立，离群卧地。出现便秘或拉稀，有时便秘和拉稀交替出现。病猪耳朵、颈下、胸前、腹下、四肢内侧等部位皮肤红紫，指压不褪色，成为“红皮猪”。有的病猪两后肢发生麻痹，不能站立，卧地不起。部分病猪可见耳郭、尾、四肢末端坏死。有的病猪流涎，心悸，呼吸加快，咳嗽，眼结膜发炎，病程 3 ~7 天，或死亡或转为慢性经过。

（3）慢性型：病猪体温在 39. 5 ℃左右，主要表现贫血和黄疸。病猪尿呈黄色，大便干如栗状，表面带有黑褐色或鲜红色的血液。生长缓慢，出栏延迟。

（四）剖检病变

剖检见主要病理变化为贫血及黄疸。皮肤及黏膜苍白，血液稀薄、色淡、不易凝固，全身性黄疸，皮下组织水肿，多数有胸水和腹水。心包积水，心外膜有出血点，心肌松弛，色熟肉样，质地脆弱。肝脏肿大变性，呈黄棕色，表面有黄色条纹状或灰白色坏死灶。胆囊膨胀，内部充满浓稠明胶样胆汁。脾脏肿大变软，呈暗黑色，有的脾脏有针头至米粒大灰白（黄）色坏死结节。肾脏肿大，有微细出血点或黄色斑点，有时淋巴结水肿。

（五）诊断方法

本病诊断方法主要是显微镜检查。

从病猪耳静脉采血，加等量生理盐水混合后，吸取一滴置载玻片上，加盖玻片，在 40 ~400 倍镜下观察，观察附红细胞体的活动及形态特点。高倍镜下观察 20 个视野，发现血液中有球形、卵圆形、哑铃形、逗点状和杆状小体或红细胞变成齿轮状、星芒状、菠萝状即为附红细胞体阳性。高倍镜下观察 20 个视野，没有发现附红细胞体即为阴性。

（六）防治措施

1. 预防措施：加强饲养管理，保持猪舍、饲养用具卫生，减少不良应激等是防止本病发生的关键。夏秋季节要经常喷洒杀虫药物，防止昆虫叮咬猪群，切断传染源。在实施如预防注射、断尾、打耳号、阉割等饲养管理程序时，均应更换器械、严格消毒。购入猪只应进行血液检查，防止引入病猪或隐性感染猪。本病流行季节给予预防用药，可在饲料中添加土霉素或金霉素添加剂等。

2. 治疗：治疗猪附红细胞体病的药物虽有多种，但真正有特效的不多，每种药物对病程较长和症状严重的猪效果都不好。由于猪附红细胞体病常伴有其他继发感染，因此对其治疗必须辅以其他对症治疗才有较好的疗效。下面是几种常用的药物：

（1）血虫净（或三氮脒、贝尼尔）5～10 毫克/千克体重，用生理盐水稀释成5%溶液，分点肌内注射，每天 1 次，连用 3 天。

（2）咪唑苯脲 1～3 毫克/千克体重，每天 1 次，连用 2～3天。

（3）四环素、土霉素（10 毫克/千克体重）和金霉素（15 毫克/千克体重）口服或肌内注射或静脉注射，连用 7～14 天。

（4）新胂凡钠明按 10～15 毫克/千克体重静脉注射，一般 3 天后症状可消失。

第五节　小　结

猪繁殖障碍性疾病的防治必须树立多学科共同协作的观念，应用全面的分析方法，对猪繁殖障碍产生原因进行彻底的分析，一方面必须从猪场所处的位置，栏舍的结构、种猪的引进等方面考虑对猪繁殖障碍性疾病的防治问题；另一方面，还必须从饲养学、营养学、生态学以及经营管理等方面进行剖析，不断地总结经验和教训，不断控制繁殖障碍疾病的蔓延和扩散，最终逐步达到缩小甚至消灭繁殖障碍性疾病的发生。具体来说，应从以下六方面加以防治。

一、建立健全合理的免疫程序

猪患繁殖障碍性疾病的主要病因是病原性因素。目前已知的病毒、细菌、衣原体、寄生虫有数十种，虽不可能也没有必要全部列入免疫程序中，但应把危害较重的乙型脑炎、细小病毒病、伪狂犬病、蓝耳病和布鲁杆菌病等纳入猪场整体免疫程序中。应根据该类病的发病季节、疫（菌）苗产生抗体时间和免疫期的长短，实行有计划、有步骤的程序化免疫。

二、严格执行疫（菌）苗接种操作规程，确保其接种密度和质量

给猪接种疫（菌）苗，是提高其机体特异性抵抗力，降低易感性的有效措施。规模化猪场应注意预防接种的重要性和必要性，特别是初产母猪在配种前这段时期（接种乙型脑炎疫苗应在3月蚊、蝇未出现前），应高密度、高质量坚持连续3～5年的预防接种，就有可能达到控制和净化该病。

三、加强母源抗体监测

仔猪体内母源抗体水平的高低，直接影响和干扰抗体滴度，甚至完全抑制抗体的产生。为防止母源抗体对疫苗免疫效果的影响，对某些传染病定期进行母源抗体监测，选择无母源抗体或母源抗体滴度较低的时间接种疫苗，提高对疾病的抵抗能力。规模猪场应每年至少进行一次母源抗体监测，以便随时了解和掌握本场猪群母源抗体水平，确定初免时间，适时进行预防接种。让初生乳猪吃足含有较高浓度母源抗体的初乳，对防治此病的发生起着十分重要的作用。

四、严把引种检疫关

引种隔离观察检疫，严防带毒种猪进入猪场是防止疫病发生的重要措施，因此，各地在引种时应认真了解供种单位的免疫程序和疫情，严禁到疫区引种。引进后应在场外隔离观察检疫两周，并进行相关的监测，结果阴性、临床观察无症状出现，接种

有关疫（菌）苗产生免疫力后，才可入场饲养。发生可疑病猪应及时送检。规模猪场一旦发生可疑病猪，兽医人员不能确诊时，应迅速采集病料或将未经治疗的病猪送兽医部门进行检验，待确诊后，对症按规定防治，才能收到事半功倍效果。

五、加强饲养管理

在使用饲料的过程中，必须根据种猪的各阶段营养需要进行合理配置饲料，提高日粮中的维生素和矿物质等营养成分，饲喂高能量饲料。特别要确保矿物质元素钙、磷、铁、铜、锌、锰、碘、铬、硒和维生素 E 的正常供应，确保限制性氨基酸，特别是赖氨酸的平衡。

六、搞好环境卫生，加强生物安全措施

一是建立严格的消毒制度。定期对猪舍地面、墙壁、设施及用具进行消毒，并保持舍内空气流通，加强冬季保温、夏季防暑降温措施。二是加强粪尿、病死猪管理。对正常猪的粪、尿发酵或沼气处理，对患病猪的粪尿、乳、流产的胎儿、胎衣、羊水及病死猪进行焚烧等无害化处理。三是消灭鼠、蝇、蚊等传播媒介，严防狗、猫、飞鸟等其他动物进入栏舍。

第五章　猪免疫抑制性疾病

猪免疫抑制性疾病是通过损伤猪的免疫组织器官或影响猪免疫细胞活性，干扰抗原的递呈，抑制或阻断免疫抗体的形成等途径，从而导致猪机体抗病能力下降或免疫应答不完全，即机体对抗原物质刺激的反应减退或消失，陷入免疫抑制状态。引起猪免疫抑制的因素有免疫抑制病原体感染、毒素中毒、化学药物、应激、营养元素缺乏等几个方面。

猪的免疫抑制性传染病不仅引起猪群发生原发性病原感染，造成繁殖障碍和严重的呼吸道病，引发死亡；更为严重的是损害猪的免疫功能，导致猪群免疫力和健康水平的下降，对疫苗注射不产生免疫应答，对疾病的易感性增高，易遭受其他传染病和寄生虫病的并发与继发感染。当前在许多养猪场和广大农村养猪专业户饲养的猪群中发病率和死亡率不断增高，病因复杂化、临床表现多样化、经济损失严重，可能与猪群中广泛存在的免疫抑制性传染病密切相关，应高度重视猪的免疫抑制性传染病的防治。

第一节　生物性免疫抑制病

一、猪繁殖与呼吸综合征

猪繁殖与呼吸综合征，俗称猪蓝耳病，是由猪繁殖与呼吸综合征病毒引起的，以妊娠母猪流产、死胎、弱胎、木乃伊胎等繁殖障碍及各年龄阶段猪特别是仔猪的呼吸道症状、高死亡率为主要特征的传染病。

（一）症状

本病症状请参照本篇第一章第三节猪繁殖与呼吸综合征的症状。

（二）流行特点

2000 年以来，猪蓝耳病总体变得相对比较平稳和缓和，危害程度大大下降，在管理水平高、环境与饲养条件好的猪场，几乎没有任何临床表现，少有暴发；但在一些阴性猪场、新建种猪场或新引进“蓝耳病”阳性种猪、猪群饲养管理不好的猪场，仍有暴发。

猪场的感染率很高，表现为持续性感染、隐性感染和带毒，引起猪体免疫功能下降，特别是在感染早期对免疫功能的抑制十分明显。

（三）免疫抑制机制

猪繁殖与呼吸综合征病毒使淋巴结、淋巴小结和副皮质区及脾白髓和红髓都受到了广泛性的破坏，降低肺泡巨噬细胞的功能，诱导感染细胞的凋亡，引起 T 细胞亚群发生改变，致使机体的体液免疫和细胞免疫能力降低，产生免疫抑制和免疫干扰，从而继发其他病原感染，特别是侵害呼吸系统的病原微生物，主要为多杀性巴氏杆菌、猪链球菌、副猪嗜血杆菌和沙门菌等，造成较高的发病率和死亡率。

抗体依赖性增强作用是猪繁殖与呼吸综合征病毒的一个最重要的生物学特征。

病毒增殖的抗体依赖性增强作用是指抗体的存在可介导和加强感染，即在亚中和抗体水平存在的情况下，通过抗体的 Fc 受体介导内吞作用，形成病毒 - 抗体复合物，促进病毒的吸附和进入宿主细胞，能明显增强 Fc 受体或补体受体阳性细胞对该病毒易感性，使病毒在细胞上的复制能力得到加强。

猪繁殖与呼吸障碍综合征疫苗的使用能诱发机体产生中和抗体，阻止病毒对靶细胞的吸附作用，达到抑制病毒感染，保护机体的作用。但低滴度的中和抗体（即亚中和水平抗体）不但不能有效地清除血液中的病毒，反而与病毒形成病毒－抗体复合物，促进病毒进入细胞建立感染，形成抗体依赖性增强作用，进而导致猪繁殖与呼吸障碍综合征病毒的持续性感染。这也解释了临床上接种疫苗反而加重猪只病情的现象。

在母猪妊娠后期，胎儿已经出现了主动免疫应答，产生的中和抗体对经胎盘感染的胎儿的猪繁殖与呼吸障碍综合征病毒出现抗体依赖性增强效应，这可能是感染猪繁殖与呼吸障碍综合征病毒的妊娠母猪以怀孕后期流产为特征的重要原因之一。

仔猪对猪繁殖与呼吸障碍综合征病毒的易感性高，与亚中和水平母源抗体的存在有关，通过母源抗体获得被动免疫的仔猪，一旦抗体水平下降至保护性水平以下（即亚中和抗体水平），猪繁殖与呼吸障碍综合征病毒就会因抗体依赖性增强作用而增加对猪只的感染性和猪只发病的危险性。临床上常出现刚断奶仔猪呼吸道疾病的临床症状较育成猪严重，也是由于抗体依赖性增强作用。

二、猪圆环病毒 2 型感染

猪圆环病毒 2 型感染是由猪圆环病毒 2 型引起猪的一种多系统功能障碍性疾病，可出现严重的免疫抑制。临床上表现为新生仔猪先天性震颤、猪皮炎和肾病综合征、断奶仔猪多系统衰竭综合征、增生性坏死性肺炎、猪圆环病毒 2 型相关性肠炎、猪圆环病毒 2 型相关性中枢神经系统病及猪圆环病毒 2 型相关性繁殖障碍等。

（一）流行特点及临床表现

本病的流行特点及临床表现请参照本篇第一章第三节猪圆环

病毒感染的流行特点及临床表现。

（二）剖检病变

剖检可见全身淋巴结肿大，特别是腹股沟淋巴结、纵隔淋巴结、肺门淋巴结、肠系膜淋巴结及颌下淋巴结肿大，切面硬度增大，可见均匀的白色，有的淋巴结有出血和化脓性病变。

（三）免疫抑制机制

猪圆环病毒 2 型主要侵入病猪肺脏、胸腺、脾脏中，致使循环 B 细胞和 T 细胞及淋巴器官中的 B 细胞、T 细胞数量减少和萎缩，从而导致免疫抑制的发生。

感染猪圆环病毒 2 型的猪一般都会发生免疫缺陷，主要是淋巴细胞缺损，如淋巴器官中的 T 细胞和 B 细胞数量减少，淋巴细胞的减少是猪圆环病毒 2 型引起 B 淋巴细胞凋亡造成的，这是猪圆环病毒 2 型可引起猪的免疫抑制进而造成衰竭综合征的原因。

猪圆环病毒 2 型感染猪不能产生对其他免疫原的有效免疫应答，并易诱发其他病原体混合感染与继发感染的发生。猪圆环病毒 2 型为猪呼吸道病综合征的原发性病原之一，常与蓝耳病病毒、猪流感病毒、肺炎支原体、细小病毒、伪狂犬病毒等混合感染，并易继发副猪嗜血杆菌、链球菌、多杀性巴氏杆菌、沙门菌、猪放线杆菌及猪鼻炎支原体等病原感染。反过来蓝耳病病毒、细小病毒、肺炎支原体及多杀性巴氏杆菌等病原在猪圆环病毒 2 型的致病作用中又起着协同致病作用，从而加重了猪呼吸道疾病发生的严重性，使发病率与死亡率大为增高。

三、猪瘟

（一）临床表现

猪瘟的临床表现请参照本篇第二章第二节猪瘟的临床症状。

（二）剖检病变

剖检可见，颌下淋巴结、肩前淋巴结、腹股沟淋巴结、肠系膜淋巴结等均表现肿大、出血，淋巴结周边出血，并呈现出猩红色，由于髓质肿胀，使淋巴结表现出大理石样外观。

（三）免疫抑制机制

猪瘟病毒在淋巴组织中生长和复制，损害淋巴组织，造成脾脏、淋巴结和胸腺的淋巴组织发生萎缩和出血。

猪瘟病毒能抑制Ⅰ型干扰素产生，诱发白细胞减少，引起树突状细胞无应答，干扰抗原的递呈，抑制免疫抗体产生，导致机体免疫抑制。

怀孕母猪带毒，猪瘟病毒可经胎盘垂直传播给仔猪。若母猪所带的猪瘟病毒毒力较弱，可能不会流产，则仔猪出生后免疫系统会将猪瘟病毒视为自身物质，猪瘟疫苗无法诱导免疫系统产生抗体，造成先天性免疫耐受。

四、猪支原体肺炎

（一）临床表现

本病的临床表现请参照本篇第一章第五节猪支原体肺炎临床症状。

（二）剖检病变

猪支原体肺炎与免疫系统相关的病变是发病初期可见猪肺门淋巴结肿大。

（三）免疫抑制机制

猪支原体首先在猪的上呼吸道黏膜繁殖，损伤呼吸道黏膜的纤毛和上皮细胞，破坏呼吸道纤毛系统清除吸入异物的能力，进而波及下呼吸道，损伤肺泡黏膜，最终改变了肺泡巨噬细胞的吞噬及免疫调理的功能，抑制肺脏的免疫应答，导致免疫系统损害，造成免疫抑制，使其对其他疫苗的免疫产生干扰作用，也为其他病原的入侵创造了有利条件，诱发病毒、细菌的继发感染。

由于支原体肺炎患病猪上呼吸道严重受损，丧失屏障功能，为各种病原长驱直入打开了方便之门，是引发呼吸道综合征的罪魁祸首；存在气喘病的猪群更易混合感染蓝耳病病毒和圆环病毒2型，还能促进多杀性巴杆菌、链球菌、胸膜肺炎放线杆菌、副猪嗜血杆菌和沙门菌等的继发感染。猪支原体肺炎已成为猪呼吸系统综合征的主要原发病之一。

第二节　中毒性免疫抑制病

一、黄曲霉毒素中毒

黄曲霉毒素是黄曲霉和寄生曲霉在生长过程中产生、分泌的次级代谢产物。它是一类毒性极强的物质，具有强致癌性和强免疫抑制性，广泛存在于发霉粮食及其制品中，特别是花生、花生油及其制品中；乳、乳制品和饲料中也含有较多的黄曲霉毒素。

目前发现的黄曲霉素有十几种，其中以黄曲霉 B_1 毒性最强。凡是霉变的食品中都可能会存在黄曲霉毒素。当粮食、油类及坚果等未能及时晒干或者储藏不当时，常易被黄曲霉或寄生曲霉污染而产生黄曲霉毒素。

（一）黄曲霉毒素危害

黄曲霉毒素中毒可引起猪只生长缓慢，饲料转化率下降，黄疸，皮毛粗糙，低蛋白血症，肝癌和免疫抑制，主要表现为对动物肝脏的伤害，受伤害的个体因动物种类年龄、性别和营养状态而异。黄曲霉毒素的临床表现多为消化系统功能紊乱，降低生育能力，降低饲料利用率，贫血等。此外，长期食用含低浓度黄曲霉毒素的饲料也可导致胚胎内中毒，通常年幼的动物对黄曲霉毒素更敏感。

黄曲霉毒素能降低 T 细胞和 B 细胞的活性，抑制免疫球蛋白和抗体的产生，降低补体和干扰素的活性，损害巨噬细胞的功能，也可以引起胸腺萎缩，造成免疫系统的破坏及免疫应答的强烈抑制，使传染病的易感性明显增强。

据美国农业经济学家统计，由于食用黄曲霉毒素污染的饲料每年至少要使美国畜牧业遭受10%的经济损失，在中国，由此而带来的畜牧业损失可能会更大。

（二）黄曲霉毒素中毒症状

黄曲霉毒素中毒表现为食少，猪体衰弱，结膜苍白或黄染，粪便干燥。重症时会出现间歇性抽搐。

急性型发生于2~4月龄的仔猪，病猪精神沉郁、食欲缺乏、消瘦。可视黏膜苍白，后期黄染。一般食欲旺盛和体格健壮的猪发病率高。体温升高或正常，精神沉郁；粪便干硬呈球状，表面被覆黏液和血液；步态不稳，间歇性抽搐，角弓反张，皮肤表面出现紫斑。发病后期出现神经症状。主要病变为贫血和出血。全身黏膜、浆膜、皮下和肌肉出血；肾、胃弥漫性出血，肠黏膜出血、水肿，肝脏肿大，脾脏出血。急性病例呈急性中毒性肝炎，慢性病例可见肝细胞和间质组织增生。

（三）黄曲霉毒素中毒鉴别诊断

结合病史和临诊表现（黄疸、出血、水肿、消化障碍及神经症状）和病理学变化（肝细胞变性、坏死）等情况，可进行初步诊断。确诊需要做真菌分离培养，以及饲料中黄曲霉毒素含量测定。

（四）黄曲霉毒素检测方法

黄曲霉毒素在不同波长的紫外光下能产生较强的荧光，产生蓝色荧光者为B族，发绿色荧光者为G族。黄曲霉毒素还可通过实验室方法检测。

（五）黄曲霉毒素去除方法

因黄曲霉素主要存在于发霉变质的食物中，因此挑去霉变食物是最简单的去除方法。

对于被黄曲霉毒素污染的粉状及液体类物品，吸附剂如活性炭、皂土等的吸附去毒效果较好。

利用黄曲霉毒素不溶于水而易溶于氯仿、甲醇、苯等其他有机溶剂这一特点，可用水处理被黄曲霉毒素污染的花生粉后，再用氯仿提取，则很容易去掉花生粉中的黄曲霉毒素。

（六）黄曲霉毒素的防治措施

防治宜解毒保肝。

处方1：茵陈20克、栀子20克、大黄20克，水煎去渣，待凉后加葡萄糖30～60克，维生素C 0.1～0.5克混合，一次灌服。同时需更换饲料，环境消毒。

处方2：防风15克、甘草30克、绿豆500克、白糖60克，前三味同煎取汁，加入白糖，混匀后一次灌服。

二、赭曲霉毒素A中毒

赭曲霉毒素A是由多种生长在粮食（小麦、玉米、大麦、燕麦、黑麦、大米和黍类等）、花生、蔬菜（豆类）等农作物上的曲霉和青霉产生的。动物摄入了霉变的饲料后，赭曲霉毒素A也可能出现在猪肉中，从而危害人类健康。赭曲霉毒素主要侵害动物肝脏与肾脏。引起肾脏损伤，大量的毒素也可能引起动物的肠黏膜炎症和坏死。

正常条件下，小麦和玉米受赭曲霉毒素A污染的概率较小，为1%～5%，其含量为0.01～5毫克/千克；大麦和燕麦被污染的概率较高，约为10%，其含量一般在0.1毫克/千克以下；而配合饲料有5%～10%被污染，赭曲霉毒素A含量0.05～0.4毫克/千克。

（一）赭曲霉毒素A毒性机制

赭曲霉毒素A可引起猪只免疫器官变化，损伤猪只肠道淋巴组织，降低抗体的产量，阻断氨基酸tRNA合成酶的作用而影响蛋白质合成，使得 IgA、IgG 和 IgM 减少，降低抗体效价，影响体液免疫，这和赭曲霉毒素 A 的致癌作用有关。赭曲霉毒素 A 使其胸腺、法氏囊、脾脏和淋巴结中的白细胞数量降低，巨噬细胞和单核细胞的迁移能力下降，从而影响吞噬作用和细胞免疫。赭曲霉毒素 A 能通过胎盘影响胎儿组织器官的发育和成熟。

（二）赭曲霉毒素 A 的临床症状

赭曲霉毒素 A 主要毒害动物的肾脏和肝脏，肾脏是第一靶器官，只有剂量很大时才出现肝脏病变。猪的敏感性最强。饮水量增加（剧渴），导致排尿增多（多尿症），这是赭曲霉毒素 A 中毒症的一大特点。

赭曲霉毒素 A 的急性中毒反应为精神沉郁，食欲减退，体重下降，肛温升高；消化功能紊乱，肠炎可视黏膜出血，甚至腹泻，脱水多尿，伴随蛋白尿和糖尿；妊娠母猪子宫黏膜出血，往往发生流产。

中毒后的病理变化以肾脏为主，可见肾脏肥大，呈灰白色，表面凹凸不平，有小疱，肾实质坏死，肾皮质间隙细胞纤维化；近曲小管功能退化，肾小管通透性变差，浓缩能力下降。赭曲霉毒素 A 的慢性中毒还表现为凝血时间延长，骨骼完整性差，肠道脆弱及肾脏受损等。幼龄生长猪会出现肾周水肿，并伴有僵硬；胃溃疡也是常见的症状；公猪的精子质量降低，受精率下降，最终导致整体繁殖性能下降。

第三节　药物性免疫抑制病

由于不正确使用某些具有免疫抑制作用的化学药物或抗生素引起的免疫抑制性疾病。常见的药物如糖皮质激素、磺胺类药物、氨基糖苷类、氯霉素类、四环素类等抗生素都具有免疫抑制作用。

一、糖皮质激素引起的免疫抑制病

（一）糖皮质激素免疫抑制的机制

临床常用的糖皮质激素有氢化可的松、可的松、泼尼松、泼尼松龙、甲泼尼龙、地塞米松、倍他米松等。糖皮质激素抑制巨噬细胞对抗原的吞噬和处理，促进淋巴细胞的破坏和解体，促使其移出血管而减少循环中淋巴细胞数量，减少淋巴细胞的产生，小剂量时主要抑制细胞免疫，大剂量时抑制浆细胞和抗体生成而抑制体液免疫功能等。

（二）临床表现

主要是免疫疫苗后，相应的特异性抗体产生受阻，即排除疫苗和接种技术以外的免疫失败。

（三）防治

做好用药记录，尽量避免在使用该类药物前后 1 周内接种疫苗，同时应根据疫苗特点适时开展免疫效果评价。

二、抗生素类引起的免疫抑制病

（一）抗生素免疫抑制的机制

氨基糖苷类、氯霉素、四环素类通过阻碍细菌蛋白质合成而达到抑菌或杀菌效果的抗菌药物，当其大量使用时均可抑制中性粒细胞的功能和抗体的产生，存在免疫抑制作用。

1. 氨基糖苷类抗生素：包括链霉素、庆大霉素等天然氨基糖苷类，还有阿米卡星等半合成氨基糖苷类，本类抗生素属于杀菌药。氨基糖苷类能抑制中性粒细胞的移动和趋化作用，导致猪只免疫抑制。

2. 氯霉素类抗生素：包括氯霉素、甲砜霉素及无味氯霉素等。氯霉素最主要的毒性反应是抑制骨髓造血功能，引起粒细胞和血小板减少症，使猪只中性粒细胞减少，导致机体产生免疫抑制，还可导致再生障碍性贫血，但较少见，因其难以逆转，常可致死。

3. 四环素类抗生素：包括金霉素、土霉素、四环素、强力霉素等。四环素类抗生素能抑制中性粒细胞的趋化性及其对病原的吞噬作用，对淋巴细胞转化、抗体的产生均有抑制作用。

（二）临床表现及防治

参照糖皮质激素引起的免疫抑制病。

三、磺胺类引起的免疫抑制病

（一）磺胺类免疫抑制的机制

磺胺类包括复方新诺明、磺胺六甲氧、磺胺五甲氧、磺胺脒等，磺胺类药物主要抑制骨髓白细胞的生长产生免疫抑制作用。

（二）临床表现及防治

参照糖皮质激素引起的免疫抑制病。

第四节　应激性免疫抑制病

过冷、过热、拥挤、混群、断奶、限饲、运输、噪声和约束等应激因素均可影响猪免疫功能。在应激时，猪体内会产生热应激蛋白等异常代谢产物，同时某些激素（如类固醇）水平会大幅提高，这些均会影响淋巴细胞活性；肾上腺素和去甲肾上腺素通过激活 β_2 肾上腺素能受体，提高细胞内环磷酸腺苷水平，降低单核细胞和中性粒细胞趋化和吞噬作用。在应激状态时进行疫苗免疫，猪体内抗体形成减少，不能达到预期免疫效果。

第五节　营养缺乏性免疫抑制病

大多数营养物质的缺乏都能影响免疫应答，增加对传染病的敏感性。如维生素A缺乏可减弱抗体反应，引起淋巴器官和组织中淋巴细胞耗竭，导致胸腺发育受阻；维生素E和硒缺乏则脾脏和胸腺发育受阻等。

第六节　猪免疫抑制病鉴别诊断

猪免疫抑制病鉴别诊断见表3。

表3　猪免疫抑制病鉴别诊断

致病因素	持续时间	诊断方法	发病特点	发病年龄
免疫抑制性病原体感染	整个疾病过程	病毒性病原体感染可通过荧光定量PCR检测、PCR等方法进行诊断，细菌性疾病可通过细菌的分离鉴定进行诊断	常伴随该病原体感染的其他特征性症状	各种年龄
真菌毒素中毒	易造成免疫器官不可逆损伤，停止造成中毒的因素干扰后，免疫抑制可能持续存在	对采食饲料进行毒物检测	发病突然，常成群发病，且以健康、采食量大、生长快猪只较严重	多发于青壮年、采食量大的猪只
化学药物	伴随化学药物使用过程，停药后免疫抑制即消失	根据患病动物用药史进行诊断	伴发该类药物的其他不良反应	任何年龄，仔猪易发且早发

续表

致病因素	持续时间	诊断方法	发病特点	发病年龄
应激因素	应激因素去除后免疫抑制即消除	多根据病史进行诊断，如猪只近期遭受转群、注射疫苗、运输等均应激因素刺激	动物精神委顿，食欲废绝，或极度兴奋，狂躁不安，采食减少，出现过敏、生产性能下降等临床症状	任何年龄
营养元素缺乏	部分猪只可能因免疫器官发育不良导致免疫抑制持续存在	根据患病猪的生活史、发病特点进行综合诊断，可通过营养元素的补充进行治疗性诊断	采食量少、体弱猪多发或发病严重	任何年龄，多发于仔猪、弱猪

该类疾病可通过对疫苗免疫抗体水平的检测评估进行诊断，在疫苗安全有效的前提下，猪群抗体水平持续偏低甚至没有免疫应答，则可判定猪群中存在免疫抑制。该类疾病剖检可见淋巴结肿大、胸腺萎缩等免疫器官病变。

有时是几种因素共同作用导致猪只免疫抑制，此时应深入细致地对照上述因素查找分析原因，注意将所有病因去除后，再次进行猪瘟、口蹄疫等疫苗的免疫，并及时通过抗体水平的监测对猪群恢复情况及疫苗免疫效果进行评价，确保猪群健康。

第六章　运动障碍性疾病

猪运动障碍性疾病常见于步行困难、站立不稳、后躯跄踉、跛行、瘫痪、共济失调、呈犬坐姿势及横卧等症状的猪群，其原因较为复杂，多数为某种疾病中的一种临床症状，或者是某种疾病中的一种表征，极少数属独立性疾病。猪群发生运动障碍性疾病后直接影响猪群整齐性和生产性，提高了死亡率，降低了经济效益。除肢蹄发生病变的一些疾病可引起该类症状外，大部分神经系统疾病也可引起猪的间接运动障碍，具体有以下几种。

第一节　肢蹄型疾病

一、口蹄疫

口蹄疫是由口蹄疫病毒引起的偶蹄动物的一种急性、热性和高度接触性的传染病。

（一）病原

口蹄疫病毒（FMDV）是引起口蹄疫的病原。口蹄疫病毒为小 RNA 病毒科，口蹄疫病毒属的成员。口蹄疫病毒共有 7 个血清型：A 型、O 型、C 型、亚洲 1 型、南非 1 型、南非 2 型、南非 3 型。我国发生的主要是 O 型、A 型与亚洲 1 型。病毒在低温下（－70 ℃）十分稳定，可保存几年，37 ℃下 48 小时内可被灭活，80～100 ℃病毒立即死亡。病毒在污染的干草中于室温下可存活 20 周，猪舍内干燥分泌物中的病毒可存活 1 个月，冬季可存活 2 个月，冻肉中的病毒可存活很长时间。但高温和直射阳光对病毒有杀灭作用。病毒对酸和碱十分敏感。

（二）流行病学

病猪和带毒猪是主要的传染源，经呼吸道、消化道及损伤的黏膜和皮肤而感染。各种野生动物、鸟类、啮齿类、猫、犬、吸血昆虫等也可传播本病。人和空气是本病的重要传播媒介。

本病一年四季均可发生，但发病多见于冬、春寒冷的季节，特别是春节前后，夏、秋季节发病较少。

猪群流动大，饲养集中，密度过大，以及各种应激因素的存在，易诱发本病的流行。

（三）临床症状

本病发病急，流行快，传播广，发病率高，死亡率低。发病初期体温升至 40～41 ℃，以蹄部水疱为特征，体温升高，全身症状明显，蹄冠、蹄叉发红，形成水疱和溃烂，有继发感染时，蹄壳可能脱落；病猪跛行，喜卧；病猪鼻盘、口腔、齿龈、舌、乳房（主要是哺乳母猪）也可见到水疱和烂斑。

（四）剖检病变

剖检可见食管和瘤胃黏膜有水疱和烂斑；胃肠有出血性炎症；肺呈浆液性浸润；心包内有大量混浊而黏稠的液体。恶性口蹄疫可在心肌切面上见到灰白色或淡黄色条纹与正常心肌相伴而行，如同虎皮状斑纹，俗称“虎斑心”。

（五）诊断

依据典型临床症状和病理变化可做出初步诊断，确诊需进一步做实验室诊断。

1. PCR 或荧光定量 PCR 检测： 采集水疱液、水疱皮等病料，尽快低温送至实验室。PCR 检测扩增出目的片段者为阳性，荧光定量 PCR 检测出现标准曲线者为阳性，否则为阴性。该方法快速准确，是目前临床上经常使用的诊断方法。

2. 非结构蛋白抗体 ELISA：采集血液样品送检，如果被检样本的效价大于 0.3，该样本被判定为阳性。

免疫过口蹄疫疫苗的养殖场可用以上两种检测方法进行诊断，阳性者诊断为口蹄疫。

3. 液相阻断 ELISA：采集血液样品送检，如果被检样品抗体水平≥1∶64，该样品被判定为阳性。

4. 正向间接血凝试验：采集血液样品送检，如果被检样品抗体水平≥5log2，该样品被判定为阳性。

未免疫过口蹄疫疫苗的养殖场可用液相阻断 ELISA 或者正向间接血凝方法进行诊断，阳性者诊断为口蹄疫；免疫过口蹄疫疫苗的养殖场可用液相阻断 ELISA 或者正向间接血凝方法评价口蹄疫疫苗免疫效果，阳性者为免疫合格。

（六）防治措施

1. 常规性防治措施：

（1）首先应选用适宜疫苗进行有效免疫注射，并制订合理的免疫程序和免疫剂量。

（2）目前采用的口蹄疫疫苗主要为灭活苗和合成肽，免疫效果均较好。

（3）制订科学的免疫程序，尤其要掌握好首次免疫时间。哺乳仔猪可通过母乳特别是初乳获得母源抗体，因此首次免疫接种应在母源抗体即将消失之前进行，并在免疫抗体即将消失之前再次免疫。种猪、母猪每年免疫 3～4 次。

（4）口蹄疫免疫程序应根据本场及本地情况进行选择，目前济源市推广口蹄疫规模猪场免疫程序：①种公猪：每年 4 次，每 3 个月 1 次，口蹄疫 O 型灭活疫苗和合成肽疫苗交替使用，每次肌内注射 3 毫升。②母猪：跟胎免疫，每次配种前使用口蹄疫

O 型灭活疫苗 3 毫升肌内注射，临产前 50 天使用口蹄疫 O 型合成肽疫苗肌内注射 3 毫升。③商品猪：首免 45 ~ 55 日龄，使用口蹄疫 O 型合成肽疫苗，肌内注射 1 毫升；首免后 15 ~ 20 天二免，使用口蹄疫 O 型灭活疫苗 2 毫升；二免后 50 ~ 60 天三免，使用口蹄疫 O 型灭活疫苗 3 毫升；如出栏时间超过 7 个月，应在出栏前 30 天使用 O 型灭活疫苗或合成肽疫苗加强免疫一次，剂量 3 毫升。散养猪免疫程序可以参照规模场免疫程序进行免疫，如种公猪和母猪数量过少，种公猪和母猪均可每年免疫 4 次（1 月、4 月、7 月、10 月），每 3 个月 1 次，口蹄疫 O 型灭活疫苗和合成肽疫苗交替使用，每次肌内注射 3 毫升；商品猪参照规模场免疫程序执行。母猪免疫情况不明的商品猪应在购入 1 周内进行首免，以后参照规模场免疫程序。

（5）免疫效果监测。疫苗免疫后，可进行免疫效果监测，用液相阻断 ELISA 方法检测免疫抗体，样品抗体水平≥1∶64 有保护作用，或者用正向间接血凝方法检测免疫抗体，样品抗体水平≥5log2 有保护作用，相反应及时补免疫苗。

（6）严格消毒。常用消毒药有 1% ~2% 氢氧化钠、30% 热草木灰、1% ~2% 甲醛溶液。正确的消毒程序是：①喷洒周围环境，保持 4 小时以上；②彻底清扫粪尿、垃圾、泥土、污物，堆积发酵或焚烧；③第 2 次喷洒并维持 4 小时以上；④有水泥地面的猪舍及运载工具用自来水冲洗干净，自然晾干；⑤第 3 次喷雾或喷洒，自然干燥后启用。

2. 紧急预防措施：坚持“早发现，严封锁，小范围内及时扑灭”的原则。

（1）用 2% ~3% 氢氧化钠或 1∶500 浓度的灭毒净每天喷雾 1 ~2次，进行全面消毒；限制猪群的移动。

（2）对未发病的猪群紧急接种疫苗，常规苗每头 5 毫升，高效苗每头 3 毫升；或用口蹄疫高免血清或康复动物血清进行被动免疫，按0.5~1毫升/千克皮下注射。15天后加强免疫1次。

（3）发现患口蹄疫的病猪，应及时报告疫情，规范处置。

二、猪丹毒

猪丹毒是由猪丹毒杆菌引起的一种急性、热性传染病，俗称“打火印”。其主要特征为高热、急性败血症猪丹毒症状、皮肤疹块（亚急性）、慢性疣状心内膜炎、皮肤坏死与多发性非化脓性关节炎（慢性）。

（一）病原

猪丹毒杆菌是一种革兰氏阳性菌，具有明显的形成长丝的倾向。本菌对盐腌、火熏、干燥、腐败和日光等自然环境的抵抗力较强。在病死猪的肝、脾内4℃下159天，毒力仍然强大。露天放置27天的病死猪肝脏，深埋1.5米231天的病猪尸体，12.5%食盐处理并冷藏于4℃下148天的猪肉中，都可以分离到猪丹毒杆菌。在一般消毒药如2%福尔马林、1%漂白粉、1%氢氧化钠或5%碳酸中很快死亡。对热的抵抗力较弱，肉汤培养物于50℃经12~20分钟，70℃下5分钟即可被杀死。本菌的耐酸性较强，猪胃内的酸度不能杀死它，因此可经胃而进入肠道。

（二）流行病学

猪丹毒杆菌能感染多种动物和人，甚至在鱼类、家蝇和蚊子体内有时也能分离到本菌。本病一年四季均可发生，但在夏季多发，5~9月是流行高峰，多呈地方流行性和散发。不同年龄的猪均可发生，但多见于架子猪。

（三）临床症状

潜伏期短的为1天，长的7天。

1. 急性型：常见，精神不振，体温42~43℃不退，突然暴发，死亡率高。不食，呕吐，结膜充血，粪便干硬，附有黏液，小猪后期下痢。耳、颈、背皮肤潮红、发紫。临死前腋下、股内、腹内有不规则鲜红色斑块，指压褪色后而融合在一起。常于3～4天死亡。

2. 亚急性型（疹块型）： 病较轻，1～2天在身体不同部位，尤其胸侧、背部、颈部至全身出现界限明显，圆形或四边形，有热感的疹块，俗称“打火印”，指压褪色。疹块突出皮肤2～3毫米，大小一至数厘米，从几个到几十个不等，干枯后形成棕色痂皮。口渴、便秘、呕吐、体温高，也有不少病猪在发病过程中，症状恶化而转变为败血症而死。病程1～2周。

3. 慢性型： 由急性型或亚急性型转变而来，也有原发性，常见关节炎，关节肿大、变形、疼痛，跛行、僵直。溃疡性或椰菜样疣状赘生性心内膜炎，心律不齐、呼吸困难、贫血。病程数周至数月。

（四）剖检病变

1. 急性型： 胃底及幽门部薄膜发生弥漫性出血，小点出血；整个肠道都有不同程度的卡他性或出血性炎症；脾肿大，呈典型的败血脾；肾淤血、肿大，有“大紫肾”之称；淋巴结充血、肿大，切面外翻，多汁，肺脏淤血、水肿。

2. 亚急性型： 充血斑中心可因水肿压迫呈苍白色。

3. 慢性型： 溃疡性心内膜炎，增生，二尖瓣上有灰白色菜花赘生物，瓣膜变厚，肺充血，肾梗死，关节肿大、变形。

（五）诊断

可根据流行病学、临床症状及尸体检查进行综合诊断，必要时进行实验室诊断。

1. PCR 检测： 采集脾、肝、肾、淋巴结等病料，尽快低温送至实验室，PCR 检测扩增出目的片段者为阳性。

2. 直接涂片镜检： 急性败血症病例可取血、脾、肝、肾及淋巴结，亚急性取疹块皮肤血制成抹片，用姬姆萨或瑞氏染色，镜检可见猪丹毒杆菌多数在血细胞之间，也有成丛的，常发现中性白细胞吞噬丹毒杆菌的现象。

3. 细菌分离培养：取病料接种于鲜血琼脂斜面，于37 ℃恒温箱培养24小时，观察到菌落小、表面光滑、边缘整齐、有蓝绿色荧光，涂片染色后可见到纤细的革兰氏阳性杆菌，甚至呈长丝状。

（六）防治措施

1. 定时清洁消毒：平时应坚持做好猪舍的环境卫生，定期对猪舍的地面、饲养用具进行消毒。每次出栏后，将猪舍的门、窗、墙壁、地面打扫干净，并用石灰乳或者高温消毒。猪场要严禁从发生过该病流行的猪场引种，也不要从外地引进新猪，以切断传染源。

2. 严格防范猪与啮齿类及野生鸟类（感染带菌者）的接触。

3. 药物净化，控制带菌猪体内细菌的繁殖与扩散。整个猪群用阿莫西林500克/吨饲料，连喂8天。

4. 免疫接种：预防接种是防治该病的最好办法。每年春、秋或者夏、冬定期进行免疫接种。目前养殖场常用猪丹毒、猪多杀性巴氏杆菌二联活疫苗（G4T10株+E0630株），免疫期为6个月。断奶半个月以上的猪，用专用稀释液稀释成1头份/毫升，不论猪大小，每头肌内注射1毫升；断奶半个月以前的仔猪，每头1毫升，但应在断奶后2个月左右再接种1次。

5. 治疗可以用以下方法：青霉素1万单位/千克体重静脉注射或四环素5 000～10 000单位/千克体重或康迪注射液0.1～0.2毫升/千克体重，每天2次。

三、猪链球菌病

引起猪运动障碍的猪链球菌病为脑膜炎型和关节炎型，猪链球菌病其他知识参照本篇第一章第四节猪链球菌病详细介绍。

（一）流行病学

本病一年四季均可发生，但在夏、秋炎热、潮湿季节较为多发。大多呈散发和地方性流行，偶有暴发，仔猪多发。

（二）临床症状

依据临床表现不同，猪链球菌病可分为败血型、脑膜炎型、关节炎型、淋巴结脓肿型四种类型。

脑膜炎型主要症状：多发生于哺乳仔猪和断奶仔猪，症状为运动失调、盲目走动、转圈、空嚼、磨牙、仰卧，后躯麻痹，侧卧于地、四肢呈游泳状划动。病程短的几小时，长的1～5天，致死率极高。

关节炎型表现为关节肿胀、疼痛、跛行，不能站立，病程2～3周。其他两种类型则不表现神经症状。

（三）剖检病变

剖检脑膜脑炎型可见脑膜充血、出血，脑脊液混浊，脑实质有化脓性脑炎病变。致病性Ⅱ型猪链球菌引起的脑膜炎可造成持续的严重后果，引起的损失比其他血清型猪链球菌引起的病症都更为严重。

（四）诊断与防治措施

本病的诊断与预防措施请参照本篇第一章第四节猪链球菌病的诊断和防治措施。

四、副猪嗜血杆菌病

引起猪出现运动障碍的为发生脑膜炎和关节炎的副猪嗜血杆菌病，副猪嗜血杆菌病其他知识可参照本篇第一章第四节有关副猪嗜血杆菌病详细介绍。

（一）流行病学

本病四季均可发生，但以早春和深秋天气变化比较大的时候多发，各种应激因素可诱发此病，以30～60千克的仔猪和架子猪为多发。

（二）临床症状

本病临床症状取决于炎症部位，包括发热、呼吸困难、关节肿胀、跛行、皮肤及黏膜发绀、站立困难甚至瘫痪、僵猪或死亡。母猪发病可流产，公猪有跛行。哺乳母猪的跛行可能导致母性的极端弱化。

（三）剖检病变

剖检见胸膜炎明显（包括心包炎和肺炎），关节炎次之，腹膜炎和脑膜炎相对少一些。以浆液性、纤维素性渗出为炎症（严重的呈豆腐渣样）特征。肺可有间质水肿、粘连，心包有积液、粗糙、增厚，腹腔有积液，肝脾有肿大，与腹腔粘连，关节病变亦相似。腹股沟淋巴结呈大理石状，颌下淋巴结出血严重，肠系膜淋巴变化不明显，肝脏边缘出血严重，脾脏有出血边缘隆起米粒大的血疱，肾乳头出血严重，猪脾边缘有梗死，肾可能有出血点，肺间质水肿，最明显是心包积液，心包膜增厚，心肌表面有大量纤维素渗出，喉管内有大量黏液，后肢关节切开有胶冻样物。

（四）诊断与防治措施

本病的诊断与防治措施请参照本篇第一章第四节副猪嗜血杆菌病的诊断和防治措施。

第二节　中枢神经型疾病

中枢神经型疾病如猪瘟、猪伪狂犬病、猪水肿病、有机砷中毒等因中枢神经引起的运动障碍疾病详细介绍见神经系统疾病。

第三节　运动障碍性疾病鉴别诊断要点

运动障碍性疾病鉴别诊断要点见表4。

表4　运动障碍性疾病鉴别诊断表

运动障碍病种	发病阶段	同群猪临床表现	剖检病变	确诊方法
口蹄疫	各种年龄均可发生	同群发病率高，跛行或不能站立，驱赶尖叫，蹄部、鼻盘出现水疱破溃	参照本章口蹄疫典型剖检病变	流行病学结合剖检和实验室诊断方法综合判断
猪丹毒	各种年龄均可发生	不食、呕吐，结膜充血，粪便干硬、附有黏液，胸侧、背部、颈部至全身出现界限明显，圆形或四边形，有热感的疹块，俗称“打火印”	参照本章猪丹毒典型剖检病变	流行病学结合剖检和实验室诊断方法综合判断
链球菌病	各种年龄均可发生	同群散在发病，出现关节炎、脑膜炎、淋巴结脓肿等表现	参照呼吸系统疾病中链球菌病典型剖检病变	流行病学结合剖检和实验室诊断方法综合判断
副猪嗜血杆菌病	5～8周龄	体温升高，关节肿胀，呼吸困难，多发性浆膜炎，关节炎	参照呼吸系统疾病中副猪嗜血杆菌病剖检症状	流行病学结合剖检和实验室诊断方法综合判断
猪瘟	各种年龄均可发生	群体发病率高，稽留热、便秘与腹泻、皮肤发红发紫、传染性强	参照消化系统疾病中猪瘟典型剖检病变	流行病学结合剖检和实验室诊断方法综合判断

续表

运动障碍病种	发病阶段	同群猪临床表现	剖检病变	确诊方法
伪狂犬	断奶仔猪及哺乳仔猪	发热、咳嗽、便秘，有的病猪呕吐；如出现体温继续升高，病猪又出现神经症状，如震颤、共济失调、头向上抬、背拱起、倒地后四肢痉挛、间歇性发作	参照呼吸系统疾病中猪伪狂犬病典型剖检病变	流行病学结合剖检和实验室诊断方法综合判断
水肿病	30 ~ 80 日龄	同群散在发病，表现倒地不起、神经症状	参照神经系统疾病中水肿病典型剖检病变	流行病学结合剖检和实验室诊断方法综合判断
有机砷中毒	各种年龄均可发生	病猪剧烈腹痛，口吐白沫，流涎，呕吐，齿龈黑紫色	参照神经系统疾病中砷中毒典型剖检病变	流行病学结合剖检和实验室诊断方法综合判断

第七章　皮肤性疾病

皮肤病分为原发性皮肤病和继发性皮肤病。原发性皮肤病即由细菌、真菌、病毒、寄生虫直接作用于皮肤而引起的疾病或者维生素、微量元素、必需氨基酸缺乏而导致的皮肤疾病。继发性皮肤病即由病毒、细菌、寄生虫等微生物作用于机体，使机体发病的同时，导致皮肤颜色、形状或性质发生改变的一类皮肤疾病。

第一节　原发性皮肤疾病

一、口腔坏死杆菌感染

此病乃乳猪皮肤受伤而继发坏死梭状杆菌感染。常见病变为双侧脸颊或口腔溃疡。病变的开始是因为乳猪群打架成伤，伤口感染而造成坏死，并覆以棕黑色痂皮。但是当病变扩展至口腔内时，嘴唇、牙齿及舌头也可能波及。

治疗时先将痂皮刮除，以过氧化氢或高锰酸钾溶液冲洗，再涂上抗生素药膏。严重的病例，应同时连续注射抗生素如青、链霉素 3 天。预防此病可将出生乳猪的犬齿剪断。清洗分娩猪舍时务必使其干净彻底。粗糙的地面所致的膝、蹄冠、肘节及蹄上的皮肤坏死为最为普遍。小猪出生数天后，即可出现，1～2 周病变扩展到最大，随后开始恢复。3～4 周新生的上皮已盖满坏死部位。有的乳猪会发生乳房及尾巴的皮肤坏死。

预防本病主要是防止乳猪受伤。由于粗糙的地面会引起皮肤坏死，改善地面或在分娩栏铺上软垫都会达到良好的效果。

二、皮炎肾炎综合征

猪皮炎肾炎综合征是由圆环病毒引起的，主要侵害皮肤和肾，并日益发展成为皮肤受损的疾病。本病死亡率虽低，但发病率高，病程长，尤其是在夏秋季节，严重影响猪只的生长发育，在我国许多省份都有流行，给养猪业造成重大经济损失。

（一）流行特点

过去一般认为猪皮炎肾炎综合征主要侵害生长猪和育肥猪，多发生于体重 20～65 千克的猪，尤其是 10～15 周龄的猪多见。本病可造成猪只生长速度减慢，饲料报酬降低，死亡率上升，而且还能导致免疫抑制，降低机体对疫苗的免疫应答能力，增加对其他病原感染的敏感性。哺乳期仔猪和刚断奶仔猪少发。发病率 10%～60%，有的高达 80%，病死率 5%～20%。夏秋季多见。

现在认为：

1. 发病日龄提前：产房内未断奶的仔猪和 45 日龄左右的仔猪也可发生该病。

2. 发病形式趋于温和：一窝猪内可能只有个别发病，而同窝的其他猪却不发病。或者产房内某一窝仔猪感染，而其他相邻的仔猪却未见异常。

3. 三率有所降低：三率分别指发病率、死亡率和淘汰率。原因可能是在饲料或饮水里添加药物，特别是黄芪多糖及其他多糖类物质提高了机体免疫力，抗生素减少或减轻了继发感染所致。实践证明：饲料中添加中药多糖类物质对于提高机体免疫力具有十分重要的意义。

4. 机体损伤程度与后期育肥增重呈负相关： 据跟踪调查发现，感染过皮炎肾炎综合征的仔猪或保育猪，育肥阶段在饲料利用率、饲料报酬、日增重等指标方面，低于正常育肥猪。

（二）临床症状

1. 过去： 最明显的症状是皮肤病变，常被误认为是蚊、蝇、螨虫叮咬皮肤所致。可见耳、背部、腹部、前肢、后腿、臀部等部位广泛性出现各种大小不一的红斑、斑点、隆起的小丘疹，圆形或不规则的隆起，呈现红色或紫色，中央为黑色病灶。轻的食欲、体温、活动均正常，常自动恢复。严重的，病猪食欲丧失，被毛粗乱，体温升高至41.5 ℃，皮下水肿，严重下痢和呼吸困难。体重迅速减轻或生长停滞。四肢和眼睑周围可见水肿，体表淋巴结肿大。大多数病猪消瘦、衰竭死亡。耐过猪长期生长不良，形成僵猪。

2. 现在：

（1）皮肤病变出现的部位因个体不同而有差异。有的病猪在生殖器附近、耳后等部位出现病变较多，而其他部位较少。

（2）皮肤有溃烂现象。很容易让兽医人员误诊为仔猪渗出性皮炎，但按该病治疗效果不佳。

（3）部分病猪体表淋巴结肿大不明显。特别是对于哺乳期的仔猪，可能是侵害机体时间较短的原因。

（4）弓腰程度不明显。肾位于腰部，故《素问 · 脉要精微论》载："腰者，肾之府"。肾脏被侵害后往往会出现弓腰的表现，但在实际生产中，表现程度不一。

（三）剖检病变

1. 过去： 肾脏呈现肾小球肾炎和间质性肾炎。部分猪肾脏肿大，表面有白色坏死灶，有点状出血或淤血点。淋巴结肿大，特别是腹股沟淋巴结肿大 3 ~ 4 倍。有时可见黄色胸水或心包积液。脾脏轻微肿大，有出血点。肝脏呈橘黄色，心肌肥大。偶见胃溃疡。

2. 现在： 尚有大肠和小肠黏膜充血、出血，肺出血。膀胱、输尿管积尿。细菌感染时，可见心包炎、胸膜炎、腹膜炎、关节炎等病变。且常与肺炎支原体、猪繁殖与呼吸综合征、猪瘟等并发感染，导致病变复杂多样。

诊断方法、防治措施可参照本篇第一章第三节猪圆环病毒感染的诊断和防治措施。

三、猪油皮病

本病常发生于1～6周龄猪只，由葡萄球菌引起。这种细菌通过打架咬伤，粗糙地面摩擦及患疥螨发痒抓伤等伤口感染而引起渗出性皮肤炎。其发生率并不高，死亡率通常为20%，个别病例可高过80%。伤口逐渐形成厚膜，皮肤变得黏湿及呈油脂状，随后形成龟裂硬层，皮毛粗硬，最为普遍的是四肢蹄上的创伤。

本病治疗效果不一，病发早期，以针剂抗生素治疗可收良效，感染的部分可采用局部皮肤防腐剂如碘附冲洗。皮肤损伤很多情况是癣引起发痒而使病猪靠墙摩擦引起，病变开始于身躯，此外，打耳号的器具不干净、剪除犬齿不合理，地面粗糙及分娩栏不卫生等也可引起。应针对病因加以预防。

四、猪痘

本病由病毒引起，直接接触传染。皮肤损伤是猪痘感染的必要条件。猪虱及其他吸血昆虫对皮肤损伤使病毒得以进入皮肤。大多数病猪在3周后恢复。病变皮肤位于背部、腹部、腹股沟及大腿内侧，病变开始为丘疹，然后发展成水疱，水疱容易破裂，若继发感染会形成脓疱。水疱破后会结痂。大多数痂皮在感染3周后脱落。此病的诊断并不难。在临床上需与猪疥癣区别。无并发性皮肤病的猪痘不会发痒，不难做类症鉴别。对临床诊断如有可疑，应做皮肤组织病理检查，可在电子显微镜下认出猪痘病毒。猪痘无特效疗法，治疗目的在于防止细菌继发感染。控制猪痘的最佳方法，莫过于加强卫生管理及清除一切外寄生虫。

五、猪丹毒

亚急性猪丹毒病猪的皮肤则可能出现红色疹块。

（一）致病过程

猪丹毒杆菌广泛分布于世界各地。健康带菌猪的扁桃腺和淋巴组织均带有本菌。急性猪丹毒感染猪可由其粪便、尿、唾液排出病菌而污染猪栏。被污染的鱼粉也是重要的感染源。在许多种哺乳动物和鸟类中曾分离到本菌，因此它们可能就是本病的间接感染源。猪丹毒杆菌常由消化道侵入，随后繁殖于扁桃腺，继而侵入血液循环。严重的菌血症迅速变成全身性败血症和突然死亡。稍后，病菌可滞留在皮肤、关节或心脏瓣膜，转变成亚急性型及慢性型。皮肤伤口的感染亦有报告，但不普遍。

（二）临床症状

急性猪丹毒感染后 2 ~3 天皮肤呈凸起的红色区域，红斑大小形状不一，多见于耳后、颈下、胸腹下部及四肢内侧。病好转时红斑可消失，病恶化时则融合成片。亚急性猪丹毒感染后颈、背、胸、臀及四肢外侧出现多少不等疹块。疹块方形、菱形或圆形，稍凸于皮肤表面，紫红色，稍硬。疹块出现 1 ~2 天体温逐渐恢复，经 1 ~2 周痊愈。急性或亚急性猪丹毒耐过后常转变成慢性型。

（三）病理变化

猪丹毒的典型病变是皮肤红斑与疹块。慢性猪丹毒病猪的几个关节可见非化脓性关节炎。其他内部器官有时出现梗阻，特别是心瓣膜炎症时。

（四）诊断与防治措施

本病诊断与防治措施可参照本篇第六章第二节猪丹毒的诊断和防治措施。

六、玫瑰糠疹（伪钱癣）

本病发病原因未明，尤以长白猪最多。10～14 周龄小猪开始发生。病变为小丘疹及棕色痂皮开始，起初仅限于腹部、腹股沟及大腿内侧，然后病变会扩展呈环状的痂皮斑，继而中央部位转为正常周围红变凸起。许多病例显示，病猪的皮毛没有脱落，也不会发痒。大部分病猪大约 4 周后会慢慢痊愈。

本病的诊断可根据病变识别，应与钱癣鉴别。

病猪会自动痊愈，无须治疗。如若一猪场的发生率高，查出病猪皆出自同一父系，最好考虑淘汰公猪。

七、皮肤霉菌病（钱癣）

钱癣可由数种癣菌引起。最常见的一种为小芽孢菌属钱癣病变，其呈圆形，直径 2～10 厘米，单个或多个。病变可发生在身体各部分。病变产生的棕色或橘色分泌物覆盖毛发，逐渐扩大。此类病变偶尔被误认为污垢。

八、虱和蚤

猪虱为所有虱中最大的一种，成虫 4～6 毫米长，常寄生于猪的耳基部、颈部、腹下及四肢内侧。虱与疥癣均会引起瘙痒现象。可引起皮肤红疹瘙痒与擦伤以及化脓性皮炎，有脱毛与脱皮现象，严重感染则造成贫血。猪虱被认为是传播猪痘的重要媒介体。猪蚤也是一种人蚤。蚤经常寄生于污秽环境饲养的猪只身上。两种寄生虫均可吸取猪的血液，造成营养流失，引起猪皮肤奇痒，影响猪采食和休息，严重的因皮肤损伤继发感染细菌出现化脓性皮炎。

治疗与控制：用0.15%力高峰溶液喷洒或药浴，效果良好。所有处理疥癣的要点均同样适用于猪虱与蚤。治疗疥癣时，各体外寄生虫也可以被有效清除。

九、猪疥癣

猪疥癣病由猪疥螨寄生在猪皮肤内引起的一种慢性皮肤寄生虫病，俗称“猪癞”。主要经与疥癣病猪直接接触而引起感染，健康猪接触病猪污染的传染物，如垫草、饲槽、用具、墙壁等也可感染。若饲养管理差、饲料营养低，易使整群猪多数染病。该病初发于四肢末端、耳朵和腹部，后扩展至全身。开始出现红斑、丘疹及剧烈的瘙痒。猪只依墙摩擦，继而出血、结痂，形成痂皮。多为干燥性病变，有时出现变态反应性病变，呈急性湿疹状。

猪疥癣病的防治措施

1. 综合防控：即应加强饲养管理。猪舍要宽敞、干燥、透光、通风；对猪舍、用具和一切猪能接触的物品定时清洗、消毒、杀虫；平时注意观察，当发现个别猪出现发痒、脱毛时，要及时隔离饲养，并采取防治措施。

2. 治疗方法：

（1）将敌百虫配制成1%的水溶液喷洒猪体表，每天1次，连续用药1周。使用敌百虫治疗疥螨病时，猪舍严禁使用石灰水等碱性消毒液。若出现猪用药严重中毒，可使用硫酸阿托品解救。

（2）内服阿维菌素粉。用量为每千克体重0.3毫克，每次治疗间隔1周投2次药。40%辛硫磷乳油适量，按1∶800～1000用清水均匀稀释（现配现用），选择阴天或多云天气对病猪进行全身喷雾，以能见湿淋感为度，以彻底杀灭疥螨及虫卵。同时给以强的松每千克体重 0.5 ~2.0 毫克或氟美松（醋酸地塞米松）每千克体重 0.15 ~0.25 毫克皮下注射，有显著的止痒效果，抗炎性良好。

十、晒伤

夏季日光直射，易致猪晒伤。母猪固定于栏内，特别是栏行末端的母猪最易受到日晒。白色猪最常发生晒伤。其病变与人被晒伤无异。皮肤在日光下晒成红褐色，由于乳猪与断乳仔猪没有直接触及日光，晒伤并不多见。

十一、黑色素瘤

黑色素瘤为猪常见的皮肤肿瘤。此病有品种偏向，杜洛克猪最易得此病，主要病患为年轻猪。黑色素瘤可长于全身任何部位，最常见的是身躯两侧，直径 1 ~4 厘米。肿瘤表面光滑，扁平或突起且呈黑色，周界清楚，但无色膜。切面黑色至灰褐色。恶性者瘤体较大，表面常溃烂，肿瘤细胞可转移到其他器官，如淋巴、肾、肝、肺、心脏、脑以及横纹肌等。

十二、维生素 K 缺乏

猪只若误食凝血杀鼠药可造成血液无法凝结而发生皮下出血，此类的杀鼠药是维生素 K 的拮抗剂。一些发霉饲料的霉菌毒素亦阻断维生素 K 的合成，引起维生素 K 缺乏。重病猪只有不同程度的全身皮下出血，病猪可能虚弱及无法站立。另常见的症状是流鼻血、尿液带血及黑沥青色粪便。轻微病猪除皮下出血之外，没有其他病症。

十三、角化不全症

猪的角化不全症与锌缺乏有关。在饲料中缺锌或者钙量太高，钙磷比太大，必需脂肪酸的缺乏都能干扰锌的吸收、利用，导致角化不全。症状发生于7～16周龄，起初为小红斑，迅速变成丘疹，随后表皮增厚至5～7毫米，形成皱襞、裂隙与鳞屑。角化不全症无痒感可与疥癣分别。病变见于四肢、脸部、颈项、臂部与尾巴，且其分布为两侧对称。通常很少全体猪群发病，且病变轻重不一，死亡率亦低。

十四、皮肤过度角化

常见于成年公猪与母猪，与必需脂肪酸缺乏有关。病变见于背、腰及尾部，偶见于胁部及腿部。患部有棕色干枯鳞状物覆盖。

十五、肩胛溃疡

常见于泌乳期中体重骤跌的年轻母猪。除肩胛部外，溃疡亦见于坐骨、髋及跗骨部皮肤，病变多因骨突起部分皮肤与坚硬地面摩擦引起。

第二节　继发性皮肤疾病

继发性皮肤疾病常见于病原微生物感染后皮肤出现的异常现象，多种疾病均可导致猪出现皮肤病变，如猪瘟：颈背部皮肤出血，胸、腹、四肢内侧皮肤有出血斑点，耳朵或尾巴有干性坏死。口蹄疫：上唇吻突、鼻孔周围、乳房部皮肤、蹄部皮肤出血水疱或糜烂，具体参见本篇第六章第二节口蹄疫。水疱病：水疱性肿和水疱性口炎，上唇吻突或鼻孔周围出现水疱或糜烂。猪蓝耳病：小猪乳房基部出现青紫色，或耳朵一过性蓝紫色。急性猪丹毒：皮肤上有大小不等的紫红斑点，或弥漫性、灶性淤血发紫。亚急性猪丹毒：皮肤上有圆形、方形、菱形或不规则红色疹块，突出于皮肤表面，指压褪色。猪肺疫和猪炭疽：咽喉部皮肤明显肿大。急性仔猪副伤寒：体表有明显弥漫性或灶性淤血发紫。猪弓形体病：体表有大小不等的紫红斑，指压褪色，体表有明显弥漫性或灶性淤血发紫。钩端螺旋体病：多见于该病的急性黄疸型，全身皮肤和黏膜泛黄，尿浓茶样或血尿，几天内，有的数小时内突然惊厥而死，病死率很高。附红细胞体病：严重贫血，皮肤及可视黏膜苍白。

以上疾病的其他相关知识参照相应章节。

第八章　急性死亡疾病

常见于烈性传染病的最急性病例或以心脏、脑等重要器官为主要侵害对象疾病中，也常见于饲养管理以及各种化学、物理等因素的刺激导致，其特点是发病急、临床症状不明显或临床不可查、病理变化不全面，急性死亡死前症状难以发现，死亡原因难以查出，发现后不受重视等原因，给养猪业造成重大损失。

第一节　微生物引起的急性死亡

一、猪瘟

引起猪急性死亡的猪瘟为猪瘟的最急性型。

（一）流行病学

本病一般出现在初发病地区和猪瘟流行初期及猪瘟未免疫或免疫失败的猪场，任何品种和日龄的猪均可发生。

（二）临床表现

本病病猪常无明显症状，突然死亡。

（三）剖检病变

在典型猪瘟剖检病变中可能只出现一个或几个特征性病理变化，以实质性器官出血为主，如脾脏出血性梗死及膀胱黏膜、肾脏、喉头、心肌等出血，不会出现慢性猪瘟常见的消化道病变。

（四）诊断方法及预防措施

本病的诊断方法及预防措施可参照本篇第二章第二节猪瘟的防控措施。

二、口蹄疫

口蹄疫引起猪急性死亡的常见于口蹄疫心肌炎型。

（一）流行病学

本病一般发生于仔猪，尤其是哺乳仔猪，往往数天内全窝死亡，未免疫或免疫失败的保育猪和育肥猪偶尔也可发生。

（二）临床表现

患本病的哺乳仔猪夜间死亡最为常见，白天可发现保暖窝中出现膘情良好的死亡仔猪；其他阶段的猪可在受到轻微刺激如抢食、注射或奔跑后倒地尖叫死亡；同群猪可以发现体温升高。

（三）剖检病变

剖检见舌面出现水疱或无水的空疱，有的舌面舌皮脱落形成溃疡或烂斑，心包内有大量混浊而黏稠的液体，心肌坏死明显，在心肌切面上出现灰白色或淡黄色条纹与正常心肌相伴而行，如同虎皮状斑纹，俗称“虎斑心”。

（四）诊断方法及防治措施

本病的诊断方法及防治措施可参照本篇第六章第二节口蹄疫的防治措施。

三、链球菌病

引起猪急性死亡的常见于最急性型败血型和仔猪心内膜炎型链球菌病。

（一）流行病学

猪链球菌病潜伏期1～3天或稍长，大小猪均可感染，4～12周龄的猪最易感。哺乳仔猪发病率和死亡率较高，中猪次之，大猪较少。

（二）临床表现

心内膜炎型多发于仔猪，突然死亡或呼吸困难，皮肤苍白或体表发绀，很快死亡。急性败血症型多发生于架子猪、育肥猪和怀孕母猪，常无任何症状即突然死亡，或食欲废绝、体温达41～43 ℃，多于24小时之内死亡。

（三）剖检病变

猪口、鼻流出红色泡沫液体，气管、支气管呈树枝状充血，常充满泡沫液体，肺充血肿胀。心包内积有淡黄色液体，心内膜出血。

（四）诊断方法及防治措施

本病的诊断方法及防治措施参照本篇第一章第四节。

四、仔猪水肿病

仔猪水肿病是由猪大肠杆菌所产生的毒素引起的断奶仔猪突然死亡。

（一）流行病学

本病主要发生于断奶仔猪，断奶后的健壮仔猪突然死亡，发病率为10%～35%。小至数日龄，大至4月龄都有发生。生长快、体况健壮的仔猪最为常见，瘦小仔猪少发生。带菌母猪传播给仔猪，呈地方性流行，常限于某些猪场和某些窝的仔猪。饲养方法改变，饲料单一，气候变化，被污染的水、环境、用具等均可导致本病的发生概率增加和症状加重。本病一年四季均可发生，但多见于春秋季。如初生得过黄痢的仔猪，一般不发生本病。

（二）临床症状

仔猪离乳10天后，一头或数头猪突然死亡，大多数急死猪死前无症状，这些猪经常是发育良好的猪。没有突然死亡的病猪步态蹒跚，进而演变成痉挛及四肢划动。症状出现后，大部分病猪在24小时内死亡。有些病例则会出现眼睑、额部皮下组织水肿，病猪体温多数正常。

（三）剖检病变

剖检病变是水肿。上下眼睑、颜面、下颌部、头顶部皮下呈灰白色凉粉样水肿。胃的大弯、贲门部水肿，在胃的黏膜层和肌肉层间呈胶冻样水肿；结肠肠间膜及其淋巴结水肿，整个肠间膜凉粉样，切开有多量液体流出，肠黏膜红肿，甚至出血。

（四）诊断方法与防治措施

本病的诊断方法与防治措施可参照本篇第三章第三节。

五、急性回肠炎

急性回肠炎多由猪增生性肠炎的急性型引起，又称胞内劳森氏菌急性感染。

（一）流行病学

本病多发生于健康的猪群，16 周龄以上的肥猪及 4 ~ 12 月龄后备母猪较为常见，特别是经受长途运输等应激因素后更易发病。

（二）临床症状

病猪表现为拉褐色、煤焦样的出血性粪便，采食量降低，有时体温升高，突然死亡。也有突然死亡仅见皮肤苍白而无粪便异常的病例。

（三）剖检病变

剖检见回肠、盲肠、结肠等部位出血、增生，肠道内常充满血液。

（四）诊断方法与防治措施

本病的诊断方法与防治措施可参照本篇第二章第三节猪增生性肠炎。

六、传染性胸膜肺炎

（一）流行病学

本病最常发生于育成猪和成年猪（出栏猪）。急性期死亡率很高，与毒力、环境因素有关，其发病率和死亡率还与其他疾病的存在有关，如伪狂犬病及蓝耳病。另外，转群频繁的大猪群比单独饲养的小猪群更易发病。主要传播途径是空气、猪与猪之间的接触、污染排泄物或人员传播。猪群的转移或混养，拥挤和气温突然改变、潮湿以及通风不畅等，均会加速该病的传播和增加发病的危险。

（二）临床症状

在最急性病例中，甚至没有出现任何临床症状即突然死亡。

（三）剖检病变

剖检见死亡的病猪气管内常充满泡沫状、血性黏液，无纤维素性胸膜炎出现。发病 24 小时以上的急性病例，可发现肺脏表面有大量的纤维性渗出物，胸腔积液体，肺出血、坏死，气管内充满泡沫状。

（四）诊断方法与防治措施

本病的诊断方法与防治措施可参照本篇第一章第四节。

七、魏氏梭菌病

本病是由 C 型或 A 型魏氏梭菌引起的初生仔猪的急性传染病。

（一）流行病学

本病主要发生于3 日龄以内的新生仔猪。

（二）临诊症状

病猪排出浅红色或红褐色稀粪，或混合坏死组织碎片和气泡；发病急剧，病程短促，死亡率极高。

（三）剖检病变

小肠特别是空肠黏膜红肿，有出血性或坏死性炎症；肠内容物呈红褐色并混杂小气泡；肠襞黏膜下层、肌层及肠系膜有灰色成串的小气泡；肠系膜淋巴结肿大或出血。

（四）诊断方法与防治措施

本病的诊断方法与防治措施可参照本篇第二章第三节猪梭菌性肠炎的诊断及防治措施。

八、炭疽杆菌病

本病多由急性型炭疽杆菌病引起。

（一）流行病学

本病猪较为少见，发病率低于3%。

（二）临床症状

病猪体温升高到41.5 ℃以上，精神沉郁，食欲废绝，呼吸困难，可视黏膜发紫，突然死亡或1～2天死亡。

（三）剖检病变

剖检见尸僵不全，天然孔流出带泡沫的血液。黏膜呈暗紫色，有出血点，皮下、肌肉及浆膜有红色或黄红色胶样浸润，并有数量不等的出血点。血液黏稠，颜色为黑紫色，不易凝固。脾脏肿大，包膜紧张，黑紫色。淋巴结肿大、出血。肺充血、水肿。心、肝、肾也有变性。胃肠有出血性炎症。

（四）实验室诊断

病料采集及检验需要专业人士完成。临床怀疑病例的饲养者立即报告畜牧部门，不建议开展剖检和病料采集检测工作。

第二节　非传染性因素引起的急性死亡

一、猪应激综合征

猪应激综合征是因氟烷基因突变所致的一系列症候群。具有该突变基因的猪在受到应激后会表现为肌肉抽搐、僵直、体温升高、呼吸困难、突然死亡，死后尸体迅速发生尸僵。多发生于转群、运输应激、环境应激的育肥猪、上市猪。剖检时无特异性的肉眼病变。可通过 DNA 检测等方法诊断。

（一）猝死性（或突毙）应激综合征

此类型病症多发于炎热的季节，由于拥挤运输、预防注射、配种、产仔等强应激原的刺激，猪并无任何临诊病症而突然死亡。死后病变不明显。恶性高热应激综合征体温过高、皮肤潮红，有的呈现紫斑、黏膜发绀、全身颤抖、肌肉僵硬、呼吸困难、心搏过速、过速性心律不齐，直至死亡。死后出现尸僵，尸体腐败比正常快；内脏呈现充血，心包积液，肺充血、水肿。

（二）白猪肉型（即 PSE 猪肉）

病猪最初表现为尾部快速的颤抖，全身强拘而伴有肌肉僵硬，皮肤出现形状不规则苍白区和红斑区，然后转为发绀；呼吸困难，甚至张口呼吸，体温升高，虚脱而死。死后很快尸僵，关节不能屈伸。剖检可见某些肌肉苍白、柔软、水分渗出的特点。死后 45 分钟肌肉温度仍在 40 ℃，pH 值低于 6，而正常猪肉 pH 值应高于 6。这与死后糖原过度分解和乳酸产生有关，猪肉 pH 值迅速下降，这是色素脱失与水的结合力降低所致。此种猪肉不易保存，烹调加工质量低劣。

（三）慢性应激综合征

由于应激原强度不大，持续或间断反复引起的反应轻微，易被忽视。实际上它们在猪体内已经形成不良的累积效应，致使其生产性能降低，防卫机制减弱，容易继发感染引起各种疾病的发生。其生前的血液生化变化，为血清乳酸升高，pH 值下降，肌酸磷酸激酶活性升高。

（四）急性胃溃疡

饲料颗粒大小、喂料制度、饲养环境、疾病应激等都是胃溃疡的诱发因素。经实验证明停饲 24 小时可提高猪群胃溃疡的发生率及严重程度，猪发生严重胃溃疡后，可能发生急性胃溃疡性出血，引起猪的急性死亡。因出血性胃溃疡急性死亡的猪只经剖检后最明显的症状就是：胃内有大的凝血块，有明显的新鲜溃疡灶，肠道内容物呈黑色（经消化后的血液）。

二、其他内科性疾病或外科性疾病

由猪的内科性疾病和中毒、电击等理化因素刺激导致的急性死亡。

（一）胃肠捻转

本病可导致猪胃肠供血不足而突然死亡，是生长育肥猪急性死亡的一个重要因素。发病原因较为复杂，如过食、饲喂不规律、结肠炎等均可引起。猪剖检可见胃肠道充气膨胀，胃与肠道扭转或扩张，肠袢呈深紫色，部分小肠围绕脊柱下的系膜旋转、扭曲，肠系膜充血。部分病死猪腹腔积血，脾脏肿大。

（二）猪出血性肠病综合征

本病是一种导致4～6月龄的育成猪（70～120千克）肠道内大出血，突然死亡的疾病。具体的病因尚不清楚，目前多认为是多病因综合征，如不规则的喂料、夏季高温应激、霉菌毒素中毒等。临床症状与急性回肠炎相似，粪便呈黑色，煤焦油状，突然死亡。死后肠道内容物迅速产气、发酵。剖检可见小肠内充满血液，但小肠襞通常没有增生肥厚。目前美国、英国、我国台湾、澳大利亚等多个国家与地区报道过本病。但我国大陆尚无本病病例的报道。因本病的发病率相对较低，致病因素尚不清楚，故命名为猪出血性肠病综合征。在剖检诊断时，需与急性回肠炎、胃溃疡、急性猪痢疾等疾病鉴别诊断。本病常在排除其他出血性下痢的病因后再作为外伤性内脏破裂或出血，多由外力因素造成猪内脏出现机械性严重损伤引起急性死亡。

剖检可明显看到破裂或出血的脏器，多见于胃破裂、肝脏破裂出血、脾脏出血或肠道破裂。

三、毒物中毒

（一）毒物中毒的特性

短时间内大量毒物进入猪体内，可造成猪的急性中毒死亡。因毒物种类较多，其毒理机制、临床症状、病理变化不尽相同，但也有共同特征。

（1）群发性，除人为故意投毒外，一般猪中毒均是在同一群体发生，同时或相继有多数动物发病。其中健壮或采食量大、采食时间长的猪发病严重、死亡率高。

（2）大多数发病猪有胃肠炎症状及病变。

（3）由于神经系统特别是中枢神经系统的组织分化程度高、功能复杂，所以多数中毒猪都有不同程度的神经症状和心肺功能紊乱。

（4）绝大多数中毒猪体温不升高，中毒中后期往往发生体温下降，低于正常体温。

（5）发病猪与其他健康猪在同圈饲养，不会出现同圈感染。

（二）诊断

猪中毒病的诊断主要依靠病史调查、临床症状观察、病理剖检、毒物检验分析、毒性试验等进行综合分析判断。

1. 病史调查：侧重了解发病范围、患病猪群日龄、发病数、发病率、死亡数、死亡率、病程长短、主要症状、剖检变化等，同时了解饮水和饲料来源及使用情况，近期有没有发生变化等。

2. 临床症状观察：现场仔细观察病猪临床表现，尤其是示病性症状出现的顺序和严重程度。

3. 病理剖检：通过剖检病死猪，检查组织器官形态上的变化，可以为中毒病的诊断提供一定的依据。对怀疑中毒的死亡猪应尽早剖检。详细记录各系统、脏器的剖检病变，为进一步确诊或采样检验提供方向。

4. 毒物检验分析：检验一般由专门机构或有资质的实验室进行，养猪户主要开展样品采集工作，一般采集的样品种类为全血50～100毫升、血清20毫升、尿液全部、粪便500克、呕吐物全部、胃肠及内容物500克、肝脏100～500克、单侧肾脏、肌肉200～500克、可疑饮水1～5升、可疑饲料500～2 000克。

第三节　小结及急性死亡鉴别诊断

养猪生产过程中，一旦发现猪出现急性死亡的情况，不要着急给猪盲目用药，要仔细查明原因。第一需要对病死猪进行隔离，对发病猪所在的猪舍进行消毒，以隔离病原体、切断传播途径，杜绝由于传染性因素造成更大的损失；第二在排除猪炭疽杆菌病的前提下对病死猪进行全面剖检，对有明显剖检特征的病因进行判断，如内脏破裂、口蹄疫引起的虎斑心等；第三对发病猪群、全场猪群以及周边猪群的发病状况进行调查了解，如发现发病同群猪或周边口蹄疫临床病例较多时要优先考虑急性死亡的猪患心肌炎的可能；第四加强对发病同群猪的持续观察，如发现持续不断有新病例出现或出现其他亚急性、慢性型病例时，及时开展临床诊断和实验室确诊。急性死亡病例的鉴别诊断见表5。

表5　急性死亡病例的鉴别诊断

急性死亡病种	发病阶段	同群猪临床表现	剖检病变	确诊方法
猪瘟	各种年龄均可发生	群体发病率高，稽留热、便秘与腹泻、皮肤发红发紫、传染性强	参照消化系统疾病中猪瘟典型剖检病变	流行病学结合剖检和实验室诊断方法综合判断

续表

急性死亡病种	发病阶段	同群猪临床表现	剖检病变	确诊方法
口蹄疫	哺乳仔猪	同群发病率高，跛行或不能站立，驱赶尖叫，蹄部、鼻盘出现水疱破溃	参照运动障碍性疾病中口蹄疫典型剖检病变	流行病学结合剖检和实验室诊断方法综合判断
链球菌病	4～12周龄多发	同群散在发病，出现关节炎、脑膜炎、淋巴结脓肿等	参照呼吸系统疾病中链球菌典型剖检病变	流行病学结合剖检和实验室诊断方法综合判断
水肿病	30～80日龄	同群散在发病，表现倒地不起、神经症状	参照神经系统疾病中水肿病典型剖检病变	流行病学结合剖检和实验室诊断方法综合判断
回肠炎	育肥后期及后备母猪	同群散在发病，出现血便或黑色稀便	参照猪消化系统疾病回肠炎典型剖检病变	流行病学结合剖检和实验室诊断方法综合判断
传染性胸膜肺炎	育肥后期	同群发病率较高，有呼吸障碍	参照呼吸系统疾病中传染性胸膜肺炎典型剖检病变	流行病学结合剖检和实验室诊断方法综合判断
魏氏梭菌病	1～3日龄	同群发病率高，出现腹泻或血样粪便	参照消化系统疾病中魏氏梭菌病典型剖检病变	流行病学结合剖检和实验室诊断方法综合判断

续表

急性死亡病种	发病阶段	同群猪临床表现	剖检病变	确诊方法
炭疽杆菌病	育肥猪	同群散在发病，出现咽部肿大	参照典型剖检病变	流行病学结合剖检和实验室诊断方法综合判断
非传染性疾病	各种日龄	有相同因素刺激的呈现群发，临床表现具有一致性，病猪放入其他猪群不会感染	参照本篇中各种疾病的剖检症状	流行病学结合剖检和实验室诊断方法综合判断

第二篇

猪病实用防控技术及重大病研究进展

第一章　猪病实用防控技术

第一节　常用生物制品简介及使用

一、生物制品简介

生物制品是指应用微生物学、寄生虫学、免疫学、遗传学和生物化学的理论和方法制成的菌苗、疫苗、虫苗、类毒素、诊断制剂和抗血清等制品。用于预防、治疗、诊断畜禽等动物特定传染病或其他有关的疾病。根据生物制品的用途可分为预防用生物制品、治疗用生物制品和诊断用生物制品三大类。

（一）预防用生物制品

预防用生物制品包括疫苗、菌苗、虫苗和类毒素。

1. 疫苗：是利用病毒经除去或减弱它对动物的致病作用而制成的。疫苗可分为两类：一类是活毒疫苗或弱毒疫苗。制成这种疫苗的病毒毒力必须是减弱了的，没有致病能力，也不会使动物发生严重反应。如猪瘟兔化弱毒冻干疫苗、鸡新城疫活疫苗等。另一类是死毒疫苗或灭活疫苗。制成这种疫苗的病毒已被化学药品或通过其他方法杀死或灭活。如猪口蹄疫O型灭活油佐剂疫苗、鸡产蛋下降综合征灭活疫苗等。

2. 菌苗：是利用病原细菌经除去或减弱它对动物的致病作用而制成的。菌苗可分为两类：一类是毒力减弱的细菌制成的活菌苗，如Ⅱ号炭疽芽孢苗、布鲁氏菌Ⅱ号活菌苗等；另一类是用化学方法或其他方法杀死细菌制成的死菌苗，如猪丹毒灭活疫苗、鸡大肠杆菌病灭活疫苗等。

3. 虫苗：是利用病原虫体除去或减弱它对动物的致病作用而制成的。

常将菌苗、疫苗、虫苗通称为疫苗。

4. 类毒素：某些病原细菌，在生长繁殖过程中产生对动物有害的毒素，用甲醛等处理后除去它的有害作用，使动物注射后产生抵抗该细菌的能力，这类处理过的毒素，叫类毒素，如破伤风类毒素。

（二）治疗用生物制品

治疗用生物制品是包括抗血清和抗毒素。

1. 抗血清：动物经反复多次注射某种病原微生物时，会产生对该病原微生物的高度抵抗能力。采取这种动物的血液提取血清，经过处理即可制成抗血清。主要用于治疗传染病，也可用于紧急预防，如抗猪瘟血清、抗炭疽血清等。

2. 抗毒素：动物经反复多次注射细菌类毒素或毒素所得到的免疫血清经过处理即可制成抗毒素。主要用于治疗，也可用于紧急预防传染病，如破伤风抗毒素。

（三）诊断用生物制品

诊断用生物制品是指利用病原微生物本身或它生长繁殖过程中的产物，或利用某些动物机体中自然具有的或经病原微生物及其他蛋白物质刺激而产生的一些物质制造出来的，用于检测相应抗原、抗体或机体免疫状态的一类制品，包括菌素、毒素、诊断血清、分群血清、分型血清、因子血清、诊断菌液、抗原、抗原或抗体致敏血清、免疫扩散板等，如用于诊断结核病的结核菌素、马型传染性贫血琼脂扩散试验抗原、炭疽沉淀素血清等。

二、生物制品的使用

（一）猪场常用疫苗及使用方法

1. 猪瘟活疫苗（传代细胞源）： 用于预防猪瘟。断奶后无母源抗体仔猪的免疫期为 12 个月。肌内或皮下注射。

（1）按瓶上标签注明头份，用灭菌生理盐水稀释成 1 头份/毫升，每头 1.0 毫升。

（2）在没有猪瘟流行的地区，断奶后无母源抗体的仔猪，接种一次即可。有疫情威胁时，仔猪可在 21 ~ 30 日龄和 65 日龄左右各接种一次。

2. 猪瘟活疫苗（脾淋源）： 用于预防猪瘟，注射 4 天后，即可产生免疫力。断奶后无母源抗体仔猪的免疫期为 12 个月。

（1）按瓶签注明的头份加灭菌生理盐水稀释，大小猪均肌内或皮下注射 1 毫升。

（2）在没有猪瘟流行的地区，断奶后无母源抗体的仔猪，注射 1 次即可。有疫情威胁时，仔猪可于生后 21 ~ 30 日龄和 65 日龄左右各注射 1 次。

（3）断奶前仔猪可接种 4 头份疫苗，以防母源抗体干扰。

3. 猪瘟耐热保护剂活疫苗（细胞源）： 用于预防猪瘟。注射 4 天后，即可产生免疫力。断奶后无母源抗体仔猪免疫期为 1 年。

（1）按瓶签注明的头份加灭菌生理盐水稀释，大小猪均肌内或皮下注射 1 毫升。

（2）在没有猪瘟流行的地区，断奶后无母源抗体的仔猪，注射 1 次即可。有疫情威胁时，仔猪于 21 ~ 30 日龄和 65 日龄左右各注射 1 次。

（3）断奶前仔猪可接种 4 头份疫苗，以防母源抗体干扰。

4. 高致病性猪繁殖与呼吸综合征活疫苗（JXA1 – R 株）： 用于预防高致病性猪繁殖与呼吸综合征（俗称高致病性猪蓝耳

病)，免疫期为 4 个月。

耳根后部肌内注射。按瓶上标签注明头份，用生理盐水稀释。仔猪断奶前后首免，1 头份/头；母猪配种前免疫 1 次，1 头份/头。

5. 猪繁殖与呼吸综合征活疫苗（CH－1R 株）： 用于预防猪繁殖与呼吸综合征。

用专用稀释液每头份稀释成 1 毫升。仔猪：在 3～4 周龄免疫，肌内注射 1 头份；母猪：配种前 1 周接种，每次肌内注射 2 头份。

6. 猪口蹄疫 O 型灭活疫苗（O/Mya98/XJ/2010 株＋O/GX/09－7 株）： 用于预防猪 O 型口蹄疫，免疫期为 6 个月。

耳根后肌内注射。体重 10～25 千克的猪，每头 1 毫升（1/2 头份)；25 千克以上的猪，每头 2 毫升（1 头份)。

7. 猪细小病毒病灭活疫苗（CP－99 株）： 用于预防猪细小病毒病，免疫期为 6 个月。

深部肌内注射，后备种母猪及公猪在 6～7 月龄或配种前 3～4 周注射 2 次（间隔期 21 天)，每头 2 毫升；经产母猪和成年公猪每年注射 1 次，每头 2 毫升。

8. 猪圆环病毒 2 型灭活疫苗（DBN－SX07 株）： 用于预防由猪圆环病毒 2 型感染引起的疾病，免疫期为 4 个月。

颈部肌内注射。健康仔猪 14～21 日龄首免，间隔 14 天加强免疫 1 次，每次每头 1.0 毫升。

9. 伪狂犬病活疫苗（Bartha－K61 株）： 用于预防猪、牛和绵羊伪狂犬病。

肌内注射。按瓶上标签注明头份，用 PBS 稀释为每毫升含 1 头份。

妊娠母猪和成年猪，每头 2 毫升；3 月龄以上仔猪和架子猪，每头接种 1 毫升；乳猪，每头第一次接种 0.5 毫升，断奶后再接种 1 毫升。

10. 猪伪狂犬病蜂胶灭活疫苗： 预防猪伪狂犬病。

仔猪、母猪肌内注射 2 毫升；种用仔猪断奶注射 1 次，间隔 4~6 周加强免疫 1 次，以后种猪每半年接种 1 次；妊娠母猪在产前 1 个月加强免疫 1 次。

11. 猪传染性胃肠炎、猪流行性腹泻二联灭活苗： 用于预防猪传染性胃肠炎和猪流行性腹泻。

后海穴（即尾根与肛门之间的凹陷的小窝部位）注射。注射疫苗的进针深度为 0.5~4 厘米，3 日龄仔猪为 0.5 厘米，随猪龄增大则进针深度加大，成猪为 4 厘米，进针时保持与直肠平行或稍微偏上。生产（后备）猪每头注射 4 毫升，体重 25 千克以下仔猪每头注射 1 毫升，体重 25~50 千克生长猪每头注射 2 毫升，体重 50 千克以上的育成猪每头注射 4 毫升。

12. 猪丹毒、猪多杀性巴氏杆菌二联活疫苗（G4T10 株 + E0630 株）： 用于预防猪丹毒和猪多杀性巴氏杆菌病。免疫期为 6 个月。肌内注射。

（1）按瓶上标签注明头份，用 20% 的铝胶生理盐水稀释成 1 头份/毫升。

（2）断奶半个月以上的猪，按瓶上标签注明头份，不论猪大小，每头肌内注射 1 毫升。

（3）断奶半个月以前的仔猪，每头 1 毫升，但应在断奶后 2 个月左右再接种 1 次。

13. 仔猪大肠埃希菌病三价灭活疫苗： 用于免疫妊娠母猪，新生仔猪通过吸吮母猪的初乳而获得被动免疫，预防仔猪大肠埃希菌病（即仔猪黄痢）。

肌内注射。妊娠母猪在产仔前 40 天和 15 天各注射 1 次，每次 2 毫升。

14. 猪链球菌病灭活疫苗（马链球菌兽疫亚种 + 猪链球菌 2 型 + 猪链球菌 7 型）： 用于预防由马链球菌兽疫亚种、猪链球菌血清 2 型和猪链球菌血清 7 型感染引起的猪链球菌病。免疫期为 6 个月。

颈部肌内注射。每次肌内注射 2 毫升。

推荐免疫程序为：种公猪每半年接种 1 次；后备母猪在产前 8～9 周首免，3 周后二免，以后每胎产前 4～5 周免疫 1 次；仔猪在 4～5 周龄免疫 1 次。

15. 猪乙型脑炎活疫苗（SA14－14－2 株）：用于预防猪乙型脑炎。仔猪的免疫期为 6 个月，母猪的免疫期为 9 个月。

肌内注射。仔猪、母猪和公猪均注射 1 头份。推荐免疫程序：种用公、母猪于配种前（6～7 月龄）或每年蚊虫出现前 20～30天肌内注射 1 头份。热带地区每半年接种 1 次。

16. 副猪嗜血杆菌病灭活疫苗：用于预防副猪嗜血杆菌病，免疫期为 6 个月。

使用前使疫苗平衡至室温并充分摇匀。颈部肌内注射。按瓶签注明头份，不论猪只大小，每次均肌内注射 1 头份（2 毫升）。推荐免疫程序为：种公猪每半年接种 1 次；后备母猪在产前 8～9 周首免，3 周后二免，以后每胎产前 4～5 周免疫 1 次；仔猪在 2 周龄首免，3 周后二免。

17. 猪支原体肺炎活疫苗（168 株）：用于预防猪支原体肺炎（猪喘气病）。免疫期为 6 个月。

猪肺内注射。按瓶上标签注明头份，用专用稀释液，按每头份 1 毫升稀释后，由猪右侧见肩胛骨后缘 2 厘米处肋骨间隙垂直进针注射接种，每头猪接种 1 毫升。

18. 猪传染性胸膜肺炎三价灭活疫苗：用于预防 1 型、2 型和 7 型胸膜肺炎放线杆菌引起的猪传染性胸膜肺炎。免疫期为 6 个月。

（1）使用前将疫苗恢复至室温并充分摇匀。

（2）颈部肌内注射，每头份 2 毫升。

（3）推荐免疫程序：仔猪 35～40 日龄进行第 1 次免疫接种，

首免后 4 周加强免疫 1 次。母猪在产前 6 周和 2 周各注射 1 次，以后每 6 个月免疫 1 次。

（二）各种疫苗接种方法及注意事项

1. 肌内注射： 注射部位在耳侧中部靠近耳根的最高点松软皱褶和绷紧皮肤的交界处。不同体重的猪只，针头大小可参考：体重 10 千克以下，用 1.2～1.8 厘米长的 9 号针头；10～30 千克，用 1.8～2.5 厘米长的 12 号针头；30～100 千克，用 2.5～3.0 厘米长的 12 号针头；100 千克以上，用 3.5～3.8 厘米长的 12 号或 16 号针头。

2. 皮下注射： 使用较短的针头（1.2～2.5 厘米），于耳窝后松软皮肤下部，用左手的大拇指和无名指捏起皮肤的皱褶，以 10°～30°的角度刺入针头，确保针头刺入皮下。

3. 后海穴注射： 即在尾根与肛门中间凹陷的小窝部位注射。进针深度为 0.5～4.0 厘米，3 日龄仔猪为 0.5 厘米，随猪龄增大则进针深度加大，成猪为 4 厘米，进针时保持与直肠平行或稍偏上。

4. 肺内注射： 使用喘气病菌活疫苗配备的专用针头，在免疫前后 7 天，应避免使用抗支原体类的药物，可以使用青霉素、阿莫西林及磺胺类药物；注射部位须彻底消毒，每头猪或至少每窝猪更换一个针头；若个别猪只在注射疫苗 30 分钟内出现呼吸急促或呕吐等过敏反应，可立即帮助猪做扩胸运动。

在注射疫苗后，若出现局部红肿、化脓现象，应考虑重新免疫。

（三）猪场常用抗血清及使用方法

1. 抗猪瘟血清： 本品系用猪经猪瘟弱毒疫苗免疫后，再用猪瘟病毒高度免疫，采血、分离血清，加适当防腐剂制成。

（1）性状：本品为微棕红色透明液体，久置瓶底微有灰白色沉淀。

（2）用途：治疗或紧急预防猪瘟。

（3）免疫期：14 天左右。

（4）用法与用量：皮下、肌内或静脉注射均可。预防量：体重8千克以下的猪，15毫升；8～16千克的，15～20毫升；16～30千克的，20～30毫升；30～45千克的，30～45毫升；45～60千克的，45～60毫升；60～80千克的，60～75毫升；80千克以上的，70～100毫升。治疗量按预防量加倍，可重复应用，但对危重病猪疗效不佳。

（5）保存期：于2～15℃阴冷干燥处保存，有效期为3年。

（6）注意事项：①治疗时，采用静脉注射疗效较好。如皮下或肌内注射剂量大，可分点注射。用注射器吸取血清时，不可把瓶底沉淀摇起。②冻结过的血清不可使用。③个别猪注射本品后可能发生过敏反应，因此最好先少量注射，观察20～30分钟后，如无反应，再大量注射。发生严重过敏反应（过敏性休克）时，可皮下或静脉注射0.1%肾上腺素2～4毫升。

2. 抗O型口蹄疫血清：本免疫血清系用O型口蹄疫病毒弱毒株高度免疫牛或马后，采取血液，分离血清，经加工处理制成。

（1）性状：本品为淡红色或浅黄色透明液体，瓶底有少量灰白色沉淀。

（2）用途：用于治疗或紧急预防猪、牛、羊O型口蹄疫。

（3）用法与用量：供皮下注射。预防量：仔猪和羔羊每头为1～5毫升，犊牛每头为3～10毫升，成年猪、牛、羊为0.3～0.5毫升/千克体重。治疗量：按预防剂量加倍。

（4）免疫期：14天左右。

（5）保存期：于2～15℃冷暗干燥处保存，有效期为2年。

（6）注意事项：冻结过的血清不能使用。用注射器吸取血清时，不要把瓶底沉淀摇起。为避免动物发生过敏反应，可先行注射少量血清，观察20～30分钟，如无反应，再大量注射。如发生严重过敏反应时，可皮下或静脉注射0.1%肾上腺素，大家畜4～8毫升，猪和羊2～4毫升。

3. 猪用抗破伤风血清：本品系用马经破伤风类毒素基础免疫后，再用产毒力强的破伤风梭菌所产毒素制备的免疫原进行高度免疫，采血、分离血清，加适当防腐剂制成。或经处理制成精制抗毒素。

（1）性状：未精制的抗毒素应为微带乳光，呈橙红色或茶色的澄明液体；精制抗毒素呈无色清亮液体。长期贮存瓶底微有灰白色或白色沉淀，轻摇即散。

（2）用途：用于治疗或紧急预防猪的破伤风病。

（3）免疫期：14～21 天。

（4）用法与用量：猪在耳根后或腿内侧皮下注射。本品也可供肌内或静脉注射。用量如下：猪预防量为 1 200～3 000 单位；治疗量为 6 000～30 000 单位。治疗时，如果病情严重，可用同样剂量重复注射。

（5）保存期：于 2～8 ℃阴冷干燥处保存，有效期为 2 年。

（6）注意事项：同抗猪瘟血清。

4. 猪用抗伪狂犬病血清：本品系用猪经伪狂犬病活疫苗基础免疫后，再经伪狂犬病病毒高度免疫，采血、分离血清，加适当防腐剂制成。

（1）性状：本品为黄褐色清亮液体，久置瓶底微有沉淀。

（2）用途：用于治疗或紧急预防猪的伪狂犬病。

（3）免疫期：14 天。

（4）用法与用量：本品可皮下或肌内注射。预防量每次10～25 毫升，治疗量加倍。必要时可间隔 4～6 天，重复注射 1 次。

（5）保存期：于 2～10 ℃阴冷干燥处保存，有效期为 2 年。

（6）注意事项：同抗猪瘟血清。

5. 猪用抗狂犬病血清：本品系用绵羊或山羊经狂犬病疫苗做基础免疫后，再用狂犬病弱毒株高度免疫，采血、分离血清，加适当防腐剂制成。

（1）性状：本品为淡黄色透明液体，久置瓶底微有灰白色沉淀。

（2）用途：治疗或紧急预防猪的狂犬病。

（3）免疫期：14 天。

（4）用法与用量：肌内或皮下注射，治疗量 1.5 毫升/千克体重；预防量减半。

（5）保存期：于 2～15 ℃阴冷干燥处保存，有效期为 2 年。

（6）注意事项：同抗猪瘟血清。

6. 抗猪丹毒血清：本品系用马经猪丹毒活疫苗基础免疫后，再用猪丹毒杆菌高度免疫，采血、分离血清，加适当防腐剂制成。

（1）性状：本品为略带乳光的橙黄色透明液体，久置瓶底微有灰白色沉淀。

（2）用途：用于治疗或紧急预防猪丹毒。

（3）免疫期：14 天。

（4）用法与用量：于耳根后部或后腿内侧皮下注射，也可静脉注射。预防量：仔猪 3～5 毫升，体重 50 千克以下的猪 5～10 毫升，50 千克以上的 10～20 毫升。治疗量：仔猪 5～10 毫升，50 千克以下的 30～50 毫升，50 千克以上的 50～75 毫升。

（5）保存期：于 2～15 ℃阴冷干燥处保存，有效期为 3 年半。

（6）注意事项：同抗猪瘟血清。

7. 抗猪巴氏杆菌病血清（抗猪出血性败血症血清，抗出败二价血清）：本品系用免疫原性良好的 B 型多杀性巴氏杆菌制成免疫原，经高度免疫牛或马后，采血、分离血清，加适当防腐剂制成。

（1）性状：本品为橙黄色或淡棕红色澄明液体，久置瓶底微有灰白色沉淀。

（2）用途：用于治疗或紧急预防猪的巴氏杆菌病（出血性败血症）。

（3）免疫期：14 天。

（4）用法与用量：本品可皮下、肌内或静脉注射。预防量：2 月龄猪为 10 ~ 20 毫升，2 ~ 5 月龄猪 20 ~ 30 毫升，5 ~ 10 月龄猪为 30 ~ 40 毫升。治疗量：按预防量加倍。

（5）保存期：于 2 ~ 8 ℃阴冷干燥处保存，有效期为 3 年。

（6）注意事项：本血清为牛或马源，注射猪可能发生过敏反应，应注意观察。其余同抗猪瘟血清。

8. 猪用抗炭疽血清：本品系以炭疽弱毒芽孢苗高度免疫马后，采血、分离血清，加适量防腐剂制成。

（1）性状：本品为微带荧光的橙黄色澄明液体，久置瓶底微有沉淀。

（2）用途：用于治疗或紧急预防猪炭疽病。

（3）免疫期：10 ~ 14 天。

（4）用法与用量：在猪耳根后部或腿内侧皮下注射。本品也可供静脉注射。预防量：猪 16 ~ 20 毫升/次。治疗量：猪 50 ~ 120 毫升/次。治疗时，根据病情可以同样剂量重复注射。

（5）保存期：于 2 ~ 15 ℃阴冷干燥处保存，有效期为 3 年半。

（6）注意事项：同抗猪瘟血清。

三、猪场参考免疫程序

（一）规模化猪场免疫程序（仅供参考）

表 6　商品猪场防疫程序

日龄	疫苗名称	剂量	免疫方法	备注
吃乳前 1.5 小时	猪瘟细胞苗（细胞源）	1 ~ 2 头份	肌内注射	猪瘟阳性场使用
2 ~ 3 日龄	猪伪狂犬基因缺失活苗	1 头份	滴鼻	TK/gG 缺失苗

续表

日龄	疫苗名称	剂量	免疫方法	备注
7 日龄	喘气病苗	1 头份	肺内注射	
14 日龄	猪链球菌病疫苗	2 毫升	肌内注射	可选
	猪水肿病多价苗	2 毫升	肌内注射	可选
	高致病性猪蓝耳病苗	1 头份	肌内注射	
21 日龄	圆环病毒 2 型疫苗	1 毫升	肌内注射	受 HP 威胁场使用
25 ~ 35 日龄	猪瘟（细胞源）苗	4 头份或 1 头份	肌内注射	最好做母源抗体
35 日龄	猪伪狂犬基因缺失活苗	1 头份	肌内注射	
40 日龄	猪链球菌活疫苗	2 头份	肌内注射	可选
	胸膜肺炎多价苗	2 毫升	肌内注射	受 APP 威胁场使用
45 ~ 50 日龄	口蹄疫疫苗	1 毫升	肌内注射	合成肽
50 日龄	猪丹毒肺疫二联苗	1 ~2 头份	肌内注射	
55 日龄	猪瘟苗	4 头份或 1 头份	肌内注射	
60 ~ 65 日龄	口蹄疫疫苗	2 毫升	肌内注射	“206”佐剂
110 日龄	口蹄疫疫苗	毫升	肌内注射	“206”佐剂
超过 7 个月出栏前 1 个月	口蹄疫疫苗	3 毫升	肌内注射	“206”佐剂

表7　后备猪防疫程序（前期免疫参考商品猪的免疫程序）

日龄	疫苗名称	剂量	免疫方法	备注
配种前45天	伪狂犬基因缺失苗	2～3毫升	肌内注射	3周后加强一次
配种前40天	细小病毒疫苗	2毫升	肌内注射	3周后加强一次
配种前35天	乙型脑炎活疫苗	1.5头份	肌内注射	3周后加强一次
配种前30天	口蹄疫苗	1毫升或3毫升	肌内注射	合成肽或“206”佐剂
配种前25天	猪瘟细胞苗或组织苗	4头份或1头份	肌内注射	

表8　生产母猪防疫程序

日龄	疫苗名称	剂量	免疫方法	备注
3、9月中旬	猪丹毒肺疫二联苗	2头份	肌内注射	空怀期使用
4月上旬	乙型脑炎活疫苗	1.5头份	肌内注射	5月上旬加强一次
产前50天	口蹄疫苗	1毫升或3毫升	后海穴注射	合成肽或“206”佐剂
产前40天	大肠杆菌苗/圆环病毒苗	1头份	肌内注射	视生产环境而定
产前35天	链球菌疫苗	2头份	肌内注射	
产前21天	猪伪狂犬基因缺失苗	2～3毫升	肌内注射	
	猪胃流二联苗	4毫升	后海穴或肌内注射	视疫病流行情况而定
产前15天	大肠杆菌多价苗	1头份	肌内注射	视生产环境而定
产后15天	细小病毒疫苗	2毫升	肌内注射	

续表

日龄	疫苗名称	剂量	免疫方法	备注
产后20天	口蹄疫苗	1毫升或3毫升	肌内注射	合成肽或“206”佐剂
产后25天	猪瘟苗	4头份或1头份	肌内注射	
产后30天	猪伪狂犬基因缺失苗	2～3毫升	肌内注射	
产后40天	高致病性猪蓝耳病苗	1头份	肌内注射	

表9　种公猪防疫程序

日龄	疫苗名称	剂量	免疫方法	备注
3、9月上旬	猪丹毒肺疫二联苗	2头份	肌内注射	注意间隔一周免疫
	猪链球菌活疫苗	2头份	肌内注射	
每年普防3次	猪伪狂犬病基因缺失苗	2～3毫升	肌内注射	间隔4个月免疫一次
3、9月中旬	猪瘟、高致病性猪蓝耳病苗	4头份、1头份	肌内注射	
每年普防3次	口蹄疫苗	1毫升或3毫升	肌内注射	合成肽或“206”佐剂
3月中旬	细小病毒疫苗	2毫升	肌内注射	
4月上旬	乙型脑炎活疫苗	1.5头份	肌内注射	5月上旬加强一次

（二）疫苗注射过程中的注意事项

1. 本程序仅供参考。实际生产中可以根据养殖场的具体情况而定。

2. 疫苗为特种兽药，养殖场应安排专职人员采购、运输或保管；在疫苗购回后，请及时咨询相关技术人员，再行决定疫苗的冷冻或冷藏保存。

3. 疫苗免疫接种前，应详细了解被接种动物的品种及健康状况。凡瘦弱、有慢性病、怀孕后期或饲养管理不良的动物不宜使用。

4. 在进行疫苗免疫接种时，疫苗从冰箱内取出后，应恢复至室温再进行免疫接种（特别是灭活疫苗）。

5. 气温骤变时，应避免进行免疫接种。在高温或寒冷天气注射疫苗时，应选择合适时间注射，并提前3天在饲料或饮水中添加抗应激药物（如氨基维他、活力素等），可有效减轻动物的应激反应。

6. 疫苗（尤其是活疫苗）免疫后需间隔一天，加强对排泄物及环境消毒。如使用复方过氧乙酸（喷雾、自由挥发或加热熏蒸）消毒，使用瑞普杀（复方戊二醛、季铵盐等）、碘三氧/菌毒灭（复方碘附/络合碘、季铵盐等）喷雾消毒。

7. 有的疫苗因为在制备过程中需要加入必不可少的物质如营养素、动物血清、动物组织、异源蛋白等物质，或受使用佐剂的限制等原因，在免疫后能引起过敏反应，故在注射后应详细观察，若发生严重过敏反应时，应立即使用适当的药物进行脱敏，必要时需进行个别治疗，以免引起不必要的损失。

8. 在具体的生产实践中疫病（特别是细菌性病、免疫抑制性病以及混合感染等）的控制需要采取隔离、消毒、疫苗免疫、驱虫及药物保健等综合管理措施方能得到有效的防控。

第二节　常用药物配伍禁忌

常用药物配伍禁忌见表10。

表10　常用药物配伍禁忌

药　物		禁忌配合的药物	不良变化
抗生素	青霉素	酸性药液如盐酸氯丙嗪、四环素类的注射液	沉淀、分解失效
		碱性药液如磺胺药、碳酸氢钠注射液	沉淀、分解失效
		高浓度酒精、重金属盐	破坏失效
		氧化剂如高锰酸钾	破坏失效
		快效抑菌剂如四环素、氯霉素	疗效减低
	红霉素	碱性溶液如磺胺、碳酸氢钠注射液	沉淀、析出游离碱
		氯化钠、氯化钙	混浊、沉淀
		林可霉素	出现拮抗作用
	链霉素	较强的酸、碱性液	破坏、失效
		氧化剂、还原剂	破坏、失效
		利尿酸	肾毒性增大
		多黏菌素 E	骨骼肌松弛
	多黏菌素 E	骨骼肌松弛药	毒性增强
		先锋霉素 I	毒性增强
	四环素类抗生素如四环素、土霉素、金霉素、强力霉素	中性及碱性溶液如碳酸氢钠注射液、生物碱	分解失效
		沉淀剂	沉淀、失效
		阳离子（一价、二价或三价离子）	形成不溶性难吸收的络合物
	先锋霉素Ⅱ	强效利尿药	增加对肾脏毒性

续表

药　物		禁忌配合的药物	不良变化
化学合成抗菌药	磺胺类药物	酸性药物	析出沉淀
		普鲁卡因	疗效减低或无效
		氯化铵	增加肾脏毒性
	氟喹诺酮类药物如诺氟沙星、环丙沙星、氧氟沙星、洛美沙星、恩诺沙星等	氯霉素、呋喃类药物	疗效减低
		金属阳离子	形成不溶性难吸收的络合物
		强酸性药液或强碱性药液	析出沉淀
消毒防腐药	漂白粉	酸类	分解放出氯
	乙醇	氧化剂、无机盐等	氧化、沉淀
	硼酸	碱性物质	生成硼酸盐
		鞣酸	疗效减弱
	碘及其制剂	氨水、铵盐类	生成爆炸性碘化氮
		重金属盐	沉淀
		生物碱类药物	析出生物碱沉淀
		淀粉	呈蓝色
		龙胆紫	疗效减弱
		挥发油	分解失效
	阳离子表面活性消毒药	阴离子活性剂如肥皂类、合成洗涤剂	相互拮抗
		高锰酸钾、碘化物、过氧化物	沉淀
	高锰酸钾	氨及其制剂	沉淀
		甘油、酒精	失效
		鞣酸、甘油、药用炭	研磨时发生爆炸
	过氧化氢溶液	碘及其制剂、高锰酸钾、碱类、药用炭	分解、失效
	过氧乙酸	碱类如氢氧化钠、氨溶液	中和失效

续表

<table>
<tr><th colspan="2">药　物</th><th>禁忌配合的药物</th><th>不良变化</th></tr>
<tr><td rowspan="2">消毒防腐药</td><td rowspan="2">氨溶液</td><td>酸及酸性盐</td><td>中和失效</td></tr>
<tr><td>碘溶液如碘酊</td><td>生成易爆炸的碘化氨</td></tr>
<tr><td rowspan="3">抗蠕虫药</td><td>左旋咪唑</td><td>碱类药物</td><td>分解、失效</td></tr>
<tr><td>敌百虫</td><td>碱类、新斯的明、骨骼肌松弛药</td><td>毒性增强</td></tr>
<tr><td>硫双二氯酚</td><td>乙醇、稀碱液、四氯化碳</td><td>增强毒性</td></tr>
<tr><td rowspan="3">抗球虫药</td><td>氨丙啉</td><td>维生素 B_1</td><td>疗效减低</td></tr>
<tr><td>二甲硫胺</td><td>维生素 B_1</td><td>疗效减低</td></tr>
<tr><td>莫能菌素或盐霉素或马杜霉素或拉沙洛菌素</td><td>泰妙菌素、竹桃霉素</td><td>抑制动物生长，甚至中毒死亡</td></tr>
<tr><td rowspan="2">中枢兴奋药</td><td>咖啡因（碱）</td><td>盐酸四环素、盐酸土霉素、酸、碘化物</td><td>析出沉淀</td></tr>
<tr><td>尼可刹米</td><td>碱类</td><td>水解、沉淀</td></tr>
<tr><td rowspan="5">镇静药</td><td>氯丙嗪</td><td>碳酸氢钠、巴比妥类钠盐、氧化剂</td><td>析出沉淀、变红色</td></tr>
<tr><td rowspan="2">溴化钠</td><td>酸类、氧化剂</td><td>游离出溴</td></tr>
<tr><td>生物碱类</td><td>析出沉淀</td></tr>
<tr><td rowspan="2">巴比妥钠</td><td>酸类</td><td>析出沉淀</td></tr>
<tr><td>氯化铵</td><td>析出氨、游离出巴比妥酸</td></tr>
<tr><td rowspan="2">镇痛药</td><td>吗啡</td><td>碱类</td><td>毒性增强</td></tr>
<tr><td>派替啶</td><td>巴比妥类</td><td>析出沉淀</td></tr>
<tr><td rowspan="4">解热镇痛药</td><td>阿司匹林</td><td>碱类药物如碳酸氢钠、氨茶碱、碳酸钠等</td><td>分解、失效</td></tr>
<tr><td>水杨酸钠</td><td>铁等金属离子制剂</td><td>氧化、变色</td></tr>
<tr><td>安乃近</td><td>氯丙嗪</td><td>体温剧降</td></tr>
<tr><td>氨基比林</td><td>氧化剂</td><td>氧化、失效</td></tr>
</table>

续表

<table>
<tr><th colspan="2">药　物</th><th>禁忌配合的药物</th><th>不良变化</th></tr>
<tr><td rowspan="6">麻醉与化学保定药</td><td>水合氯醛</td><td>碱性溶液、久置、高热</td><td>分解、失效</td></tr>
<tr><td>戊巴比妥钠</td><td>酸类药液高热、久置</td><td>沉淀分解</td></tr>
<tr><td>苯巴比妥钠</td><td>酸类药液</td><td>沉淀</td></tr>
<tr><td>普鲁卡因</td><td>磺胺药、氧化剂</td><td>疗效减弱或失效、氧化、失效</td></tr>
<tr><td>琥珀胆碱</td><td>水合氯醛、氯丙嗪、普鲁卡因、氨基糖苷类</td><td>肌松过度</td></tr>
<tr><td>盐酸二甲苯胺噻唑</td><td>碱类药液</td><td>沉淀</td></tr>
<tr><td rowspan="5">植物神经药物</td><td>硝酸毛果芸香碱</td><td>碱性药物、鞣质、碘及阳离子表面活性药剂</td><td>沉淀或分解失效</td></tr>
<tr><td>硫酸阿托品</td><td>碱性药物、鞣质、碘及碘化物、硼砂</td><td>分解或沉淀</td></tr>
<tr><td rowspan="3">肾上腺素、去甲肾上腺素</td><td>碱类、氧化物、碘酊</td><td>易氧化变棕色、失效</td></tr>
<tr><td>三氯化铁</td><td>失效</td></tr>
<tr><td>洋地黄制剂</td><td>致心律不齐</td></tr>
<tr><td rowspan="5">强心药</td><td>毒毛旋花子苷 K</td><td>碱性药液如碳酸氢钠、氨茶碱</td><td>分解、失效</td></tr>
<tr><td rowspan="4">洋地黄毒苷</td><td>钙盐</td><td>增强洋地黄毒性</td></tr>
<tr><td>钾盐</td><td>对抗洋地黄作用</td></tr>
<tr><td>酸或碱性药物</td><td>分解、失效</td></tr>
<tr><td>鞣酸、重金属盐</td><td>沉淀</td></tr>
<tr><td rowspan="5">止血药</td><td rowspan="2">安络血</td><td>脑垂体后叶素、青霉素 G、盐酸氯丙嗪</td><td>变色、分解、失效</td></tr>
<tr><td>抗组胺药、抗胆碱药</td><td>止血作用减弱</td></tr>
<tr><td>止血敏</td><td>磺胺嘧啶钠、盐酸氯丙嗪</td><td>混浊、沉淀</td></tr>
<tr><td rowspan="2">维生素 K_3</td><td>还原剂、碱类药液</td><td>分解、失效</td></tr>
<tr><td>巴比妥类药物</td><td>加速维生素 K_3 代谢</td></tr>
</table>

续表

药　物		禁忌配合的药物	不良变化
抗凝血药	肝素钠	酸性药液	分解、失效
		碳酸氢钠、乳酸钠	加速肝素钠抗凝血
	枸橼酸钠	钙制剂如氯化钙、葡萄糖酸钙	作用减弱
抗贫血药	硫酸亚铁	四环素类药物	妨碍吸收
		氧化剂	氧化变质
祛痰药	氯化铵	碳酸氢钠、碳酸钠等碱性药物	分解
		磺胺药	增强磺胺肾毒性
	碘化钾	酸类或酸性盐	变色、游离出碘
平喘药	氨茶碱	酸性药液如维生素 C、四环素类药物	中和反应、析出茶碱
		盐酸盐、盐酸氯丙嗪等	沉淀
	麻黄素（碱）	肾上腺素、去甲肾上腺素	增强毒性
健胃与助消化药	胃蛋白酶	强酸、强碱、重金属盐、鞣酸溶液	沉淀
	乳酶生	酊剂、抗菌剂、鞣酸蛋白、铋制剂	疗效减弱
	干酵母	磺胺类药物	疗效减弱
	稀盐酸	有机酸盐如水杨酸钠	沉淀
	人工盐	酸性药液	中和、疗效减弱
	胰酶	酸性药物和稀盐酸	疗效减弱或失败
	碳酸氢钠	酸及酸性盐类	中和失效
		鞣酸及其含有物	分解
		生物碱类、镁盐、钙盐	沉淀
		次硝酸铋	疗效减弱
泻药	硫酸钠	钙盐、钡盐、铅盐	沉淀
	硫酸镁	抗生素如链霉素、卡那霉素、新霉素、庆大霉素	增强中枢抑制

续表

药物		禁忌配合的药物	不良变化
利尿药	呋喃苯胺酸（速尿）	头孢噻啶	增强肾毒性
		骨骼肌松弛剂	骨骼肌松弛可重
脱水药	甘露醇	生理盐水或高渗盐水	疗效减弱
	山梨醇	生理盐水或高渗盐水	疗效减弱
糖皮质激素	盐酸可的松、泼尼松、氢化可的松、泼尼松龙	苯巴比妥钠、苯妥英钠	代谢加快
		强效利尿药	排钾增多
		水杨酸钠	消除加快
		降血糖药	疗效降低
生殖系统药	促黄体素	抗胆碱药、抗肾上腺素药	疗效降低
		抗惊厥药、麻醉药、安定药	疗效降低
	绒促性素	遇热、氧	水解、失效
影响组织代谢药	维生素 B_1	生物碱、碱	沉淀
		氧化剂、还原剂	分解、失效
		氨苄青霉素、头孢菌素Ⅰ和头孢菌素Ⅱ、多黏菌素	破坏、失效
	维生素 B_2	碱性药液	破坏、失效
		氨苄青霉素、头孢菌素Ⅰ和头孢菌素Ⅱ、氯霉素、多黏菌素、四环素、金霉素、土霉素、红霉素、新霉素、链霉素、卡那霉素、林可霉素	破坏、灭活
	维生素C	氧化剂	破坏、失效
		碱性药液如氨茶碱	氧化、失效
		钙制剂溶液	沉淀
		氨苄青霉素、头孢菌素Ⅰ和头孢菌素Ⅱ、氯霉素、多黏菌素、四环素、金霉素、土霉素、红霉素、新霉素、链霉素、卡那霉素、林可霉素	破坏、灭活
	氯化钙	碳酸氢钠、碳酸钠溶液	沉淀
	葡萄糖酸钙	碳酸氢钠、碳酸钠溶液	沉淀
		水杨酸盐、苯甲酸盐溶液	沉淀

续表

	药　物	禁忌配合的药物	不良变化
解毒药	碘解磷定	碱性药物	水解为氰化物
	亚甲蓝	强碱性药物、氧化剂、还原剂及碘化物	破坏、失效
	亚硝酸钠	酸类	分解成亚硝酸
		碘化物	游离出碘
		氧化剂、金属盐	被还原
	硫代硫酸钠	酸类	分解、沉淀
		氧化剂如亚硝酸钠	分解、失效
	依地酸钙钠	铁制剂如硫酸亚铁	干扰作用

注：

氧化剂：漂白粉、过氧化氢、过氧乙酸、高锰酸钾等。

还原剂：碘化物、硫代硫酸钠、维生素C等。

重金属盐：汞盐、银盐、铁盐、铜盐、锌盐等。

酸类药物：稀盐酸、硼酸、鞣酸、醋酸、乳酸等。

碱类药物：氢氧化钠、碳酸氢钠、氨水等。

生物碱类药物：阿托品、安钠咖、肾上腺素、毛果芸香碱、氨茶碱、普鲁卡因等。

有机酸盐类药物：水杨酸钠、醋酸钾等。

生物碱沉淀剂：氢氧化钾、碘、鞣酸、重金属等。

药液显酸性的药物：氯化钙、葡萄糖、硫酸镁、氯化铵、盐酸肾上腺素、硫酸阿托品、水合氯醛、盐酸氯丙嗪、盐酸金霉素、盐酸土霉素、盐酸四环素、盐酸普鲁卡因、糖盐水、葡萄糖酸钙注射液等。

药液显碱性的药物：安钠咖、碳酸氢钠、氨茶碱、乳酸钠、磺胺嘧啶钠、乌洛托品等。

第三节　科学消毒

目前，传染病依然是养殖业的头号大敌，传染病防控工作的好坏是养殖业成败的关键。而控制传染病主要依靠接种疫苗、药物预防、消毒。

使用药物带来各种副作用：我国猪肉难以出口；也不利于无公害畜产品生产（药物残留等），严重违反食品安全法的行为、类似三鹿奶粉和瘦肉精事件层出不穷；使用不当和长期、超剂量使用后出现大批猪中毒死亡；大量用药、不注重环境消毒，病猪随地扔、不消毒、不处理，造成药费、死猪双重经济损失；超剂量、长期投喂抗病毒药物、抗生素，残留超标和药物中毒也时有发生。

疫苗预防目前也有不少困惑：疫苗研制滞后于疫病的发生（非典、猪流感、圆环病毒病、猪巨细胞病毒病等）；疫苗的研制远慢于病毒的变异（蓝耳病、鸡法氏囊病、禽流感）；细菌性疾病由于血清型多，相应的疫苗研制困难（如链球菌病、猪副嗜血杆菌病）。

科学消毒可以达到理想效果：科学消毒可以杀灭各类病原体、减少环境污染、切断传播途径，在防止疾病的发生、蔓延中消毒发挥着重要的作用；科学消毒能够控制传染病三个环节中的两个：消灭传染源、切断传播途径。

一、常用消毒方法

常用的消毒方法有物理消毒法、化学消毒法和生物消毒法等。

（一）物理消毒法

1. 机械消毒：机械消毒是通过清扫、冲洗、通风换气等方法，消除环境和物品中的病原微生物。

2. 热力消毒：包括火烧、煮沸、流动蒸气灭菌、高压蒸气灭菌、干热灭菌等。能使病原体蛋白凝固变性，失去正常代谢功能。

（1）火烧：金属器械、动物尸体等均可用此法。简便经济、效果稳定。

（2）煮沸：耐煮物品及一般金属器械均用本法，100 ℃时1～2分钟即完成消毒，但杀灭芽孢则需较长时间。炭疽杆菌芽孢需煮沸30分钟，破伤风芽孢需3小时，肉毒杆菌芽孢需6小时才能被杀灭。金属器械消毒，加1%～2%碳酸钠或0.5%软肥皂等碱性剂，可溶解脂肪，增强杀菌力。棉织物加1%肥皂水有消毒去污之功效。物品煮沸消毒时，不可超过容积3/4，应浸于水面下。注意留空隙，以利对流。

（3）流动蒸气灭菌：相对湿度80%～100%，温度近100 ℃，利用水蒸气在物品表面凝聚，放出热能，杀灭病原体。并当蒸气凝聚收缩产生负压时，促进外层热蒸气进入补充，穿至物品深处，加速热量，促进消毒。

（4）高压蒸气灭菌：通常压力为98.066千帕，温度121～126 ℃，15～20分钟即能彻底杀灭细菌芽孢，适用于耐热、耐潮物品。

（5）干热灭菌：是在火焰或干热空气中进行的灭菌技术。适用于金属、玻璃物品与用具的灭菌。

3. 辐射消毒：有非电离辐射与电离辐射两种。前者有紫外线、红外线和微波，后者包括多种射线的高能电子束（阴极射线）。红外线和微波主要依靠产热杀菌。

电离辐射设备昂贵，对物品及人体有一定伤害，故使用较少。目前应用最多为紫外线，可引起细胞成分，特别是核酸、原浆蛋白和酸发生变化，导致微生物死亡。紫外线波长范围2 100～3 280埃，杀灭微生物的波长为2 000～3 000埃，以2 500～2 650埃作用最强。对紫外线耐受力以真菌孢子最强，细菌芽孢次之，细菌繁殖体最弱，仅少数例外。紫外线穿透力差，3 000 埃以下者不能透过 2 毫米厚的普通玻璃和衣物。空气中尘埃及相对湿度可降低其杀菌效果。紫外线对水的穿透力随深度和浊度而降低。但因使用方便，对药品无损伤，故广泛用于空气及一般物品表面消毒。照射人体能发生皮肤红斑、紫外线眼炎和臭氧中毒等。故使用时人应避开或用相应的保护措施。

日光暴晒亦依靠其中的紫外线，但由于大气层中的散射和吸收使用，仅 39% 可达地面，故仅适用于耐力低的微生物，且须较长时间暴晒。此外过滤除菌除实验室应用外，仅换气的建筑中可采用空气过滤，故一般消毒工作难以应用。

（二）化学消毒

此方法用得最多，后面将对化学消毒剂的分类和特点做以详细介绍。

（三）生物消毒

生物消毒包括粪便堆积发酵等，如环保养猪利用发酵技术、污水的处理。

二、消毒剂的分类

根据消毒剂的作用水平不同，分为高效消毒剂、中效消毒剂、低效消毒剂三类。

（一）高效消毒剂

这类消毒剂能杀灭所有微生物，包括各种细菌繁殖体、细菌芽孢、真菌、结核杆菌、囊膜病毒和非囊膜病毒等，这类消毒剂也称灭菌剂。常用的高效消毒剂有过氧乙酸、环氧乙烷、甲醛、戊二醛、含氯类如漂白粉、次氯酸钠、次氯酸钙（漂粉精）、二氯异氰尿酸钠（优氯净）、三氯异氰尿酸及有机汞类。

（二）中效消毒剂

这类消毒剂除不能杀死细菌芽孢外，可杀死细菌繁殖体（包括结核杆菌)、真菌和病毒等微生物，如醇类、酚类、碘制剂等。

（三）低效消毒剂

这类消毒剂可杀死部分细菌繁殖体、真菌和囊膜病毒，不能杀灭结核杆菌、细菌芽孢和非囊膜病毒，如季铵盐类等阳离子表面活性剂（新洁尔灭）和氯己定（洗必泰）等双胍类消毒剂。

按照化学成分分类，分为以下7类：

1. 卤素类消毒剂：包括含氯消毒剂、含碘消毒剂和含溴消毒剂。

（1）含氯消毒剂：包括无机类含氯消毒剂（次氯酸钠、漂白粉、二氧化氯等)；有机类含氯消毒剂（二氯异氰尿酸、二氯异氰尿酸钠、三氯异氰尿酸、二氯海因)，均属于高效消毒剂。

有机含氯消毒剂杀菌力强于无机含氯消毒剂，在水中使用药效持久，是以非离解形式起到杀菌作用的，所以在酸性环境中杀菌效果好，在碱性环境杀菌效果稍差。

总的来说，该类消毒剂性质稳定、易储存、使用方便、高效、消毒谱广，是环境消毒的首选消毒剂。缺点是易受有机质、还原性物质和酸碱度的影响，另外有机氯消毒剂对人畜有一定的危害性。

（2）含碘消毒剂：有碘酊、碘附、复合碘制剂等。属于中效消毒剂。

碘酊具有快速而高效地杀灭细菌繁殖体、细菌芽孢、各种病毒及真菌的作用，早就成为外科消毒的首选消毒药。

碘酊类消毒剂的优点是消毒谱广，对各种细菌繁殖体、细菌芽孢、病毒以及真菌均有杀灭能力；作用快速；气味小，无刺激，无腐蚀，毒性低；性质稳定、耐贮存。缺点是在酸性环境下（pH 值 2 ~5）消毒效果好，对金属有腐蚀作用；pH 值偏高时，杀菌效果较差；碘消毒剂杀菌的有效成分是游离碘，当还原物质存在时消毒效果下降；另外日光会加速碘附的分解，故应避光保存。

市场上同类产品有百菌消等，其质量及效果在国内外已被同行所认可，多年来一直是全球畜牧行业首选的消毒剂。

（3）含溴消毒剂：如二溴海因、溴氯海因、含溴异氰尿酸类等。其杀菌效力与含氯消毒剂相似，但价格高，所以在畜禽消毒上很少应用，但在清除水藻上具有优越的性能。

2. 氧化剂类消毒剂：常见的氧化剂类消毒剂有过氧乙酸、高锰酸钾，都是高效消毒剂。

过氧乙酸是用于环境消毒效果较好的消毒剂，在低温环境下仍有很好的杀菌效果，常用于冷库的消毒。它的缺点是不稳定、遇热易爆炸、易分解失效、有腐蚀性和刺激性。

高锰酸钾常用作畜禽运输工具和畜禽舍内的消毒。例如高锰酸钾甲醛熏蒸法。

该类消毒剂性质稳定，使用方便，消毒效果良好。缺点是还原物质存在时消毒效果下降，日光会加速分解，故应避光保存。

3. 醛类消毒剂：有福尔马林溶液、戊二醛等，成本较高，主要用于器械消毒，作为环境消毒受到成本的限制。

4. 酚类消毒剂：酚类消毒剂有来苏儿、煤酚皂溶液、复合酚等。复合酚的消毒力强于前两种，完全可以取代前两种。

此类消毒剂的优点是性质较稳定、生产工艺简单，对物品腐蚀性轻微，可用于畜禽舍的环境消毒，对各种细菌和有囊膜病毒的杀灭能力较强。缺点是对结核杆菌和芽孢的作用不确切，对无囊膜病毒的效果较差；易受碱性物质和有机物的影响；有特殊臭味，有一定的刺激性，活畜禽消毒使用很受限制。酚能造成环境污染，其使用逐步受到限制。

5. 季铵盐类消毒剂：季铵盐类消毒剂有洁尔灭、新洁尔灭、双长链季铵盐消毒剂等，对有囊膜、脂溶性病毒有杀灭作用，属于低效消毒剂。市场上有百毒杀、百克能等。对无囊膜病毒，季铵盐没有消毒力。

此类产品的优点是杀菌浓度低、毒性与刺激性低、溶液无色、无腐蚀性、气味小、水溶性好、表面活性强、使用方便、性质稳定、耐光、耐热、耐储存。缺点是对无囊膜病毒效果不好，易被各种表面有机物所吸附而降低有效浓度，配伍禁忌较多（不宜使用硬水，最好用蒸馏水；用温水稀释才会使其澄清有效），杀菌效果受有机物影响大。

6. 醇类消毒剂：醇类消毒剂有酒精等，是常用消毒剂。

7. 复配消毒剂：复配消毒剂是将不同性能、不同类别、不同结构的消毒剂进行复配，增强消毒杀菌能力。复配不等于乱配，比如氧化性的与还原性的或与有机类复配，碱性的与酸性的复配等，杀菌力就互相抵消，或产生分解反应。有些复配消毒药只能现用现配，稳定性较差，成为复配消毒剂难以跨越的障碍。

三、消毒剂的选择和使用注意事项

（一）要根据不同的消毒对象选择不同的消毒产品

针对微生物特点。例如，要杀灭细菌芽孢或无囊膜病毒，则必须选用高效消毒剂（过氧乙酸、甲醛、含氯类消毒剂），而不能选择季铵盐类等阳离子表面活性剂。

针对消毒的对象。活畜消毒是指对动物体表的消毒。多采用无腐蚀、无刺激、无毒性的消毒剂进行喷雾消毒。比较好的消毒药是季铵盐类消毒药和一些氯制剂。环境消毒多采用有机含氯消毒剂、高锰酸钾、过氧乙酸等高效消毒剂。器械消毒多采用紫外线照射和高温高压灭菌法。

（二）要根据不同的消毒对象选择不同的消毒浓度

通常消毒剂的消毒效果与其浓度成正比，不低于有效浓度或适当增加浓度；走出盲目增加浓度的误区，因过高的浓度往往对消毒对象不利，会造成不必要的浪费和经济损失。

（三）要根据不同的环境条件选择不同的消毒产品

注意外界环境因素对消毒剂的影响。温度、酸碱度（pH 值）对消毒剂的消毒效果都有很大影响，应根据不同环境选择合适的消毒药品。

另外需要强调的是，消毒现场通常会遇到各种有机物，如分泌物、脓液、饲料残渣、粪便等，这些有机物的存在不仅能阻碍消毒药直接与病原微生物接触，还能中和并吸附部分药物，使消毒作用减弱，因此在消毒药物使用前，应进行充分的机械性清扫，清除消毒物品表面的有机物，使消毒药能够充分发挥作用。

当然，各种消毒剂受有机物影响程度也有所不同，氯制剂消毒效果降低幅度大，季铵盐类、过氧化物类等消毒作用降低明显，戊二醛类及碘类消毒剂受有机物影响较小。

（四）消毒的作用时间

一般情况下，消毒剂与微生物接触后，要经过一定时间后才能杀死病原，所以消毒后不要很快进行清扫、冲洗。作用时间若太短，往往会达不到消毒的目的。另外猪群进行饮水免疫时不能进行饮水消毒和饮水工具的消毒。

（五）选择正规的消毒产品

目前市场上销售的消毒药品名称繁杂，使用说明夸大其词，如果盲目相信其夸大的作用，结果不免使人失望。另外，兽药监督管理机构把关不严格，药品的销售回扣风、打折风等不正当的竞争方式兴起，使药品生产的质量也受到影响。有些基层单位对消毒药品使用效果的研究少，盲目使用，会造成很大的浪费，甚至产生一定的副作用，给使用者造成更大的经济损失。因此，养殖户在选择消毒药品时应到正规的兽药销售单位，选择正规厂家生产的产品。

（六）消毒剂的恰当配合使用

良好的配方能显著提高消毒的效果。例如，季铵盐类消毒剂用70%乙醇配制比用水配制穿透力强，杀菌效果更好；戊二醛和环氧乙烷联合应用，二者具有协同效应，可提高消毒效力；另外用具有杀菌作用的溶剂，如甲醇、丙二醇等配制消毒液时，常可增强消毒效果。当然消毒药之间也会产生拮抗作用，如酚类（石炭酸、复合酚等）不宜与碱类消毒剂混合，阳离子表面活性剂不宜与阴离子表面活性剂（肥皂等）及碱类物质混合，因此消毒药不能随意混合使用。

四、消毒的误区

很多用户对消毒药使用的重要性、科学性和准确性不甚了解，用户在使用中带有很大的盲目性，存在着许多误区。

误区一：出入口紫外灯消毒代替喷淋更衣。

利用紫外线灯进行消毒，最少需站立在灯下5分钟以上，很少有人员进入畜禽舍前会在紫外线灯下站立5分钟以上的，同时长时间照射有导致皮肤癌的危险，但是紫外线穿透力很差，一般不能穿透衣物。紫外线灯必须是有效可用的，现在很多畜禽舍所购紫外线灯都是无效的，真正的紫外线灯用过一段时间放在日光灯下依然还有紫色的荧光粉，但一些畜禽舍所购紫外线灯用不了几天就没用了。

误区二：消毒不全面。

一般情况下的消毒方法有三种，即带猪（喷雾）消毒、饮水消毒和环境消毒。这三种消毒方法可分别切断不同病原的传播途径，相互不能代替。带猪消毒可杀灭空气中、猪体表、地面及屋顶墙壁等的病原体，对预防猪呼吸道疾病很有意义，还具有降低舍内氨气浓度和防暑降温的作用；饮水消毒可杀灭猪饮用水中的病原体并净化猪肠道，对预防猪肠道病有意义；环境消毒包括对猪场地面、门口过道及运输车等的消毒。很多养殖户认为，经常给猪饮消毒液，猪就不会得病，这是错误的认识。饮水消毒操作方法科学合理，可减少猪肠道病的发生，但对呼吸道疾病无预防作用，必须通过带猪消毒来实现。因此，只有用上述三种方法结合消毒，才能达到消毒目的。

误区三：消毒前不做机械性清除。

消毒药物作用的发挥，必须使药物接触到病原微生物，但被消毒的现场有时会存在大量的有机物，如粪便、饲料残渣、畜禽分泌物、体表脱落物以及鼠粪、污水或其他污物，这些有机物中藏匿着大量病原微生物。同时，消毒药物与有机物，尤其是与蛋白质有不同程度的亲和力，可结合成为不溶性的化合物，并阻碍消毒药物作用的发挥。再者，消毒药物被大量的有机物所消耗，严重降低了消毒药物对病原微生物的作用浓度，所以说，彻底机械清除是有效消毒的前提。机械清除前应先将可拆下的食槽、水槽、笼具、护仔箱等用具运至舍外进行清扫、浸泡、冲洗、刷刮、消毒等处理。舍内在拆除用具设备之后，按照从屋顶、墙壁、门窗、地面、粪池到水沟的顺序认真打扫清除，然后用高压水流冲洗直至完全干净。

误区四：消毒程序随心所欲。

很多养殖场户，消毒没有计划和制度，想起了就消一次毒，忙了就不提了，消毒池中消毒液长时间不更新，有的成为滋生蚊子等传染媒介的场所。消毒应按一定的程序进行，不可杂乱无章、随心所欲。一般可按下列顺序进行：舍内从上到下，从屋顶、墙壁、门窗到地面，喷洒大量消毒液→搬出和拆卸用具设备，从上到下清扫→清除粪尿等污物→高压水流充分冲洗→干燥→从上到下用消毒药液喷雾，雾粒应细，部分雾粒可在空中停留15 分钟左右→干燥→换另一种消毒药物喷雾→密闭门窗后用甲醛熏蒸，必要时用20%的石灰浆涂墙，高约2 米→将已消毒好的设备及用具搬进舍内安装调试→密闭门窗后用甲醛熏蒸，必要时3 天后再用过氧乙酸熏蒸1 次→封闭空舍7～15 天，这样才可认为消毒程序完成。急用时，再熏蒸 24 小时后，打开门窗通风 24 小时即可使用。

误区五：用甲醛消毒不看温度、湿度。

甲醛是一种有强烈刺激气味的气体，38% ~40% 的甲醛水溶液称为福尔马林。甲醛对绝大多数病原微生物（包括细菌芽孢和真菌等）都有较强的杀灭作用，而且价格低，没有腐蚀性。但它又有穿透力差、作用缓慢的缺点，而且在低温条件下存放的甲醛水溶液，可生成絮状的三聚甲醛，致使杀菌力下降，应防止发生此种聚合反应。

甲醛水溶液常用来熏蒸消毒和喷雾消毒，它消毒的作用受温度和湿度的影响很大，温度越高消毒效果越好，温度每升高 10 ℃，杀菌力可提高 2 ~4 倍。在温度为 0 ℃的环境条件下，几乎没有杀菌作用，所以 20 ℃以上甲醛才发挥消毒作用。这里的温度是指被消毒物品表面的温度，而不是指空气的温度，也不是指在使用甲醛时短时间内的温度。在用甲醛熏蒸消毒时，还应使环境相对湿度达到 80% ~90%，消毒作用才得以发挥。熏蒸消毒时可将甲醛溶液加 3 ~5 倍的水，放入大铁锅中加热煮沸，直至将水蒸发干，这样既提高了舍内湿度，又提高了舍内温度，大大增强了消毒效果。选用高锰酸钾作为氧化剂促使甲醛蒸发时，在甲醛水溶液中也应加入 2 ~3 倍量的水。另外，不要将高锰酸钾直接投入甲醛水溶液中，以免溅出使人灼伤，应将加水的甲醛溶液缓缓加入放有高锰酸钾的容器中。容器应选陶瓷或金属的容器，不要用塑料等不耐热的容器，容器的容积应为甲醛水溶液加水后容积的 3 ~4 倍。

误区六：饮水消毒等于饮用药水。

许多消毒药物说明书称，均可用于畜禽的饮水消毒，并称“高效、广谱、对人畜无害”，更有称“可 100% 杀灭某某菌，用于饮水或拌料内服，在 1 ~3 天可扑灭某某病”等，这显然是一种夸大其词的误导。饮水消毒实际上是对饮水的消毒，畜禽喝的是经过消毒的水，而不是喝消毒药水，饮水消毒实际上是把饮水中的病原微生物杀灭或控制畜禽体内的病原微生物。如果任意加大水中消毒药物的浓度或长期饮用，除可引起急性中毒外，还可杀死或抑制畜禽肠道内的正常菌群，对畜禽健康生长造成危害。所以饮水消毒应该是预防性的，而不是治疗性的。在临床上常见的饮水消毒剂多为氯制剂、季铵盐制剂和碘制剂，中毒原因往往是浓度过高或使用时间过长。

误区七：撒生石灰代替刷石灰乳。

生石灰是消毒力强、无不良气味、价廉易得、无污染的消毒药物，但往往会使用不当。新出窑的生石灰是氧化钙，加入相当于生石灰重量70%～100%的水，即生成疏松的熟石灰，又称氢氧化钙，只有熟石灰离解出的氢氧根离子才具有杀菌作用。有的场（户）在入场处，堆放一层厚厚的干石灰，让人鞋踏而过，这起不到消毒作用。也有的使用放置时间过久的熟石灰，它已吸收了空气中的二氧化碳，成了不能离解氢氧根离子的碳酸钙，已完全丧失了杀菌消毒作用。还有的直接在舍内地面上撒上一层生石灰，有时还在生石灰上面再铺一薄层垫料，这样常造成雏禽或幼仔的蹄爪灼伤，或因采食而灼伤口腔及消化道。有的将生石灰直接撒在猪圈舍内，致使熟石灰粉尘大量飞扬，使猪吸入呼吸道内，引起咳嗽、打喷嚏、甩鼻、打呼噜等一系列症状，从而人为造成猪患呼吸道炎症。使用生石灰消毒的最好方法是加水配制成10%～20%的石灰乳，用于涂刷畜舍墙壁1～2次，称为“涂白覆盖”，既可消毒灭菌，又有覆盖污斑的美化作用。

误区八：带猪消毒就是猪体表消毒。

带猪消毒的着眼点不应局限于猪的体表，而应包括整个猪所在的空间和环境。因许多病原微生物是通过空气传播的，不进行空气消毒就不能对此类疾病取得较好的控制效果，所以将带猪消毒视为全方位消毒更为科学。带猪消毒应将喷雾器喷头高举空中，喷嘴向上喷出雾粒，雾粒可在空中缓缓下降，除与空气中的病原微生物接触外，还可与空气中尘埃结合，起到杀菌、除尘、净化空气、减少臭味等作用，在夏季还有降温作用。带猪消毒喷出雾粒直径大小应控制在 80 ~ 120 微米，雾粒过大在空中下降速度太快，起不到净化空气的作用，雾粒过细易被猪吸入肺泡，引起肺水肿、呼吸困难。喷雾消毒的药物应选择杀菌谱广、刺激性小的药物，水溶性不好、带有异味、刺激性强的消毒药物均不宜使用。喷雾用药物的浓度必须按照说明使用，不可任意加大或降低（临床笔者曾遇到用戊二醛喷雾消毒因浓度过高，引起猪群发生严重呼吸道症状并造成猪只死亡的生产事故，因高浓度戊二醛可造成猪上皮细胞包括肺泡上皮细胞的变性、死亡，其后果往往非常严重）。喷雾药物用量可按每立方米空间 15 ~ 25 毫升计算。每进行喷雾 1 次，可降低舍温 2 ~ 4 ℃。

误区九：做好消毒就放松管理。

消毒是贯彻“预防为主”的重要内容之一，其目的是消除外界环境中的病原微生物，切断传播途径，防止疫病的蔓延。与其同等重要的还有许多环节，如对病死猪进行无害化处理，做好环境控制，改善养殖环境，处理好污水、粪便，消灭蚊蝇和老鼠，加强饲养管理，免疫预防，增强猪抗病能力等综合性防治措施。应树立科学防疫的新概念，它针对的是预防保健，不是治疗；面对的是群体，不是个体。不难看出，消毒只是控制疫病发生的重要手段，不是也不可能是防治疫病的唯一措施，一定要全面理解，认真落实。

误区十：配制药物浓度越大越好。

现在市场上有数百种甚至上千种商品名的消毒药物，如按成分分类其实只有 10 多种，选购时应搞清是属于哪一种类型，便可以知道它的作用特点，以及是否适合你的需求。不要只看广告宣传，选购消毒药物时应注意品牌，不要盲目相信宣传或贪图价格低廉。有的场、户在保存消毒药物时，将消毒药物放置室外，任其风吹日晒，配制时只凭估计倒上一点或加上一些，这样很难保证消毒药物合理的有效浓度，不是无效，就是发生中毒等意外事故。配制消毒药物并不是浓度愈高愈好，要针对不同杀菌谱选药，并按使用方法确定配制浓度，同时还要注意水的硬度、酸碱度等理化指标，以确保消毒药物的作用得以充分发挥。

误区十一：杀菌力越强的药就越好。

选用消毒药物有时要调换不同类型的药物，这一方面是为了避免病原微生物产生抗药性，另一方面调换消毒药物要根据消毒对象、目的、疫病种类以及使用方法而决定，不能随心所欲，任意调换；既要考虑对病原微生物的杀灭作用，又要考虑对人畜的危害。如甲醛、戊二醛、氢氧化钠、过氧乙酸等消毒药物消毒作用都较强，对病毒、细菌及其芽孢、真菌等病原微生物都有较强的杀灭作用，但它们的副作用也较大，对有些消毒场所不适用。而季铵盐制剂、氯制剂等消毒药物副作用相对较小，但对细菌芽孢、真菌等病原微生物杀灭作用较差。季铵盐消毒剂对非囊膜病毒又称亲水性病毒杀灭作用则较差。为了弥补各类消毒药物的某些缺点，许多复合制剂，如复合碘制剂、复合季铵盐制剂、复合酚制剂、复合醛制剂等消毒药物均可供选用。但是，有些药物应严格按要求配制后使用。例如过氧乙酸是一种消毒作用较好、价廉易得的常用消毒药物，按正规包装应将30%的过氧化氢及16%的醋酸分开包装，称为二元包装，用前将两者等量混合，放置10小时后可配成浓度为0.3%～0.5%的消毒液进行喷雾消毒。两种药液混合后在10天内杀菌效力不会降低，但60天后杀菌效力下降30%以上，并逐渐完全失效。有的厂家将二者简单混合后包装，有的场、户为了方便省事，选用了这种包装的过氧乙酸，使用后可能起不到应有的消毒作用。

误区十二：疾病暴发时消毒，平时不消毒。

在猪群体的生长环境中，存在着大量的病原菌。猪群体发病是由于机体抵抗力下降、外界病原菌入侵所致。根据实践经验，若坚持每周3次以上消毒，可大大降低猪群体感染疾病的概率。因此，消毒必须按时、规范，且要持之以恒。切忌只在疾病暴发时消毒，而没发病时不消毒。

误区十三：忽视其他因素对消毒药的影响。

消毒药在水质、环境温度不同的情况下，消毒效果差别很大。比如，含碘、醛的消毒药在20 ℃以下与适宜温度时的杀毒效果相差近20倍。杀菌（毒）效果与温度呈正相关。在一定范围内，一般每升高10 ℃时消毒效果增强1～1.5倍，配药的水温一般要高于15～20 ℃。我们提倡在高温季节开展消毒、查源灭源就是因为高温消毒效果好，不利于病原传播，在病原容易存活的场所消毒能彻底消灭病原。

误区十四：认为消毒剂气味越浓，刺激性越强，消毒效果越好。

消毒效果的好坏，主要与消毒药的杀菌能力、杀菌谱有关。目前国际上一些好的消毒剂并没什么气味，如聚维酮碘、聚醇醚碘、过硫酸盐等。相反，有些气味浓、刺激性大的消毒剂，效果不一定好，且气味浓、刺激性大，对猪呼吸道、体表等有一定的伤害，反而易引发呼吸道疾病。

五、做好消毒工作的“四个必须”

1. 必须建立完善的消毒防疫制度，持之以恒，严格执行。

2. 必须树立预防重于治疗，消毒胜过投药，消毒可以减少投药，投药不能代替消毒的观念。

3. 必须坚持消毒预防、免疫接种、药物治疗相结合的综合防治措施。

4. 必须注意消毒药对配制、操作等人员的健康以及动物性食品中药物残留对消费者的安全问题。

第四节　体温变化在猪病诊疗中的应用

一、猪的体温

（一）猪的正常体温

体温是猪体的一个重要生理指标，临床上所指的体温是直肠温度，健康猪的体温是 38 ~39.5 ℃。猪在不同年龄、不同时期的体温是不一样的。一般傍晚猪的正常体温比上午高 0.5 ℃。具体来讲，猪的直肠温度变化范围如表 11 所示。

表 11　不同生长阶段猪的正常体温

生长阶段		体温
仔猪	刚生出来的仔猪	39.0 ℃
	出生 1 小时仔猪	36.8 ℃
	出生 12 小时仔猪	38.0 ℃
	出生 24 小时仔猪	38.6 ℃
	断奶前哺乳仔猪	39.2 ℃
	体重 9 ~18 千克断奶仔猪	39.3 ℃
育肥猪	体重 27 ~45 千克架子猪	39.0 ℃
	体重 45 ~90 千克育肥猪	38.8 ℃
母猪	妊娠母猪	38.7 ℃
	产前 24 小时的母猪	38.7 ℃
	产前 12 小时的母猪	38.9 ℃
	产前 6 小时的母猪	39.0 ℃
	头胎生产母猪	39.4 ℃
	产后 12 小时的母猪	39.7 ℃
	产后 24 小时的母猪	40.0 ℃
	产后 1 周到断奶的母猪	39.3 ℃
	仔猪断奶后的母猪	38.6 ℃
种公猪	成年种公猪	38.4 ℃

（二）测量猪体温的方法

由于猪直肠温度波动很大，尤其测体温时猪受到刺激后肛温升高也很快，所以应当在猪处于安静状态时测体温。临床上通常是采用测量猪直肠内的温度来确定。测体温前应在兽用体温计的末端系一条长 10 ~ 15 厘米的细绳，在细绳的另一端系一个小铁夹。测体温时应先将体温计水银柱甩至 35 ℃刻度线以下（在甩体温计时应保持在身体前方，高不可超过胸部，低不可超出身体，以防碰到其他物体损坏体温计），并用酒精棉球、碘酊对体温计进行消毒，并涂少许润滑剂；一只手拉住猪的尾巴，另一手持体温计沿稍微偏向背侧的方向插入其肛门内，再用小铁夹夹住猪尾根上方的毛以固定体温计。2 ~ 5 分钟后取出体温计，用酒精棉球将其擦净后读出测出的体温数。

对刚经过剧烈运动的猪测量体温，应适当休息后再进行测温；对性情温驯的猪测量体温时，可先用手指轻轻搔其后背部，待安静站立或卧地后，再将体温计插入直肠；对凶暴或骚动不安的猪，应适当保定后再进行测温；在对初生乳猪进测量体温时，体温计不可插入肛门过深，要用手抓住体温计末端进行固定。

（三）猪体温变化

体温反常是猪生理功能被扰乱的一种重要症状之一。猪的体温超过正常体温的范围即称为高温或发热（体温升高）；猪的体温低于体温最低温度称为低温（体温降低）。一般低温发生于大出血、产后瘫痪、循环衰弱、某些中毒或临死期；高温多见于传染性疾病和某些炎症过程中，如猪流感、猪伪狂犬病、猪传染性胸膜肺炎、猪丹毒、猪肺疫等病均引起体温升高。在许多疾病中，尤其是患某些传染病时，体温升高往往比其他症状出现更早。因此，体温是诊断猪体疾病不可缺少的依据之一。

二、体温变化的机制

猪体温保持恒定，主要是通过产热和散热的两种作用互相协调，在大脑皮质的控制下，丘脑下部体温调节中枢通过各种反射作用进行体温调节。体温变化主要是由于体温调节中枢功能紊乱。当猪受到病原体及其毒素侵袭后，刺激中性粒细胞，产生与释放内热源。但内热源并非直接作用于体温调节中枢，而是使中枢合成与释放前列腺素增加，前列腺素再作用于体温调节中枢，使调定点提高到猪正常体温以上，使产热增加，散热减少，引起体温升高。

根据发热发展过程，体温变化可分为三个阶段。

（一）体温上升期

体温上升期是通过皮肤血管收缩，汗腺分泌减少，使散热减少，同时肌肉收缩增强，肝、肌糖原分解加速，使产热增多。这时病猪有精神沉郁，食欲下降，心跳、呼吸加快，寒战，喜钻草堆等表现。患不同的疾病，猪体温升高的速度不一致，如患猪丹毒、猪肺疫等病，猪体温上升很快；而患猪瘟、副伤寒则体温上升较慢。

（二）高热期

此时产热和散热在较高的水平上维持平衡，散热过程开始加强，皮肤血管舒张，产热过程也不减弱，所以体温维持在较高的水平上。病猪表现体温增高，眼结膜充血、潮红，粪便干燥，尿少黄短。不同疾病高热期持续的时间不相同，如猪瘟、传染性胸膜肺炎等病持续时间较长，而伪狂犬病、口蹄疫则仅数小时或不超过一天。

（三）退热期

由于机体的防御功能增强或获得外援（经治疗），体温逐渐下降，病猪的皮肤血管进一步扩张，大量排汗、排尿，产热减少。如果体温迅速下降或突然下降，则为骤退，可引起虚脱甚至死亡；若逐渐下降，则预后良好。

三、猪体温升高的原因

体温升高，即发热，可分为致热原性发热和非致热原性发热。致热原性发热是一种由内、外源性致热原引起的发热。致热原是指能引起机体体温升高的各种物质，包括感染性致热原和非感染性致热原。感染性致热原是发热最常见的病因，主要包括细菌、病毒、立克次体、支原体、真菌、螺旋体及原虫等各种生物性致病因子，这些外源性致热原通过刺激机体产生和释放内生性致热原而引起发热。非感染性致热原包括恶性肿瘤细胞、无菌性炎症如手术、外伤、肺或其他组织梗死所产生和释放的某些蛋白质，以及抗原抗体复合物和进入体内的异体蛋白和类固醇物质，如睾丸酮和雌二酮等。非致热原性发热是指无致热原参与的发热，其中包括中枢神经系统损伤引起体温调节中枢机能障碍而导致的发热，这类发热体表无汗；当神经内分泌系统功能紊乱而导致物质分解代谢增强、产热增多时也出现发热；持续的严重脱水也可引起散热减少而出现发热。

导致猪发热的传染病包括细菌性传染病、病毒性传染病、寄生虫疾病。病毒性传染病主要有猪瘟、猪伪狂犬病、猪流感、圆环病毒 2 型感染、猪繁殖与呼吸综合征、高致病性蓝耳病病毒引起的高热病、猪呼吸道综合征，这类疾病是猪病中危害最大、最重要的，此类疾病的特点是传播快、流行广，并引起机体的免疫抑制和繁殖障碍，多为混合感染，可给养猪业造成巨大的经济损失。细菌性传染病主要有副猪嗜血杆菌、猪传染性胸膜肺炎、附红细胞体病、链球菌病、猪丹毒；其中细菌引起的呼吸道传染病给生产造成的损失已排在了猪病的第一位；寄生虫疾病有弓形虫病等。

四、体温升高的分型

（一）按病猪体温升高程度分型

按病猪体温升高程度分型，体温升高主要分为微热、中热、高热和最高热四种。

1. 微热：超过正常体温 1 ℃左右（即 40 ~41 ℃）。常见于乳房炎、胃肠炎等局部炎症或某些慢性传染病，如慢性猪瘟、副伤寒等。

2. 中热：超过正常体温 1 ~2 ℃（即 41 ~42 ℃）。见于急性病毒性传染病，如急性猪瘟、流感等，也见于肺炎等局部器官感染。

3. 高热：超过正常体温 2 ℃以上，即 42 ℃以上。常见于急性传染病和广泛的炎症，如猪瘟、肺炎、流感等。

4. 最高热：超过正常体温 3 ℃以上，常见于严重的急性传染病、脓毒败血症等的急性发作期。

（二）按病猪的每日两次测得的病猪体温数值的连线（即热型曲线）分型

可以分为稽留热、间隙热、张弛热、不定型热等。

1. 稽留热：病猪的体温日差在 1 ℃以内，且高热持续时间在 3 天以上。如猪瘟体温升高到 40 ~42 ℃，稽留不退。

2. 间隙热：病猪的发烧期与不发烧期交替出现。

3. 张弛热：病猪的体温日差超过 1 ℃，且下降到正常体温范围。

4. 不定型热：发热持续时间不定，无规律，温差也无规律，多见于非典型猪瘟及其他非典型传染病。

五、体温升高对猪的影响

发热在一定限度内是机体抵抗疾病的生理措施，短时间的中度发热对机体是有益的。因为，发热不仅能抑制病原微生物在体内的活性，帮助机体对抗感染，而且还能增强单核巨噬细胞系统的功能，提高机体对致热原的消除能力。此外，还可使肝脏氧化过程加速，提高其解毒能力。但长时间持续高热，对机体危害大，首先使机体分解代谢加速，营养物质消耗过多，消化功能紊乱，导致机体消瘦，抵抗力下降，又能使中枢神经系统和血液循环系统发生损伤，引起病猪精神沉郁，以至昏迷，或心力衰竭等严重后果。

发热是猪的一种防御保护性反应，是猪体抵抗疾病的一种防御形式，一定程度、一定时间的发热对病猪的康复是有利的。所以，当遇到猪发热的情况不能立即就用退热药，如立即退热，当时病情表面上有所好转，但对病猪的彻底痊愈是不利的。退热药还容易引起猪体虚脱，尤其是氨基比林、安乃近等退热药大剂量使用，可能导致猪体白细胞减少，使发热猪的抗病力下降。所以，当病猪发热初期且体温不太高时，一般不急于退热，仅用抗菌消炎剂即可。发热时间长、温度高时方可采取退热措施。退热时只用一两针退热药就行了，不可以长时间大剂量使用。若体温仍退不下来，就必须依靠抗生素等药物根治，靠退热药是去除不了病根的。对不发热的猪严禁使用退热药。

六、猪体温变化的处置

（一）高热处理

对高热的病猪，可采取以下措施：

（1）立即隔离，对污染区彻底消毒。

（2）未弄清病因之前，只要不是过高发热，不要随意使用退热药。

（3）使用抗菌药物的同时，应注意补充营养物质，如糖盐水、电解质、维生素 B、维生素 C，可静脉注射 5% 碳酸氢钠等。

（4）在退热期，为防止虚脱，保护心脏，必要时可注射肾上腺素等药物。

（5）加强护理，防应激。

（二）低热处理

在饲养过程中，发现体温偏低的病猪，可采取以下措施：

（1）要让猪充分休息，使猪的身体功能得到保护。切忌惊扰猪，不要使猪处在一种惊恐状态。猪因为惊恐而剧烈运动，病会加重。

（2）要加强营养，通常的办法是喂鸡蛋、红糖水、稀饭等易消化吸收的东西。因为猪低热时，身体不适，消化功能减弱，营养欠缺，就需要更高营养的食物来促进机体尽快恢复。

（3）注意加强管理，如采取夏天通风降温、冬天升温保温等措施。猪发热时，要在猪舍内铺上厚厚的稻草。猪睡在稻草上，既有利于保持体温，又有利于舒适地休息，能尽快地恢复健康。实践证明，低热的猪不用打针吃药，这和很多人感冒后不吃药也会好是一个道理。

七、体温变化在猪病诊疗中的应用

（一）建立猪体温动态变化追踪观察法

体温检测是一种极为重要的诊断方法，是判定猪病的主要诊断标准，也是对药物疗效做出正确评价的主要指标。养殖从业人员能够认识检测体温的重要性，但忽视对体温动态变化的追踪观察。因此，对体温变化没有进行系统、完整的追踪观察，其诊断意义也就很局限。至于养殖从业人员认为“十病九热”而不做体温检测，其诊断更属盲目。

（二）杜绝频繁和超量使用解热药

频繁和超量使用解热药，是猪病治疗中普遍存在的现象，加上市场销售的抗病原微生物兽药中大多配伍有解热药，在连续使用该类药物时，往往产生副作用，即出现机体体温下降给养殖从业人员造成病态减轻或病愈的假象，从而掩盖了疾病未愈的真实情况而导致误诊，最终在延长病程中失去治疗时机。滥用退热药物会降低猪机体抵抗力，造成热型混乱，掩盖疾病真相，影响对症下药。

（三）消除见热就退的错误认识

部分养殖从业人员一见到猪发热，就急忙用退热药降温，从不考虑猪发热是机体的防御反应，有利于增进机体抗病力，为恢复健康创造条件。见热就退且长时间使用退热药，人为造成机体白细胞数量急剧减少，自身免疫力下降，最终猪衰竭而死。

（四）树立先查明原因再使用药物的理念

引起猪体温变化的因素很多，主要有应激因素（免疫接种、配种、分娩、胃肠炎、转群、感冒、肺炎等）、病原微生物因素（细菌、病毒、立克次体、支原体、真菌、螺旋体及原虫等各种生物性致病因子）、外伤、皮炎等，猪只出现发热症状，发病初期不要急着退热，应根据体温及热型，查明病因再用药。

第二章　热门猪病研究进展

第一节　猪口蹄疫流行特点及相关研究

一、近年来猪口蹄疫流行特点

近年来我国猪口蹄疫疫情形势严峻，一年四季均可发生，无明显的季节性、无周期性、无规律性。主要发生在冬季、早春寒冷、气温多变的季节，夏秋季节也可发病。当前我国流行的口蹄疫病毒毒株繁多，血清型复杂，2010 年至 2014 年报道多起 O 型 Mya－98 毒株引起的口蹄疫疫情；2013 年 3 月 1 日报道广东茂名市发生猪 A 型口蹄疫疫情。亚洲 I 型口蹄疫也在猪群中混合感染而流行。其中流行的优势毒株，缅甸 98 谱系毒力最强、致病力高、流行广、传播快，哺乳仔猪 100% 发病，死亡率高达 80% 以上；保育猪发病率也很高，死亡率可达 50%，育肥猪死亡率可达 20% 左右；妊娠母猪发病引起流产，少数发生死亡。由于口蹄疫病毒污染面广、传播快，隐性感染动物终身带毒，使得口蹄疫疫源难以根除，给防控工作带来很大难度。

二、猪口蹄疫防控中存在的关键技术问题

目前多个省份都在建设免疫无口蹄疫示范区，免疫无口蹄疫示范区建设的核心在于通过免疫、监测逐步达到无疫。笔者通过

多次深入养殖规模不同的猪场、散养户调研，发现猪口蹄疫防控中存在以下几个关键技术问题：

1. 免疫程序中存在首免日龄不明、强化免疫时机不对、疫苗免疫有效期不准的问题。仔猪：28 ~ 35 日龄时进行初免受母源抗体影响严重，免疫后抗体效价下降明显，形成免疫空白期；间隔 1 个月后进行一次强化免疫，强化免疫与首免间隔过长，免疫空白期延长；以后每隔 4 ~ 6 个月免疫一次，两次免疫后有效保护抗体难以维持 6 个月，最多 4 个月，造成育肥后期生猪处于免疫空白期。

2. 紧急免疫免接种对象不全。最近 1 个月内已免疫的猪可以不进行强化免疫，如果是首免过后一个月的猪，免疫抗体水平较低，一般达不到有效保护水平，应该在加强免疫范围。

3. 免疫剂量不明，流行毒株匹配的疫苗不清。疫苗厂家推荐的一免、二免、三免需要的剂量和实际使用量差别较大，不同厂家疫苗对当前流行的毒株是否能够全面保护，究竟哪个厂家的疫苗保护率高没有明确定论。

4. 免疫效果评价检测方法不明确。目前 O 型口蹄疫免疫效果检测方法：灭活类疫苗采用正向间接血凝试验、液相阻断 ELISA，合成肽疫苗采用 VP1 结构蛋白 ELISA。其中正向间接血凝试验、液相阻断 ELISA 符合率低，不能确定哪种方法检测更科学。

5. 按农业部口蹄疫防治技术规范，疑似口蹄疫病例，在不能获得病原学检测样本的情况下，未免疫家畜血清抗体检测阳性或免疫家畜非结构蛋白抗体 ELISA 检测阳性，可判定为确诊口蹄疫病例，存在漏诊率高的风险。

三、猪口蹄疫防控技术相关研究

为破解生猪口蹄疫防控技术难题，河南省济源市畜牧局动物疫病预防控制中心于2012年主持开展了‘济源市免疫无口蹄疫示范区猪口蹄疫免疫程序和监测模型研究’项目。历经近20个月的研究，该项目顺利通过了河南省科技成果鉴定，荣获“济源市2013年度科学技术进步一等奖”，该项研究为国内领先技术，对控制猪口蹄疫的发生起到了关键作用。

该项目主要研究两方面内容：一是研究建立免疫无口蹄疫示范区猪口蹄疫免疫程序；二是研究集成免疫无口蹄疫示范区口蹄疫监测模型。通过开展这两项研究，重点解决了猪口蹄疫免疫时机、免疫频率、免疫剂量等关键技术问题，明确了有效的口蹄疫疫苗免疫效果监测方法、监测时机等。

1. 筛选出对不同流行毒株保护率最高的疫苗。通过试验研究发现，防控猪O型口蹄疫经典毒株，优先使用合成肽疫苗；防控猪O型口蹄疫Mya－98变异毒株，优先使用灭活疫苗。如果流行情况不明或流行毒株比较复杂，可选择两个类型的疫苗交替使用。

2. 确立了猪口蹄疫首次免疫的最佳时机。通过试验得出结论：仔猪首免日龄，受母源抗体干扰较大，应在母源抗体低于1∶64时开始首免。由于母猪跟胎免疫免疫抗体较高，育肥猪首免应在45～55日龄进行。如果母猪免疫情况不明，仔猪应在1月龄左右进行首免。

3. 确定了猪口蹄疫免疫次数，明确了二免、三免时间。通过试验数据分析，得出结论：育肥猪口蹄疫免疫最少应在3次或3次以上，二免时间应适当提前，即在首免后14～21日龄进行更合适；三免应在二免后50～60日龄进行，饲养周期超过6个月，在出栏前再加强免疫1次。母猪跟胎免疫，每次配种前免疫1次，临产前50天再免疫1次。种公猪每年4次，每3个月1次。

4. 确定了猪口蹄疫合适的免疫剂量。通过试验证明，育肥猪一免剂量 1 毫升，二免或三免剂量2 毫升，加强免疫剂量 3 毫升即可。

5. 解决了猪口蹄疫免疫 2 ~ 3 次仍发病的问题。试验表明，首免后抗体水平呈现下降趋势，二免后抗体水平才逐渐上升。所以一免后至二免后一周内处于免疫空白期，期间必须加强综合防控。在调研中也发现，在此期间的猪最容易感染发病。二免猪抗体能持续保护 2 ~ 3 个月（111 ~ 140 天），但我市多数猪出栏一般在 180 日龄以上，有效的免疫抗体难以持续到生猪出栏。调研中还发现有的在 81 日龄左右进行三免，通过试验分析，仅能保护2 ~ 3 个月，即保护到 171 日龄，而现在的育肥猪一个饲养周期基本都在 195 天左右，所以出栏前半个月仍处于易感期。

6. 确立了有效的免疫效果监测方法。通过试验得出结论：液相阻断 ELISA 抗体滴度与免疫保护率存在着显著的正相关性（$P < 0.01$），相关系数为 0.84，概率分析表明，液相阻断 ELISA 抗体滴度为 2.1（1∶128）时，95.3% 的免疫猪能够抵抗 OZK/93 和 O/MYA98/BY/2010 毒株强毒的攻击。正向间接血凝与 VP1 结构蛋白抗体 ELISA 抗体滴度与免疫保护率不存在线性相关（$P > 0.05$）。确立了有效的免疫效果监测方法为液相阻断 ELISA。

7. 确立了免疫效果的监测时机。通过该项目的实施，明确了以下 4 个监测时机：一是采集 10 日龄左右仔猪血样，监测母源抗体水平，测算确定首免日龄。二是采集二免后 28 天血样，监测二免抗体水平，评价二免免疫效果。三是采集三免后 28 天血样，评价三免免疫效果。四是采集出栏前 30 天血样，评价猪群在运输途中的抵抗力。

8. 明确了 3ABC – ELISA 方法检测野毒感染抗体的时效性。农业部发布的《口蹄疫防治技术规范》中将 3ABC – ELISA 检测结果作为诊断是否为口蹄疫感染的依据，从试验结果可以看出：攻毒后 6 天，正在发病的 6 头猪中，只有 1 头 3ABC – ELISA 检测结果为阳性，5 头 3ABC – ELISA 抗体检测为阴性。可见 3ABC 非结构蛋白的产生需要一定的时间，对于发病迅速的试验猪，在发病时没有足够的时间产生这种特定的蛋白抗体，甚至在明显症状出现几天后仍没有这种特定蛋白抗体的产生，用3ABC – ELISA 的检测方法无法及时检测出其抗体，3ABC – ELISA 检测口蹄疫野毒抗体具有时效性，建议在口蹄疫疑似病例确诊中优先采用病原学检测方法进行确诊，3ABC – ELISA 检测方法可以用作野毒感染的追溯性调查，不建议作为确诊的依据，以免造成漏诊。

四、防治措施

参照第一篇第六章第一节口蹄疫防治措施。

第二节　猪伪狂犬病最新流行特点及研究进展

一、近年来猪伪狂犬病流行特点

20 世纪 90 年代，猪伪狂犬病进入我国，对全国养猪业危害较大。但随着养猪户对该病的重视和优质基因工程疫苗的普遍使用，猪伪狂犬发病率逐年下降。

（一）全国流行情况

伪狂犬病毒在沉寂了数十年之后，近几年又有了抬头的趋势。2011 年下半年以来，山东、河南等省份猪伪狂犬病严重。华中农业大学动物疫病诊断中心调查结果显示，2012 年全国 16 个省、市 2 689 家规模化猪场送检的临床病料 9 000 余份，有 46% 的规模化猪场为野毒感染场，部分种猪场群阳性率可达到 70% 以上。同时，国内多家科研单位调查发现，免疫猪群中监测到了野毒感染，伪狂犬病并没有消失，而是以新的形式令养殖户不断蒙受损失。2011 年 10 月豫北、河北、山东等养殖密度较大的黄河以北区域首先暴发；2012 年 3 月江苏、安徽、上海暴发，2012 年 5 月华东、华北、华中暴发，2012 年 11 月广东、广西暴发；2013 年 4 月我国中东部数十个省份均暴发了大面积的猪伪狂犬病。许多中小型猪场反映，猪场除了猪只死亡之外，还发生了猪场中老鼠、狗、猫的大量、突然死亡现象，检测部门最终确定是伪狂犬病。由此看来，部分猪场对伪狂犬病的认识不够全面，预防工作存在一定的不足。

（二）济源市流行概况

截至 2011 年 10 月，济源市猪伪狂犬病均呈零星发病，未见有暴发流行。2012 年 11 月，我市部分生猪临床上发现类似猪伪狂犬病又与经典猪伪狂犬病有所不同的新型猪伪狂犬病，并在我市大范围暴发。

二、猪伪狂犬病案例分析

（一）案例

案例一：哺乳仔猪发病死亡

1. 基本情况：养猪户李某饲养母猪 15 头、种公猪 1 头、育肥猪 25 头、保育猪 40 头、哺乳猪 60 头。

2. 免疫情况：

（1）仔猪：1 日龄，山东绿都生物科技有限公司伪狂犬基因缺失灭活苗（蜂胶）肌内注射 2 毫升/头；21 日龄，高致病性猪蓝耳病活疫苗 1 头份肌内注射；27 日龄，中牧股份江西生物制药厂猪瘟 2 头份肌内注射。

（2）母猪：产前 45 天、30 天，山东绿都生物科技有限公司伪狂犬基因缺失灭活苗（蜂胶）肌内注射 4 毫升/头；产后 21 天高致病性猪蓝耳病活疫苗肌内注射 2 头份/头；产后 27 天中牧股份江西生物制药厂猪瘟肌内注射 8 头份/头，间隔 7 天，哈尔滨兽医研究所圆环病毒疫苗肌内注射 2 毫升/头；口蹄疫每年免疫 4

次，内蒙古金宇集团股份有限公司灭活苗肌内注射4毫升/头。

3. 实验室检测情况：2011年6月，在济源市动物疫病预防控制中心开展猪瘟、高致病性猪蓝耳病、口蹄疫免疫抗体检测，均合格。

4. 临床发病情况：存栏60头哺乳仔猪全部发病，死亡53头。具体情况为，新生仔猪2日龄开始发病，呕吐奶样物，继而出现头部颤抖、盲目运动、后躯麻痹等神经症状，后期倒地不起昏迷死亡，多数表现为口吐白沫，个别有拉黄色糊状稀便，死亡率100%。畜主使用病死仔猪喂犬，犬2天内死亡。

5. 剖检情况：剖检见肝脏和脾脏表面有大量散在黄色小米粒大坏死灶，肾脏表面有大量出血点，脑膜下有充血出血。

6. 实验室诊断情况：

（1）血清学检测。使用爱德士伪狂犬gE鉴别诊断试剂盒进行检测，结果为阴性。

（2）动物实验。取冷冻保存的脑和脾脏5克左右，加5毫升生理盐水研磨，反复冻融3次，补充5毫升生理盐水，充分混匀，3 000转/分离心10分钟，加入1 600单位双抗，4 ℃冰箱中过夜，恢复至常温。

取3只60日龄加利福尼亚仔兔，2只仔兔大腿外侧皮下接种上述病毒液2毫升/只，1只未接种。接种后第一天，3只兔精神、食欲均正常，饲喂胡萝卜和青草。接种后第二天10时，2只被接种兔精神沉郁，食欲减退，14时一只接种兔死亡，口中流出带血黏液；另一只接种兔啃咬接种大腿，皮肤发生明显破损。

（3）发病仔猪脑组织PCR检测。高致病性猪蓝耳病、猪瘟病原阴性，猪伪狂犬病病原阳性。

案例二：免疫母猪发生流产

1. 基本情况：养殖户张某，饲养母猪25头、育肥猪86头、保育猪40头、哺乳猪0头。

2. 免疫情况：使用德国勃林格猪伪狂犬疫苗肌内注射，全面普免4次，2头份/次。发病前20天左右全部普免一次，2头份/头。

3. 临床发病情况：怀孕猪19头，流产17头，流产率90%。畜主用流产胎儿、胎衣喂自己的土狗，狗出现口流涎、四肢无力、瘫痪等神经症状，发病3天后麻痹死亡。

4. 剖检情况：流产胎儿皮肤有大量出血点，肝脏和脾脏表面有大量散在黄色小米粒大坏死灶，肾脏表面有大量出血点。

5. 实验室检测情况：

（1）血清学检测：使用爱德士伪狂犬 gE 鉴别诊断试剂盒进行检测，结果为阴性。

（2）病原学检测：取胎儿脾脏、扁桃体进行 PCR 检测，猪蓝耳病、猪瘟阴性，猪伪狂犬病阳性。

（二）案例分析

以上两个病例，根据临床发病特点、剖检症状结合实验室检测结果，确诊为猪伪狂犬病毒感染。其临床发病特点与经典猪伪狂犬病有吻合之处，但也有明显的不同。

1. 相同之处：

（1）本次流行毒株引起母猪、仔猪临床发病症状与经典猪伪狂犬病临床症状吻合。

（2）本次流行毒株引起的仔猪、流产胎儿剖检症状与经典猪伪狂犬病剖检病变吻合。

（3）本次流行毒株用经典猪伪狂犬病原学检测试剂进行实验室检测，结果为阳性。

（4）本次流行毒株动物实验结果与经典伪狂犬检验结果吻合。

2. 不同之处：

（1）疫苗预防效果较差，保护率明显低于本次流行前的保护率。

（2）疫苗治疗效果差，经典伪狂犬使用伪狂犬 bathar 株活疫苗如福州大北农伪狂静等治疗效果非常明显，但本次流行的伪狂犬毒株感染病例使用 bathar 株或 HB－98 株治疗基本无效。

（3）本次流行毒株感染病死猪饲喂家犬后，犬发病率和死亡率高达 100%。

（4）牛、羊临床出现伪狂犬病例。据数据显示，2012 年至今我市牛、羊临床出现奇痒，血清学检测伪狂犬抗体阳性比例明显增高。

三、病原研究进展

《中国预防兽医学报》2014 年第 7 期赵鸿远等研究表明 2014 年在我国规模化猪场大范围发生的猪伪狂犬病（PR），在 Vero 细胞中能够产生典型的 PRV 细胞病变，将 PRV－JL1 以 10^3LD_{50} 的剂量感染 3 只 6 月龄绵羊，接种羊在 5～8 天全部死亡，均出现典型的 PR 症状及组织病理学变化。将 PRV－JL1 及 PRV－HLJ1与近 3 年来本实验室分离鉴定的及 GenBank 中登录的来源于国内 10 多个省份的 32 个 PRV 株和 17 个经典 PRV 株的 gE 核苷酸序列进行比对分析，结果表明：近 3 年分离的 PRVs 与本实验室之前分离的变异株 PRV－HeN1 的同源性在 97.1%～99.5%，而与经典株 PRV 双城株（PRV－S）的同源性在 96.6%～99.1%。以 gE 氨基酸序列建立的进化树分析结果显示，近 3 年分离的 PRVs 形成一个相对独立于经典株的新分支。以上结果表明变异株已成为我国主要流行的病毒株，而且变异株均在 gE 蛋白的第 48 位和第 492 位各存在 1 个天冬氨酸的插入。该插入突变可以作为鉴定 PRV 变异株的分子特征。结论目前流行伪狂犬毒株已经发生明显变异。河南省动物疫病预防控制中心闫若潜等研究表明河南地区流行的伪狂犬病毒同样出现上述特点。

四、结论与讨论

因本次流行毒株在临床表现、剖检病变以及病原学检测和动物实验均与伪狂犬经典毒株吻合，所以综合诊断为猪伪狂犬病，但其感染力明显较经典毒株强，感染猪范围和感染动物种类明显扩大，猪和犬等动物的致死率也明显提高，结合研究单位对病毒基因研究结果，可以确定目前我国各地流行的伪狂犬病毒发生明显变异，其临床致病性和感染力明显增高。

五、防控措施

1. 参照第一篇第一章第三节猪伪狂犬防控措施中的生物安全重点措施。

2. 目前没有针对变异毒株的伪狂犬疫苗，只能通过提高猪群经典毒株的抗体水平来实现保护。可参考伪狂犬防控措施中免疫及抗体评价。

第三节　哺乳仔猪腹泻最新流行情况及防控研究进展

2010 年冬季以来，我国大部分地区陆续出现以仔猪严重腹泻和高死亡率为主要特征的生猪疫病，应用各种药物治疗无效，使用传统的流行性腹泻和传染性胃肠炎疫苗预防效果也不明显，导致仔猪尤其是哺乳仔猪死亡率明显增高，严重威胁养猪业的健康发展。

一、流行现状

仔猪腹泻性疫病在我国主要养猪省份绝大多数规模猪场和散养户均有发生，冬春季节发病率明显高于夏秋季节，部分猪场常年发生。初次发病多为全群暴发，往往一个阶段内所产哺乳仔猪的90%发病，出现猪群结构断层；流行过的猪群可以再次发病，发病多为零星出现，一般发病窝数较少，每窝发病率也有所下降。发病猪和带毒猪是主要传染源，主要通过粪—口传播，也可通过乳汁传播。

二、临床症状

本病以呕吐、水样腹泻、脱水、体重迅速下降和新生仔猪大量死亡为特征。特别是1～3日龄的新生仔猪，7～20日龄的乳猪，断奶后10天内的仔猪发病率高，多呈现严重水样腹泻和高发病率、死亡率；同群保育猪、育肥猪和母猪发病后症状较轻，病死率较低。剖检可见机体严重脱水，胃内有凝乳块，肠道尤其是小肠段充满黄色或白色水样液体，肠管壁变薄呈透明状。

三、原因分析

生猪腹泻流行的主要原因，专家普遍认为是以多种病毒性病原混合感染为主，继发或混合感染细菌性疾病所造成的。主要病原是猪流行性腹泻病毒，其次是猪伪狂犬、猪传染性胃肠炎病毒，部分养殖场还有致病性大肠杆菌和沙门菌继发感染。分析其原因，主要有以下几个方面：

（一）毒株变异

实验室研究发现引起本次发病的猪流行性腹泻病毒发生变异，为新毒株。

（二）腹泻病原多

除病毒性腹泻、细菌性腹泻（如大肠杆菌、沙门菌、魏氏梭菌、猪痢疾蛇形螺旋体、副猪嗜血杆菌等），以及寄生虫性腹泻（猪球虫、隐孢子虫、蛔虫等）外，还存在病毒、细菌与寄生虫等的混合感染和并发感染；加之猪群处于免疫抑制导致传染性腹泻疾病的发生和流行。

（三）非传染性因素

非传染性因素，如饲料发霉变质，存在霉菌毒素，以及过多地饲喂高蛋白饲料、饲料中缺乏维生素与矿物质等。

四、综合防控

（一）针对性措施

1. 疫苗免疫：采用经国家批准使用的猪流行性腹泻–猪传染性胃肠炎二联灭活疫苗对妊娠母猪进行免疫接种，为所产仔猪提供母源抗体保护；妊娠母猪可在每年10月、12月各普免1次，在产前1个月进行1次强化免疫。仔猪于断奶后1周内进行免疫。

2. 产房消毒与通风保温：产房要坚持全进全出，严格落实产房空栏、彻底清洗、严格消毒、干燥、增温等措施。用高压水枪彻底冲洗产床、墙面、地面、饲喂工具等，待干燥后再进行严格消毒（1%氢氧化钠溶液），让其自然干燥，空栏5～7天，方可转入母猪进行生产。

产房可使用煤炉或其他供暖设施，确保产房温度适宜（20～25 ℃），对仔猪保育箱使用大功率灯泡或红外线灯照射提高温度（30～34 ℃为宜）。保持产房、产床、保育箱的清洁干燥。产房要适当通风，避免一氧化碳等中毒。

3. 及时评估母猪健康状况：根据母猪是否发病、持续时间、注射疫苗种类及时间等情况，全面评估母猪免疫和健康状况，如正在发生腹泻或刚发生过腹泻或其他疫病的母猪所产仔猪，最好将仔猪隔离寄养。对母猪腹部、臀部、尾部，尤其是乳房、乳头用0.1%高锰酸钾溶液进行清洗消毒。

4. 采用对症治疗措施：对发生腹泻的仔猪，用清洁、干净的人工补液盐（0.9% NaCl，3.5% $NaHCO_3$）进行补液，对10日龄以上仔猪也可进行静脉注射补液。

5. 有条件的可以尝试反饲： 针对实际情况，死亡仔猪要剖检进行判断，收集这些腹泻仔猪的粪便或者死亡小猪的小肠饲喂临产前 20 天的母猪，刺激其产生乳源抗体，对预防仔猪腹泻（拉稀）有良好的效果。

（二）综合性措施

1. 加强日常饲养管理： 饲喂全价饲料，确保饲料没有发霉变质。在气温骤变季节，要提供营养丰富、均衡的优质饲料，提高机体非特异性免疫力。做好猪舍保温。加强猪舍环境卫生管理，及时清理粪污。对猪舍饲养管理人员定期开展技术培训，提高人员素质。

2. 加强仔猪饲养管理： 保证环境温度、湿度适宜，提供优质、卫生的饲料及饮水。断奶初期饲喂不宜过饱，应采取少喂勤填的饲喂方法，逐步过渡到自由采食。

3. 严格落实消毒措施： 规模猪场应采取封闭饲养、全进全出的管理模式，定期开展消毒灭源工作，及时清理并无害化处理粪污。在猪舍清空后，应进行彻底清洗、喷洒消毒或熏蒸消毒，空栏 3 ~5 天，方可转入新的猪群。

4. 严格实施引种隔离： 有条件的猪场要坚持自繁自养，提高生物安全水平。确需从外地引种，必须从有资质的猪场引种，并按规定实施严格检疫。引进种猪须隔离饲养 45 天后再次进行实验室检测，确认主要疫病病原感染为阴性的猪只方可混群。

5. 积极推进疫病净化工作： 结合开展全国重点原种猪场主要垂直传播性疫病监测工作，有条件的猪场可以开展动物疫病净化，根据本场实际情况制订具体的净化方案。

6. 做好无害化处理： 对病死猪及其产品要严格采取“四不准一处理”措施，及时消除疫情隐患，严防病死猪传播疫情。

7. 做好各种常规疫苗的免疫工作和免疫效果评价： 按照程序做好口蹄疫、高致病性猪蓝耳病、猪瘟、伪狂犬等常规免疫接种工作，同时适时开展免疫效果评价，如母猪的猪瘟、伪狂犬等抗体很重要的，如果此次仔猪腹泻（拉稀）再遇上猪瘟或伪狂犬的话，仔猪的死亡率几乎是100%。

附　录

附录一　中华人民共和国动物防疫法

目　录

第一章　总则

第二章　动物疫病的预防

第三章　动物疫情的报告、通报和公布

第四章　动物疫病的控制和扑灭

第五章　动物和动物产品的检疫

第六章　动物诊疗

第七章　监督管理

第八章　保障措施

第九章　法律责任

第十章　附则

第一章　总　则

第一条　为了加强对动物防疫活动的管理，预防、控制和扑灭动物疫病，促进养殖业发展，保护人体健康，维护公共卫生安全，制定本法。

第二条　本法适用于在中华人民共和国领域内的动物防疫及其监督管理活动。

进出境动物、动物产品的检疫，适用《中华人民共和国进出境动植物检疫法》。

第三条 本法所称动物，是指家畜家禽和人工饲养、合法捕获的其他动物。

本法所称动物产品，是指动物的肉、生皮、原毛、绒、脏器、脂、血液、精液、卵、胚胎、骨、蹄、头、角、筋以及可能传播动物疫病的奶、蛋等。

本法所称动物疫病，是指动物传染病、寄生虫病。

本法所称动物防疫，是指动物疫病的预防、控制、扑灭和动物、动物产品的检疫。

第四条 根据动物疫病对养殖业生产和人体健康的危害程度，本法规定管理的动物疫病分为下列三类：

（一）一类疫病，是指对人与动物危害严重，需要采取紧急、严厉的强制预防、控制、扑灭等措施的；

（二）二类疫病，是指可能造成重大经济损失，需要采取严格控制、扑灭等措施，防止扩散的；

（三）三类疫病，是指常见多发、可能造成重大经济损失，需要控制和净化的。

前款一、二、三类动物疫病具体病种名录由国务院兽医主管部门制定并公布。

第五条 国家对动物疫病实行预防为主的方针。

第六条 县级以上人民政府应当加强对动物防疫工作的统一领导，加强基层动物防疫队伍建设，建立健全动物防疫体系，制定并组织实施动物疫病防治规划。

乡级人民政府、城市街道办事处应当组织群众协助做好本管辖区域内的动物疫病预防与控制工作。

第七条 国务院兽医主管部门主管全国的动物防疫工作。

县级以上地方人民政府兽医主管部门主管本行政区域内的动物防疫工作。

县级以上人民政府其他部门在各自的职责范围内做好动物防疫工作。

军队和武装警察部队动物卫生监督职能部门分别负责军队和武装警察部队现役动物及饲养自用动物的防疫工作。

第八条 县级以上地方人民政府设立的动物卫生监督机构依照本法规定，负责动物、动物产品的检疫工作和其他有关动物防疫的监督管理执法工作。

第九条 县级以上人民政府按照国务院的规定，根据统筹规划、合理布局、综合设置的原则建立动物疫病预防控制机构，承担动物疫病的监测、检测、诊断、流行病学调查、疫情报告以及其他预防、控制等技术工作。

第十条 国家支持和鼓励开展动物疫病的科学研究以及国际合作与交流，推广先进适用的科学研究成果，普及动物防疫科学知识，提高动物疫病防治的科学技术水平。

第十一条 对在动物防疫工作、动物防疫科学研究中做出成绩和贡献的单位和个人，各级人民政府及有关部门给予奖励。

第二章　动物疫病的预防

第十二条 国务院兽医主管部门对动物疫病状况进行风险评估，根据评估结果制定相应的动物疫病预防、控制措施。

国务院兽医主管部门根据国内外动物疫情和保护养殖业生产及人体健康的需要，及时制定并公布动物疫病预防、控制技术规范。

第十三条 国家对严重危害养殖业生产和人体健康的动物疫病实施强制免疫。国务院兽医主管部门确定强制免疫的动物疫病病种和区域，并会同国务院有关部门制订国家动物疫病强制免疫计划。

省、自治区、直辖市人民政府兽医主管部门根据国家动物疫病强制免疫计划，制订本行政区域的强制免疫计划；并可以根据本行政区域内动物疫病流行情况增加实施强制免疫的动物疫病病种和区域，报本级人民政府批准后执行，并报国务院兽医主管部门备案。

第十四条 县级以上地方人民政府兽医主管部门组织实施动物疫病强制免疫计划。乡级人民政府、城市街道办事处应当组织本管辖区域内饲养动物的单位和个人做好强制免疫工作。

饲养动物的单位和个人应当依法履行动物疫病强制免疫义务，按照兽医主管部门的要求做好强制免疫工作。

经强制免疫的动物，应当按照国务院兽医主管部门的规定建立免疫档案，加施畜禽标识，实施可追溯管理。

第十五条 县级以上人民政府应当建立健全动物疫情监测网络，加强动物疫情监测。

国务院兽医主管部门应当制订国家动物疫病监测计划。省、自治区、直辖市人民政府兽医主管部门应当根据国家动物疫病监测计划，制订本行政区域的动物疫病监测计划。

动物疫病预防控制机构应当按照国务院兽医主管部门的规定，对动物疫病的发生、流行等情况进行监测；从事动物饲养、屠宰、经营、隔离、运输以及动物产品生产、经营、加工、贮藏等活动的单位和个人不得拒绝或者阻碍。

第十六条 国务院兽医主管部门和省、自治区、直辖市人民政府兽医主管部门应当根据对动物疫病发生、流行趋势的预测，及时发出动物疫情预警。地方各级人民政府接到动物疫情预警后，应当采取相应的预防、控制措施。

第十七条 从事动物饲养、屠宰、经营、隔离、运输以及动物产品生产、经营、加工、贮藏等活动的单位和个人，应当依照本法和国务院兽医主管部门的规定，做好免疫、消毒等动物疫病预防工作。

第十八条 种用、乳用动物和宠物应当符合国务院兽医主管部门规定的健康标准。

种用、乳用动物应当接受动物疫病预防控制机构的定期检测；检测不合格的，应当按照国务院兽医主管部门的规定予以处理。

第十九条 动物饲养场（养殖小区）和隔离场所，动物屠宰加工场所，以及动物和动物产品无害化处理场所，应当符合下列动物防疫条件：

（一）场所的位置与居民生活区、生活饮用水源地、学校、医院等公共场所的距离符合国务院兽医主管部门规定的标准；

（二）生产区封闭隔离，工程设计和工艺流程符合动物防疫要求；

（三）有相应的污水、污物、病死动物、染疫动物产品的无害化处理设施设备和清洗消毒设施设备；

（四）有为其服务的动物防疫技术人员；

（五）有完善的动物防疫制度；

（六）具备国务院兽医主管部门规定的其他动物防疫条件。

第二十条 兴办动物饲养场（养殖小区）和隔离场所，动物屠宰加工场所，以及动物和动物产品无害化处理场所，应当向县级以上地方人民政府兽医主管部门提出申请，并附具相关材料。受理申请的兽医主管部门应当依照本法和《中华人民共和国行政许可法》的规定进行审查。经审查合格的，发给动物防疫条件合格证；不合格的，应当通知申请人并说明理由。需要办理工商登记的，申请人凭动物防疫条件合格证向工商行政管理部门申请办理登记注册手续。

动物防疫条件合格证应当载明申请人的名称、场（厂）址等事项。

经营动物、动物产品的集贸市场应当具备国务院兽医主管部门规定的动物防疫条件，并接受动物卫生监督机构的监督检查。

第二十一条 动物、动物产品的运载工具、垫料、包装物、容器等应当符合国务院兽医主管部门规定的动物防疫要求。

染疫动物及其排泄物、染疫动物产品，病死或者死因不明的动物尸体，运载工具中的动物排泄物以及垫料、包装物、容器等污染物，应当按照国务院兽医主管部门的规定处理，不得随意处置。

第二十二条 采集、保存、运输动物病料或者病原微生物以及从事病原微生物研究、教学、检测、诊断等活动，应当遵守国家有关病原微生物实验室管理的规定。

第二十三条 患有人畜共患传染病的人员不得直接从事动物诊疗以及易感染动物的饲养、屠宰、经营、隔离、运输等活动。

人畜共患传染病名录由国务院兽医主管部门会同国务院卫生主管部门制定并公布。

第二十四条 国家对动物疫病实行区域化管理，逐步建立无规定动物疫病区。无规定动物疫病区应当符合国务院兽医主管部门规定的标准，经国务院兽医主管部门验收合格予以公布。

本法所称无规定动物疫病区，是指具有天然屏障或者采取人工措施，在一定期限内没有发生规定的一种或者几种动物疫病，并经验收合格的区域。

第二十五条 禁止屠宰、经营、运输下列动物和生产、经营、加工、贮藏、运输下列动物产品：

（一）封锁疫区内与所发生动物疫病有关的；

（二）疫区内易感染的；

（三）依法应当检疫而未经检疫或者检疫不合格的；

（四）染疫或者疑似染疫的；

（五）病死或者死因不明的；

（六）其他不符合国务院兽医主管部门有关动物防疫规定的。

第三章　动物疫情的报告、通报和公布

第二十六条 从事动物疫情监测、检验检疫、疫病研究与诊疗以及动物饲养、屠宰、经营、隔离、运输等活动的单位和个人，发现动物染疫或者疑似染疫的，应当立即向当地兽医主管部

门、动物卫生监督机构或者动物疫病预防控制机构报告，并采取隔离等控制措施，防止动物疫情扩散。其他单位和个人发现动物染疫或者疑似染疫的，应当及时报告。

接到动物疫情报告的单位，应当及时采取必要的控制处理措施，并按照国家规定的程序上报。

第二十七条 动物疫情由县级以上人民政府兽医主管部门认定；其中重大动物疫情由省、自治区、直辖市人民政府兽医主管部门认定，必要时报国务院兽医主管部门认定。

第二十八条 国务院兽医主管部门应当及时向国务院有关部门和军队有关部门以及省、自治区、直辖市人民政府兽医主管部门通报重大动物疫情的发生和处理情况；发生人畜共患传染病的，县级以上人民政府兽医主管部门与同级卫生主管部门应当及时相互通报。

国务院兽医主管部门应当依照我国缔结或者参加的条约、协定，及时向有关国际组织或者贸易方通报重大动物疫情的发生和处理情况。

第二十九条 国务院兽医主管部门负责向社会及时公布全国动物疫情，也可以根据需要授权省、自治区、直辖市人民政府兽医主管部门公布本行政区域内的动物疫情。其他单位和个人不得发布动物疫情。

第三十条 任何单位和个人不得瞒报、谎报、迟报、漏报动物疫情，不得授意他人瞒报、谎报、迟报动物疫情，不得阻碍他人报告动物疫情。

第四章　动物疫病的控制和扑灭

第三十一条 发生一类动物疫病时，应当采取下列控制和扑灭措施：

（一）当地县级以上地方人民政府兽医主管部门应当立即派人到现场，划定疫点、疫区、受威胁区，调查疫源，及时报请本级人民政府对疫区实行封锁。疫区范围涉及两个以上行政区域的，由有关行政区域共同的上一级人民政府对疫区实行封锁，或者由各有关行政区域的上一级人民政府共同对疫区实行封锁。必要时，上级人民政府可以责成下级人民政府对疫区实行封锁。

（二）县级以上地方人民政府应当立即组织有关部门和单位采取封锁、隔离、扑杀、销毁、消毒、无害化处理、紧急免疫接种等强制性措施，迅速扑灭疫病。

（三）在封锁期间，禁止染疫、疑似染疫和易感染的动物、动物产品流出疫区，禁止非疫区的易感染动物进入疫区，并根据扑灭动物疫病的需要对出入疫区的人员、运输工具及有关物品采取消毒和其他限制性措施。

第三十二条 发生二类动物疫病时，应当采取下列控制和扑灭措施：

（一）当地县级以上地方人民政府兽医主管部门应当划定疫点、疫区、受威胁区。

（二）县级以上地方人民政府根据需要组织有关部门和单位采取隔离、扑杀、销毁、消毒、无害化处理、紧急免疫接种、限制易感染的动物和动物产品及有关物品出入等控制、扑灭措施。

第三十三条 疫点、疫区、受威胁区的撤销和疫区封锁的解除，按照国务院兽医主管部门规定的标准和程序评估后，由原决定机关决定并宣布。

第三十四条 发生三类动物疫病时，当地县级、乡级人民政府应当按照国务院兽医主管部门的规定组织防治和净化。

第三十五条 二、三类动物疫病呈暴发性流行时，按照一类动物疫病处理。

第三十六条 为控制、扑灭动物疫病，动物卫生监督机构应当派人在当地依法设立的现有检查站执行监督检查任务；必要时，经省、自治区、直辖市人民政府批准，可以设立临时性的动物卫生监督检查站，执行监督检查任务。

第三十七条 发生人畜共患传染病时，卫生主管部门应当组织对疫区易感染的人群进行监测，并采取相应的预防、控制措施。

第三十八条 疫区内有关单位和个人，应当遵守县级以上人民政府及其兽医主管部门依法做出的有关控制、扑灭动物疫病的规定。

任何单位和个人不得藏匿、转移、盗掘已被依法隔离、封存、处理的动物和动物产品。

第三十九条 发生动物疫情时，航空、铁路、公路、水路等运输部门应当优先组织运送控制、扑灭疫病的人员和有关物资。

第四十条 一、二、三类动物疫病突然发生，迅速传播，给养殖业生产安全造成严重威胁、危害，以及可能对公众身体健康与生命安全造成危害，构成重大动物疫情的，依照法律和国务院的规定采取应急处理措施。

第五章 动物和动物产品的检疫

第四十一条 动物卫生监督机构依照本法和国务院兽医主管部门的规定对动物、动物产品实施检疫。

动物卫生监督机构的官方兽医具体实施动物、动物产品检疫。官方兽医应当具备规定的资格条件，取得国务院兽医主管部门颁发的资格证书，具体办法由国务院兽医主管部门会同国务院人事行政部门制定。

本法所称官方兽医，是指具备规定的资格条件并经兽医主管部门任命的，负责出具检疫等证明的国家兽医工作人员。

第四十二条 屠宰、出售或者运输动物以及出售或者运输动物产品前，货主应当按照国务院兽医主管部门的规定向当地动物卫生监督机构申报检疫。

动物卫生监督机构接到检疫申报后，应当及时指派官方兽医对动物、动物产品实施现场检疫；检疫合格的，出具检疫证明、加施检疫标志。实施现场检疫的官方兽医应当在检疫证明、检疫标志上签字或者盖章，并对检疫结论负责。

第四十三条 屠宰、经营、运输以及参加展览、演出和比赛的动物，应当附有检疫证明；经营和运输的动物产品，应当附有检疫证明、检疫标志。

对前款规定的动物、动物产品，动物卫生监督机构可以查验检疫证明、检疫标志，进行监督抽查，但不得重复检疫收费。

第四十四条 经铁路、公路、水路、航空运输动物和动物产品的，托运人托运时应当提供检疫证明；没有检疫证明的，承运人不得承运。

运载工具在装载前和卸载后应当及时清洗、消毒。

第四十五条 输入到无规定动物疫病区的动物、动物产品，货主应当按照国务院兽医主管部门的规定向无规定动物疫病区所在地动物卫生监督机构申报检疫，经检疫合格的，方可进入；检疫所需费用纳入无规定动物疫病区所在地地方人民政府财政预算。

第四十六条 跨省、自治区、直辖市引进乳用动物、种用动物及其精液、胚胎、种蛋的，应当向输入地省、自治区、直辖市动物卫生监督机构申请办理审批手续，并依照本法第四十二条的规定取得检疫证明。

跨省、自治区、直辖市引进的乳用动物、种用动物到达输入地后，货主应当按照国务院兽医主管部门的规定对引进的乳用动物、种用动物进行隔离观察。

第四十七条 人工捕获的可能传播动物疫病的野生动物，应当报经捕获地动物卫生监督机构检疫，经检疫合格的，方可饲养、经营和运输。

第四十八条 经检疫不合格的动物、动物产品，货主应当在动物卫生监督机构监督下按照国务院兽医主管部门的规定处理，处理费用由货主承担。

第四十九条 依法进行检疫需要收取费用的，其项目和标准由国务院财政部门、物价主管部门规定。

第六章 动物诊疗

第五十条 从事动物诊疗活动的机构，应当具备下列条件：

（一）有与动物诊疗活动相适应并符合动物防疫条件的场所；

（二）有与动物诊疗活动相适应的执业兽医；

（三）有与动物诊疗活动相适应的兽医器械和设备；

（四）有完善的管理制度。

第五十一条 设立从事动物诊疗活动的机构，应当向县级以上地方人民政府兽医主管部门申请动物诊疗许可证。受理申请的兽医主管部门应当依照本法和《中华人民共和国行政许可法》的规定进行审查。经审查合格的，发给动物诊疗许可证；不合格的，应当通知申请人并说明理由。申请人凭动物诊疗许可证向工商行政管理部门申请办理登记注册手续，取得营业执照后，方可从事动物诊疗活动。

第五十二条 动物诊疗许可证应当载明诊疗机构名称、诊疗活动范围、从业地点和法定代表人（负责人）等事项。

动物诊疗许可证载明事项变更的，应当申请变更或者换发动物诊疗许可证，并依法办理工商变更登记手续。

第五十三条 动物诊疗机构应当按照国务院兽医主管部门的规定，做好诊疗活动中的卫生安全防护、消毒、隔离和诊疗废弃物处置等工作。

第五十四条 国家实行执业兽医资格考试制度。具有兽医相关专业大学专科以上学历的，可以申请参加执业兽医资格考试；考试合格的，由国务院兽医主管部门颁发执业兽医资格证书；从事动物诊疗的，还应当向当地县级人民政府兽医主管部门申请注册。执业兽医资格考试和注册办法由国务院兽医主管部门商国务院人事行政部门制定。

本法所称执业兽医，是指从事动物诊疗和动物保健等经营活动的兽医。

第五十五条 经注册的执业兽医，方可从事动物诊疗、开具兽药处方等活动。但是，本法第五十七条对乡村兽医服务人员另有规定的，从其规定。

执业兽医、乡村兽医服务人员应当按照当地人民政府或者兽医主管部门的要求，参加预防、控制和扑灭动物疫病的活动。

第五十六条 从事动物诊疗活动，应当遵守有关动物诊疗的操作技术规范，使用符合国家规定的兽药和兽医器械。

第五十七条 乡村兽医服务人员可以在乡村从事动物诊疗服务活动，具体管理办法由国务院兽医主管部门制定。

第七章 监督管理

第五十八条 动物卫生监督机构依照本法规定，对动物饲养、屠宰、经营、隔离、运输以及动物产品生产、经营、加工、贮藏、运输等活动中的动物防疫实施监督管理。

第五十九条 动物卫生监督机构执行监督检查任务，可以采取下列措施，有关单位和个人不得拒绝或者阻碍：

（一）对动物、动物产品按照规定采样、留验、抽检；

（二）对染疫或者疑似染疫的动物、动物产品及相关物品进行隔离、查封、扣押和处理；

（三）对依法应当检疫而未经检疫的动物实施补检；

（四）对依法应当检疫而未经检疫的动物产品，具备补检条件的实施补检，不具备补检条件的予以没收销毁；

（五）查验检疫证明、检疫标志和畜禽标识；

（六）进入有关场所调查取证，查阅、复制与动物防疫有关的资料。

动物卫生监督机构根据动物疫病预防、控制需要，经当地县级以上地方人民政府批准，可以在车站、港口、机场等相关场所派驻官方兽医。

第六十条 官方兽医执行动物防疫监督检查任务，应当出示行政执法证件，佩戴统一标志。

动物卫生监督机构及其工作人员不得从事与动物防疫有关的经营性活动，进行监督检查不得收取任何费用。

第六十一条 禁止转让、伪造或者变造检疫证明、检疫标志或者畜禽标识。

检疫证明、检疫标志的管理办法，由国务院兽医主管部门制定。

第八章 保障措施

第六十二条 县级以上人民政府应当将动物防疫纳入本级国民经济和社会发展规划及年度计划。

第六十三条 县级人民政府和乡级人民政府应当采取有效措施，加强村级防疫员队伍建设。

县级人民政府兽医主管部门可以根据动物防疫工作需要，向乡、镇或者特定区域派驻兽医机构。

第六十四条 县级以上人民政府按照本级政府职责，将动物疫病预防、控制、扑灭、检疫和监督管理所需经费纳入本级财政预算。

第六十五条 县级以上人民政府应当储备动物疫情应急处理工作所需的防疫物资。

第六十六条 对在动物疫病预防和控制、扑灭过程中强制扑杀的动物、销毁的动物产品和相关物品，县级以上人民政府应当给予补偿。具体补偿标准和办法由国务院财政部门会同有关部门制定。

因依法实施强制免疫造成动物应激死亡的，给予补偿。具体补偿标准和办法由国务院财政部门会同有关部门制定。

第六十七条 对从事动物疫病预防、检疫、监督检查、现场处理疫情以及在工作中接触动物疫病病原体的人员，有关单位应当按照国家规定采取有效的卫生防护措施和医疗保健措施。

第九章 法律责任

第六十八条 地方各级人民政府及其工作人员未依照本法规定履行职责的，对直接负责的主管人员和其他直接责任人员依法给予处分。

第六十九条 县级以上人民政府兽医主管部门及其工作人员违反本法规定，有下列行为之一的，由本级人民政府责令改正，通报批评；对直接负责的主管人员和其他直接责任人员依法给予处分：

（一）未及时采取预防、控制、扑灭等措施的；

（二）对不符合条件的颁发动物防疫条件合格证、动物诊疗许可证，或者对符合条件的拒不颁发动物防疫条件合格证、动物诊疗许可证的；

（三）其他未依照本法规定履行职责的行为。

第七十条 动物卫生监督机构及其工作人员违反本法规定，有下列行为之一的，由本级人民政府或者兽医主管部门责令改正，通报批评；对直接负责的主管人员和其他直接责任人员依法给予处分：

（一）对未经现场检疫或者检疫不合格的动物、动物产品出具检疫证明、加施检疫标志，或者对检疫合格的动物、动物产品拒不出具检疫证明、加施检疫标志的；

（二）对附有检疫证明、检疫标志的动物、动物产品重复检疫的；

（三）从事与动物防疫有关的经营性活动，或者在国务院财政部门、物价主管部门规定外加收费用、重复收费的；

（四）其他未依照本法规定履行职责的行为。

第七十一条 动物疫病预防控制机构及其工作人员违反本法规定，有下列行为之一的，由本级人民政府或者兽医主管部门责令改正，通报批评；对直接负责的主管人员和其他直接责任人员依法给予处分：

（一）未履行动物疫病监测、检测职责或者伪造监测、检测结果的；

（二）发生动物疫情时未及时进行诊断、调查的；

（三）其他未依照本法规定履行职责的行为。

第七十二条 地方各级人民政府、有关部门及其工作人员瞒报、谎报、迟报、漏报或者授意他人瞒报、谎报、迟报动物疫情，或者阻碍他人报告动物疫情的，由上级人民政府或者有关部门责令改正，通报批评；对直接负责的主管人员和其他直接责任人员依法给予处分。

第七十三条 违反本法规定，有下列行为之一的，由动物卫生监督机构责令改正，给予警告；拒不改正的，由动物卫生监督机构代做处理，所需处理费用由违法行为人承担，可以处一千元以下罚款：

（一）对饲养的动物不按照动物疫病强制免疫计划进行免疫接种的；

（二）种用、乳用动物未经检测或者经检测不合格而不按照规定处理的；

（三）动物、动物产品的运载工具在装载前和卸载后没有及时清洗、消毒的。

第七十四条 违反本法规定，对经强制免疫的动物未按照国务院兽医主管部门规定建立免疫档案、加施畜禽标识的，依照《中华人民共和国畜牧法》的有关规定处罚。

第七十五条 违反本法规定，不按照国务院兽医主管部门规定处置染疫动物及其排泄物，染疫动物产品，病死或者死因不明的动物尸体，运载工具中的动物排泄物以及垫料、包装物、容器等污染物以及其他经检疫不合格的动物、动物产品的，由动物卫生监督机构责令无害化处理，所需处理费用由违法行为人承担，可以处三千元以下罚款。

第七十六条 违反本法第二十五条规定，屠宰、经营、运输动物或者生产、经营、加工、贮藏、运输动物产品的，由动物卫生监督机构责令改正、采取补救措施，没收违法所得和动物、动物产品，并处同类检疫合格动物、动物产品货值金额一倍以上五倍以下罚款；其中依法应当检疫而未检疫的，依照本法第七十八条的规定处罚。

第七十七条 违反本法规定，有下列行为之一的，由动物卫生监督机构责令改正，处一千元以上一万元以下罚款；情节严重的，处一万元以上十万元以下罚款：

（一）兴办动物饲养场（养殖小区）和隔离场所，动物屠宰加工场所，以及动物和动物产品无害化处理场所，未取得动物防疫条件合格证的；

（二）未办理审批手续，跨省、自治区、直辖市引进乳用动物、种用动物及其精液、胚胎、种蛋的；

（三）未经检疫，向无规定动物疫病区输入动物、动物产品的。

第七十八条 违反本法规定，屠宰、经营、运输的动物未附有检疫证明，经营和运输的动物产品未附有检疫证明、检疫标志的，由动物卫生监督机构责令改正，处同类检疫合格动物、动物产品货值金额百分之十以上百分之五十以下罚款；对货主以外的承运人处运输费用一倍以上三倍以下罚款。

违反本法规定，参加展览、演出和比赛的动物未附有检疫证明的，由动物卫生监督机构责令改正，处一千元以上三千元以下罚款。

第七十九条 违反本法规定，转让、伪造或者变造检疫证明、检疫标志或者畜禽标识的，由动物卫生监督机构没收违法所得，收缴检疫证明、检疫标志或者畜禽标识，并处三千元以上三万元以下罚款。

第八十条 违反本法规定，有下列行为之一的，由动物卫生监督机构责令改正，处一千元以上一万元以下罚款：

（一）不遵守县级以上人民政府及其兽医主管部门依法做出的有关控制、扑灭动物疫病规定的；

（二）藏匿、转移、盗掘已被依法隔离、封存、处理的动物和动物产品的；

（三）发布动物疫情的。

第八十一条 违反本法规定，未取得动物诊疗许可证从事动物诊疗活动的，由动物卫生监督机构责令停止诊疗活动，没收违法所得；违法所得在三万元以上的，并处违法所得一倍以上三倍以下罚款；没有违法所得或者违法所得不足三万元的，并处三千元以上三万元以下罚款。

动物诊疗机构违反本法规定，造成动物疫病扩散的，由动物卫生监督机构责令改正，处一万元以上五万元以下罚款；情节严重的，由发证机关吊销动物诊疗许可证。

第八十二条 违反本法规定，未经兽医执业注册从事动物诊疗活动的，由动物卫生监督机构责令停止动物诊疗活动，没收违法所得，并处一千元以上一万元以下罚款。

执业兽医有下列行为之一的，由动物卫生监督机构给予警告，责令暂停六个月以上一年以下动物诊疗活动；情节严重的，由发证机关吊销注册证书：

（一）违反有关动物诊疗的操作技术规范，造成或者可能造成动物疫病传播、流行的；

（二）使用不符合国家规定的兽药和兽医器械的；

（三）不按照当地人民政府或者兽医主管部门要求参加动物疫病预防、控制和扑灭活动的。

第八十三条 违反本法规定，从事动物疫病研究与诊疗和动物饲养、屠宰、经营、隔离、运输，以及动物产品生产、经营、加工、贮藏等活动的单位和个人，有下列行为之一的，由动物卫生监督机构责令改正；拒不改正的，对违法行为单位处一千元以上一万元以下罚款，对违法行为个人可以处五百元以下罚款：

（一）不履行动物疫情报告义务的；

（二）不如实提供与动物防疫活动有关资料的；

（三）拒绝动物卫生监督机构进行监督检查的；

（四）拒绝动物疫病预防控制机构进行动物疫病监测、检测的。

第八十四条 违反本法规定，构成犯罪的，依法追究刑事责任。

违反本法规定，导致动物疫病传播、流行等，给他人人身、财产造成损害的，依法承担民事责任。

第十章 附 则

第八十五条 本法自2008年1月1日起施行。

附录二 重大动物疫情应急条例

目 录

第一章 总则

第二章 应急准备

第三章 监测、报告和公布

第四章 应急处理

第五章 法律责任

第六章 附则

第一章 总 则

第一条 为了迅速控制、扑灭重大动物疫情，保障养殖业生产安全，保护公众身体健康与生命安全，维护正常的社会秩序，根据《中华人民共和国动物防疫法》，制定本条例。

第二条 本条例所称重大动物疫情，是指高致病性禽流感等发病率或者死亡率高的动物疫病突然发生，迅速传播，给养殖业生产安全造成严重威胁、危害，以及可能对公众身体健康与生命安全造成危害的情形，包括特别重大动物疫情。

第三条 重大动物疫情应急工作应当坚持加强领导、密切配合，依靠科学、依法防治，群防群控、果断处置的方针，及时发现，快速反应，严格处理，减少损失。

第四条 重大动物疫情应急工作按照属地管理的原则，实行政府统一领导、部门分工负责，逐级建立责任制。

县级以上人民政府兽医主管部门具体负责组织重大动物疫情的监测、调查、控制、扑灭等应急工作。

县级以上人民政府林业主管部门、兽医主管部门按照职责分工，加强对陆生野生动物疫源疫病的监测。

县级以上人民政府其他有关部门在各自的职责范围内，做好重大动物疫情的应急工作。

第五条 出入境检验检疫机关应当及时收集境外重大动物疫情信息，加强进出境动物及其产品的检验检疫工作，防止动物疫病传入和传出。兽医主管部门要及时向出入境检验检疫机关通报国内重大动物疫情。

第六条 国家鼓励、支持开展重大动物疫情监测、预防、应急处理等有关技术的科学研究和国际交流与合作。

第七条 县级以上人民政府应当对参加重大动物疫情应急处理的人员给予适当补助，对做出贡献的人员给予表彰和奖励。

第八条 对不履行或者不按照规定履行重大动物疫情应急处理职责的行为，任何单位和个人有权检举控告。

第二章　应急准备

第九条 国务院兽医主管部门应当制定全国重大动物疫情应急预案，报国务院批准，并按照不同动物疫病病种及其流行特点和危害程度，分别制定实施方案，报国务院备案。

县级以上地方人民政府根据本地区的实际情况，制定本行政区域的重大动物疫情应急预案，报上一级人民政府兽医主管部门备案。县级以上地方人民政府兽医主管部门，应当按照不同动物疫病病种及其流行特点和危害程度，分别制定实施方案。

重大动物疫情应急预案及其实施方案应当根据疫情的发展变化和实施情况，及时修改、完善。

第十条 重大动物疫情应急预案主要包括下列内容：

（一）应急指挥部的职责、组成以及成员单位的分工；

（二）重大动物疫情的监测、信息收集、报告和通报；

（三）动物疫病的确认、重大动物疫情的分级和相应的应急处理工作方案；

（四）重大动物疫情疫源的追踪和流行病学调查分析；

（五）预防、控制、扑灭重大动物疫情所需资金的来源、物资和技术的储备与调度；

（六）重大动物疫情应急处理设施和专业队伍建设。

第十一条 国务院有关部门和县级以上地方人民政府及其有关部门，应当根据重大动物疫情应急预案的要求，确保应急处理所需的疫苗、药品、设施设备和防护用品等物资的储备。

第十二条 县级以上人民政府应当建立和完善重大动物疫情监测网络和预防控制体系，加强动物防疫基础设施和乡镇动物防疫组织建设，并保证其正常运行，提高对重大动物疫情的应急处理能力。

第十三条 县级以上地方人民政府根据重大动物疫情应急需要，可以成立应急预备队，在重大动物疫情应急指挥部的指挥下，具体承担疫情的控制和扑灭任务。

应急预备队由当地兽医行政管理人员、动物防疫工作人员、有关专家、执业兽医等组成；必要时，可以组织动员社会上有一定专业知识的人员参加。公安机关、中国人民武装警察部队应当依法协助其执行任务。

应急预备队应当定期进行技术培训和应急演练。

第十四条 县级以上人民政府及其兽医主管部门应当加强对重大动物疫情应急知识和重大动物疫病科普知识的宣传，增强全社会的重大动物疫情防范意识。

第三章 监测、报告和公布

第十五条 动物防疫监督机构负责重大动物疫情的监测，饲养、经营动物和生产、经营动物产品的单位和个人应当配合，不得拒绝和阻碍。

第十六条 从事动物隔离、疫情监测、疫病研究与诊疗、检验检疫以及动物饲养、屠宰加工、运输、经营等活动的有关单位和个人，发现动物出现群体发病或者死亡的，应当立即向所在地的县（市）动物防疫监督机构报告。

第十七条 县（市）动物防疫监督机构接到报告后，应当立即赶赴现场调查核实。初步认为属于重大动物疫情的，应当在2小时内将情况逐级报省、自治区、直辖市动物防疫监督机构，并同时报所在地人民政府兽医主管部门；兽医主管部门应当及时通报同级卫生主管部门。

省、自治区、直辖市动物防疫监督机构应当在接到报告后1小时内，向省、自治区、直辖市人民政府兽医主管部门和国务院兽医主管部门所属的动物防疫监督机构报告。

省、自治区、直辖市人民政府兽医主管部门应当在接到报告后1小时内报本级人民政府和国务院兽医主管部门。

重大动物疫情发生后，省、自治区、直辖市人民政府和国务院兽医主管部门应当在4小时内向国务院报告。

第十八条 重大动物疫情报告包括下列内容：

（一）疫情发生的时间、地点；

（二）染疫、疑似染疫动物种类和数量、同群动物数量、免疫情况、死亡数量、临床症状、病理变化、诊断情况；

（三）流行病学和疫源追踪情况；

（四）已采取的控制措施；

（五）疫情报告的单位、负责人、报告人及联系方式。

第十九条 重大动物疫情由省、自治区、直辖市人民政府兽医主管部门认定；必要时，由国务院兽医主管部门认定。

第二十条 重大动物疫情由国务院兽医主管部门按照国家规定的程序，及时准确公布；其他任何单位和个人不得公布重大动物疫情。

第二十一条 重大动物疫病应当由动物防疫监督机构采集病料，未经国务院兽医主管部门或者省、自治区、直辖市人民政府兽医主管部门批准，其他单位和个人不得擅自采集病料。

从事重大动物疫病病原分离的，应当遵守国家有关生物安全管理规定，防止病原扩散。

第二十二条 国务院兽医主管部门应当及时向国务院有关部门和军队有关部门以及各省、自治区、直辖市人民政府兽医主管部门通报重大动物疫情的发生和处理情况。

第二十三条 发生重大动物疫情可能感染人群时，卫生主管部门应当对疫区内易受感染的人群进行监测，并采取相应的预防、控制措施。卫生主管部门和兽医主管部门应当及时相互通报情况。

第二十四条 有关单位和个人对重大动物疫情不得瞒报、谎报、迟报，不得授意他人瞒报、谎报、迟报，不得阻碍他人报告。

第二十五条 在重大动物疫情报告期间，有关动物防疫监督机构应当立即采取临时隔离控制措施；必要时，当地县级以上地方人民政府可以做出封锁决定并采取扑杀、销毁等措施。有关单位和个人应当执行。

第四章　应急处理

第二十六条　重大动物疫情发生后，国务院和有关地方人民政府设立的重大动物疫情应急指挥部统一领导、指挥重大动物疫情应急工作。

第二十七条　重大动物疫情发生后，县级以上地方人民政府兽医主管部门应当立即划定疫点、疫区和受威胁区，调查疫源，向本级人民政府提出启动重大动物疫情应急指挥系统、应急预案和对疫区实行封锁的建议，有关人民政府应当立即做出决定。

疫点、疫区和受威胁区的范围应当按照不同动物疫病病种及其流行特点和危害程度划定，具体划定标准由国务院兽医主管部门制定。

第二十八条　国家对重大动物疫情应急处理实行分级管理，按照应急预案确定的疫情等级，由有关人民政府采取相应的应急控制措施。

第二十九条　对疫点应当采取下列措施：

（一）扑杀并销毁染疫动物和易感染的动物及其产品；

（二）对病死的动物、动物排泄物、被污染饲料、垫料、污水进行无害化处理；

（三）对被污染的物品、用具、动物圈舍、场地进行严格消毒。

第三十条　对疫区应当采取下列措施：

（一）在疫区周围设置警示标志，在出入疫区的交通路口设置临时动物检疫消毒站，对出入的人员和车辆进行消毒；

（二）扑杀并销毁染疫和疑似染疫动物及其同群动物，销毁染疫和疑似染疫的动物产品，对其他易感染的动物实行圈养或者在指定地点放养，役用动物限制在疫区内使役；

（三）对易感染的动物进行监测，并按照国务院兽医主管部门的规定实施紧急免疫接种，必要时对易感染的动物进行扑杀；

（四）关闭动物及动物产品交易市场，禁止动物进出疫区和动物产品运出疫区；

（五）对动物圈舍、动物排泄物、垫料、污水和其他可能受污染的物品、场地，进行消毒或者无害化处理。

第三十一条 对受威胁区应当采取下列措施：

（一）对易感染的动物进行监测；

（二）对易感染的动物根据需要实施紧急免疫接种。

第三十二条 重大动物疫情应急处理中设置临时动物检疫消毒站以及采取隔离、扑杀、销毁、消毒、紧急免疫接种等控制、扑灭措施的，由有关重大动物疫情应急指挥部决定，有关单位和个人必须服从；拒不服从的，由公安机关协助执行。

第三十三条 国家对疫区、受威胁区内易感染的动物免费实施紧急免疫接种；对因采取扑杀、销毁等措施给当事人造成的已经证实的损失，给予合理补偿。紧急免疫接种和补偿所需费用，由中央财政和地方财政分担。

第三十四条 重大动物疫情应急指挥部根据应急处理需要，有权紧急调集人员、物资、运输工具以及相关设施、设备。

单位和个人的物资、运输工具以及相关设施、设备被征集使用的，有关人民政府应当及时归还并给予合理补偿。

第三十五条 重大动物疫情发生后，县级以上人民政府兽医主管部门应当及时提出疫点、疫区、受威胁区的处理方案，加强疫情监测、流行病学调查、疫源追踪工作，对染疫和疑似染疫动物及其同群动物和其他易感染动物的扑杀、销毁进行技术指导，并组织实施检验检疫、消毒、无害化处理和紧急免疫接种。

第三十六条 重大动物疫情应急处理中，县级以上人民政府有关部门应当在各自的职责范围内，做好重大动物疫情应急所需的物资紧急调度和运输、应急经费安排、疫区群众救济、人的疫病防治、肉食品供应、动物及其产品市场监管、出入境检验检疫和社会治安维护等工作。

中国人民解放军、中国人民武装警察部队应当支持配合驻地人民政府做好重大动物疫情的应急工作。

第三十七条 重大动物疫情应急处理中，乡镇人民政府、村民委员会、居民委员会应当组织力量，向村民、居民宣传动物疫病防治的相关知识，协助做好疫情信息的收集、报告和各项应急处理措施的落实工作。

第三十八条 重大动物疫情发生地的人民政府和毗邻地区的人民政府应当通力合作，相互配合，做好重大动物疫情的控制、扑灭工作。

第三十九条 有关人民政府及其有关部门对参加重大动物疫情应急处理的人员，应当采取必要的卫生防护和技术指导等措施。

第四十条 自疫区内最后一头（只）发病动物及其同群动物处理完毕起，经过一个潜伏期以上的监测，未出现新的病例的，彻底消毒后，经上一级动物防疫监督机构验收合格，由原发布封锁令的人民政府宣布解除封锁，撤销疫区；由原批准机关撤销在该疫区设立的临时动物检疫消毒站。

第四十一条 县级以上人民政府应当将重大动物疫情确认、疫区封锁、扑杀及其补偿、消毒、无害化处理、疫源追踪、疫情监测以及应急物资储备等应急经费列入本级财政预算。

第五章　法律责任

第四十二条 违反本条例规定，兽医主管部门及其所属的动物防疫监督机构有下列行为之一的，由本级人民政府或者上级人民政府有关部门责令立即改正、通报批评、给予警告；对主要负责人、负有责任的主管人员和其他责任人员，依法给予记大过、降级、撤职直至开除的行政处分；构成犯罪的，依法追究刑事责任：

（一）不履行疫情报告职责，瞒报、谎报、迟报或者授意他人瞒报、谎报、迟报，阻碍他人报告重大动物疫情的；

（二）在重大动物疫情报告期间，不采取临时隔离控制措施，导致动物疫情扩散的；

（三）不及时划定疫点、疫区和受威胁区，不及时向本级人民政府提出应急处理建议，或者不按照规定对疫点、疫区和受威胁区采取预防、控制、扑灭措施的；

（四）不向本级人民政府提出启动应急指挥系统、应急预案和对疫区的封锁建议的；

（五）对动物扑杀、销毁不进行技术指导或者指导不力，或者不组织实施检验检疫、消毒、无害化处理和紧急免疫接种的；

（六）其他不履行本条例规定的职责，导致动物疫病传播、流行，或者对养殖业生产安全和公众身体健康与生命安全造成严重危害的。

第四十三条 违反本条例规定，县级以上人民政府有关部门不履行应急处理职责，不执行对疫点、疫区和受威胁区采取的措施，或者对上级人民政府有关部门的疫情调查不予配合或者阻碍、拒绝的，由本级人民政府或者上级人民政府有关部门责令立即改正、通报批评、给予警告；对主要负责人、负有责任的主管人员和其他责任人员，依法给予记大过、降级、撤职直至开除的行政处分；构成犯罪的，依法追究刑事责任。

第四十四条 违反本条例规定，有关地方人民政府阻碍报告重大动物疫情，不履行应急处理职责，不按照规定对疫点、疫区和受威胁区采取预防、控制、扑灭措施，或者对上级人民政府有关部门的疫情调查不予配合或者阻碍、拒绝的，由上级人民政府责令立即改正、通报批评、给予警告；对政府主要领导人依法给予记大过、降级、撤职直至开除的行政处分；构成犯罪的，依法追究刑事责任。

第四十五条 截留、挪用重大动物疫情应急经费，或者侵占、挪用应急储备物资的，按照《财政违法行为处罚处分条例》的规定处理；构成犯罪的，依法追究刑事责任。

第四十六条 违反本条例规定，拒绝、阻碍动物防疫监督机构进行重大动物疫情监测，或者发现动物出现群体发病或者死亡，不向当地动物防疫监督机构报告的，由动物防疫监督机构给予警告，并处2000元以上5000元以下的罚款；构成犯罪的，依法追究刑事责任。

第四十七条 违反本条例规定，擅自采集重大动物疫病病料，或者在重大动物疫病病原分离时不遵守国家有关生物安全管理规定的，由动物防疫监督机构给予警告，并处5000元以下的罚款；构成犯罪的，依法追究刑事责任。

第四十八条 在重大动物疫情发生期间，哄抬物价、欺骗消费者，散布谣言、扰乱社会秩序和市场秩序的，由价格主管部门、工商行政管理部门或者公安机关依法给予行政处罚；构成犯罪的，依法追究刑事责任。

第六章 附 则

第四十九条 本条例自公布之日起施行。

附录三 重点猪病防治技术规范

一、口蹄疫防治技术规范

口蹄疫（Foot and Mouth Disease，FMD）是由口蹄疫病毒引起的以偶蹄动物为主的急性、热性、高度传染性疫病，世界动物卫生组织（OIE）将其列为必须报告的动物传染病，我国规定为一类动物疫病。

为预防、控制和扑灭口蹄疫，依据《中华人民共和国动物防疫法》《重大动物疫情应急条例》《国家突发重大动物疫情应急预案》等法律法规，制定本技术规范。

1 适用范围

本规范规定了口蹄疫疫情确认、疫情处置、疫情监测、免疫、检疫监督的操作程序、技术标准及保障措施。

本规范适用于中华人民共和国境内一切与口蹄疫防治活动有关的单位和个人。

2 诊断

2.1 诊断指标

2.1.1 流行病学特点

2.1.1.1 偶蹄动物，包括牛科动物（牛、瘤牛、水牛、牦牛）、绵羊、山羊、猪及所有野生反刍和猪科动物均易感，驼科动物（骆驼、单峰骆驼、美洲驼、美洲骆马）易感性较低。

2.1.1.2 传染源主要为潜伏期感染及临床发病动物。感染动物呼出物、唾液、粪便、尿液、乳、精液及肉和副产品均可带毒。康复期动物可带毒。

2.1.1.3 易感动物可通过呼吸道、消化道、生殖道和伤口感染病毒，通常以直接或间接接触（飞沫等）方式传播，或通过人或犬、蝇、蜱、鸟等动物媒介，或经车辆、器具等被污染物传播。如果环境气候适宜，病毒可随风远距离传播。

2.1.2 临床症状

2.1.2.1 牛呆立流涎，猪卧地不起，羊跛行。

2.1.2.2 唇部、舌面、齿龈、鼻镜、蹄踵、蹄叉、乳房等部位出现水疱。

2.1.2.3 发病后期，水疱破溃、结痂，严重者蹄壳脱落，恢复期可见瘢痕、新生蹄甲。

2.1.2.4 传播速度快，发病率高；成年动物死亡率低，幼畜常突然死亡且死亡率高，仔猪常成窝死亡。

2.1.3 病理变化

2.1.3.1 消化道可见水疱、溃疡。

2.1.3.2 幼畜可见骨骼肌、心肌表面出现灰白色条纹，形色酷似虎斑。

2.1.4　病原学检测

2.1.4.1　间接夹心酶联免疫吸附试验，检测阳性（ELISA OIE 标准方法 附件一）。

2.1.4.2　RT－PCR 试验，检测阳性（采用国家确认的方法）。

2.1.4.3　反向间接血凝试验（RIHA），检测阳性（附件二）。

2.1.4.4　病毒分离，鉴定阳性。

2.1.5　血清学检测

2.1.5.1　中和试验，抗体阳性。

2.1.5.2　液相阻断酶联免疫吸附试验，抗体阳性。

2.1.5.3　非结构蛋白 ELISA 检测，抗体阳性。

2.1.5.4　正向间接血凝试验（IHA），抗体阳性（附件三）。

2.2　结果判定

2.2.1　疑似口蹄疫病例

符合该病的流行病学特点和临床诊断或病理诊断指标之一，即可定为疑似口蹄疫病例。

2.2.2　确诊口蹄疫病例

疑似口蹄疫病例，病原学检测方法任何一项阳性，可判定为确诊口蹄疫病例。

疑似口蹄疫病例，在不能获得病原学检测样本的情况下，未免疫家畜血清抗体检测阳性或免疫家畜非结构蛋白抗体 ELISA 检测阳性，可判定为确诊口蹄疫病例。

2.3　疫情报告

任何单位和个人发现家畜上述临床异常情况的，应及时向当地动物防疫监督机构报告。动物防疫监督机构应立即按照有关规定赴现场进行核实。

2.3.1　疑似疫情的报告

县级动物防疫监督机构接到报告后，立即派出2名以上具有相关资格的防疫人员到现场进行临床和病理诊断。确认为疑似口蹄疫疫情的，应在2小时内报告同级兽医行政管理部门，并逐级上报至省级动物防疫监督机构。省级动物防疫监督机构在接到报告后，1小时内向省级兽医行政管理部门和国家动物防疫监督机构报告。

诊断为疑似口蹄疫病例时，采集病料（附件四），并将病料送省级动物防疫监督机构，必要时送国家口蹄疫参考实验室。

2.3.2　确诊疫情的报告

省级动物防疫监督机构确诊为口蹄疫疫情时，应立即报告省级兽医行政管理部门和国家动物防疫监督机构；省级兽医管理部门在1小时内报省级人民政府和国务院兽医行政管理部门。

国家参考实验室确诊为口蹄疫疫情时，应立即通知疫情发生地省级动物防疫监督机构和兽医行政管理部门，同时报国家动物防疫监督机构和国务院兽医行政管理部门。

省级动物防疫监督机构诊断新血清型口蹄疫疫情时，将样本送至国家口蹄疫参考实验室。

2.4　疫情确认

国务院兽医行政管理部门根据省级动物防疫监督机构或国家口蹄疫参考实验室确诊结果，确认口蹄疫疫情。

3　疫情处置

3.1　疫点、疫区、受威胁区的划分

3.1.1　疫点　为发病畜所在的地点。相对独立的规模化养殖场/户，以病畜所在的养殖场/户为疫点；散养畜以病畜所在的自然村为疫点；放牧畜以病畜所在的牧场及其活动场地为疫点；病畜在运输过程中发生疫情，以运载病畜的车、船、飞机等为疫点；在市场发生疫情，以病畜所在市场为疫点；在屠宰加工过程中发生疫情，以屠宰加工厂（场）为疫点。

3.1.2　疫区　由疫点边缘向外延伸3公里内的区域。

3.1.3　受威胁区　由疫区边缘向外延伸10公里的区域。

在疫区、受威胁区划分时，应考虑所在地的饲养环境和天然屏障（河流、山脉等）。

3.2　疑似疫情的处置

对疫点实施隔离、监控，禁止家畜、畜产品及有关物品移动，并对其内、外环境实施严格的消毒措施。

必要时采取封锁、扑杀等措施。

3.3　确诊疫情处置

疫情确诊后，立即启动相应级别的应急预案。

3.3.1　封锁

疫情发生所在地县级以上兽医行政管理部门报请同级人民政府对疫区实行封锁，人民政府在接到报告后，应在24小时内发布封锁令。

跨行政区域发生疫情的，由共同上级兽医行政管理部门报请同级人民政府对疫区发布封锁令。

3.3.2　对疫点采取的措施

3.3.2.1　扑杀疫点内所有病畜及同群易感畜，并对病死畜、被扑杀畜及其产品进行无害化处理（附件五）。

3.3.2.2　对排泄物、被污染饲料、垫料、污水等进行无害化处理（附件六）。

3.3.2.3　对被污染或可疑污染的物品、交通工具、用具、畜舍、场地进行严格彻底消毒（附件七）。

3.3.2.4　对发病前14天售出的家畜及其产品进行追踪，并做扑杀和无害化处理。

3.3.3　对疫区采取的措施

3.3.3.1　在疫区周围设置警示标志，在出入疫区的交通路口设置动物检疫消毒站，执行监督检查任务，对出入的车辆和有关物品进行消毒。

3.3.3.2　所有易感畜进行紧急强制免疫，建立完整的免疫档案。

3.3.3.3　关闭家畜产品交易市场，禁止活畜进出疫区及产品运出疫区。

3.3.3.4　对交通工具、畜舍及用具、场地进行彻底消毒。

3.3.3.5　对易感家畜进行疫情监测，及时掌握疫情动态。

3.3.3.6　必要时，可对疫区内所有易感动物进行扑杀和无害化处理。

3.3.4　对受威胁区采取的措施

3.3.4.1　最后一次免疫超过一个月的所有易感畜，进行一次紧急强化免疫。

3.3.4.2　加强疫情监测，掌握疫情动态。

3.3.5　疫源分析与追踪调查

按照口蹄疫流行病学调查规范，对疫情进行追踪溯源、扩散风险分析（附件八）。

3.3.6　解除封锁

3.3.6.1　封锁解除的条件

口蹄疫疫情解除的条件：疫点内最后1头病畜死亡或扑杀后连续观察至少14天，没有新发病例；疫区、受威胁区紧急免疫接种完成；疫点经终末消毒；疫情监测阴性。

新血清型口蹄疫疫情解除的条件：疫点内最后1头病畜死亡或扑杀后连续观察至少14天没有新发病例；疫区、受威胁区紧急免疫接种完成；疫点经终末消毒；对疫区和受威胁区的易感动物进行疫情监测，结果为阴性。

3.3.6.2　解除封锁的程序：动物防疫监督机构按照上述条件审验合格后，由兽医行政管理部门向原发布封锁令的人民政府申请解除封锁，由该人民政府发布解除封锁令。

必要时由上级动物防疫监督机构组织验收。

4　疫情监测

4.1　监测主体：县级以上动物防疫监督机构。

4.2　监测方法：临床观察、实验室检测及流行病学调查。

4.3　监测对象：以牛、羊、猪为主，必要时对其他动物监测。

4.4　监测的范围

4.4.1　养殖场户、散养畜，交易市场、屠宰厂（场）、异地调入的活畜及产品。

4.4.2　对种畜场、边境、隔离场、近期发生疫情及疫情频发等高风险区域的家畜进行重点监测。

监测方案按照当年兽医行政管理部门工作安排执行。

4.5　疫区和受威胁区解除封锁后的监测　临床监测持续一年，反刍动物病原学检测连续 2 次，每次间隔 1 个月，必要时对重点区域加大监测的强度。

4.6　在监测过程中，对分离到的毒株进行生物学和分子生物学特性分析与评价，密切注意病毒的变异动态，及时向国务院兽医行政管理部门报告。

4.7　各级动物防疫监督机构对监测结果及相关信息进行风险分析，做好预警预报。

4.8　监测结果处理

监测结果逐级汇总上报至国家动物防疫监督机构，按照有关规定进行处理。

5　免疫

5.1　国家对口蹄疫实行强制免疫，各级政府负责组织实施，当地动物防疫监督机构进行监督指导。免疫密度必须达到 100%。

5.2　预防免疫，按农业部制定的免疫方案规定的程序进行。

5.3　突发疫情时的紧急免疫按本规范有关条款进行。

5.4　所用疫苗必须采用农业部批准使用的产品，并由动物防疫监督机构统一组织、逐级供应。

5.5　所有养殖场/户必须按科学合理的免疫程序做好免疫接种，建立完整免疫档案（包括免疫登记表、免疫证、免疫标识等）。

5.6　各级动物防疫监督机构定期对免疫畜群进行免疫水平监测，根据群体抗体水平及时加强免疫。

6　检疫监督

6.1　产地检疫

猪、牛、羊等偶蹄动物在离开饲养地之前，养殖场/户必须向当地动物防疫监督机构报检，接到报检后，动物防疫监督机构必须及时到场、到户实施检疫。检查合格后，收回动物免疫证，出具检疫合格证明；对运载工具进行消毒，出具消毒证明，对检疫不合格的按照有关规定处理。

6.2　屠宰检疫

动物防疫监督机构的检疫人员对猪、牛、羊等偶蹄动物进行验证查物，证物相符检疫合格后方可入厂（场）屠宰。宰后检疫合格，出具检疫合格证明。对检疫不合格的按照有关规定处理。

6.3　种畜、非屠宰畜异地调运检疫

国内跨省调运包括种畜、乳用畜、非屠宰畜时，应当先到调入地省级动物防疫监督机构办理检疫审批手续，经调出地按规定检疫合格，方可调运。起运前两周，进行一次口蹄疫强化免疫，到达后须隔离饲养14天以上，由动物防疫监督机构检疫检验合格后方可进场饲养。

6.4　监督管理

6.4.1　动物防疫监督机构应加强流通环节的监督检查，严防疫情扩散。猪、牛、羊等偶蹄动物及产品凭检疫合格证（章）

和动物标识运输、销售。

6.4.2 生产、经营动物及动物产品的场所，必须符合动物防疫条件，取得动物防疫合格证，当地动物防疫监督机构应加强日常监督检查。

6.4.3 各地根据防控家畜口蹄疫的需要建立动物防疫监督检查站，对家畜及产品进行监督检查，对运输工具进行消毒。发现疫情，按照《动物防疫监督检查站口蹄疫疫情认定和处置办法》相关规定处置。

6.4.4 由新血清型引发疫情时，加大监管力度，严禁疫区所在县及疫区周围50公里范围内的家畜及产品流动。在与新发疫情省份接壤的路口设置动物防疫监督检查站、卡实行24小时值班检查；对来自疫区运输工具进行彻底消毒，对非法运输的家畜及产品进行无害化处理。

6.4.5 任何单位和个人不得随意处置及转运、屠宰、加工、经营、食用口蹄疫病（死）畜及产品；未经动物防疫监督机构允许，不得随意采样；不得在未经国家确认的实验室剖检分离、鉴定、保存病毒。

7 保障措施

7.1 各级政府应加强机构、队伍建设，确保各项防治技术落实到位。

7.2 各级财政和发改部门应加强基础设施建设，确保免疫、监测、诊断、扑杀、无害化处理、消毒等防治技术工作经费落实。

7.3 各级兽医行政部门动物防疫监督机构应按本技术规范，加强应急物资储备，及时培训和演练应急队伍。

7.4 发生口蹄疫疫情时，在封锁、采样、诊断、流行病学调查、无害化处理等过程中，要采取有效措施做好个人防护和消毒工作，防止人为扩散。

附件一：间接夹心酶联免疫吸附试验（I－ELISA）

1 试验程序和原理

1.1 利用包被于固相（I，96孔平底ELISA专用微量板）的FMDV型特异性抗体（AB，包被抗体，又称为捕获抗体），捕获待检样品中相应型的FMDV抗原（Ag）。再加入与捕获抗体同一血清型，但用另一种动物制备的抗血清（Ab，检测抗体）。如果有相应型的病毒抗原存在，则形成"夹心"式结合，并被随后加入的酶结合物/显色系统（*E/S）检出。

1.2 由于FMDV的多型性，和可能并发临床上难以区分的水疱性疾病，在检测病料时必然包括几个血清型（如O、A、亚洲－I型）；以及临床症状相同的某些疾病，如猪水疱病（SVD）。

2 材料

2.1 样品的采集和处理见附件四。

2.2 主要试剂

2.2.1 抗体

2.2.1.1 包被抗体：兔抗FMDV－"O"、"A"、"亚洲－I"型146S血清；以及兔抗SVDV－160S血清。

2.2.1.2 检测抗体：豚鼠抗FMDV－"O"、"A"、"亚洲－I"型146S血清；以及豚鼠抗SVDV－160S血清。

2.2.2 酶结合物

兔抗豚鼠Ig抗体－辣根过氧化物酶（HRP）结合物。

2.2.3 对照抗原

灭活的FMDV－"O"、"A"、"亚洲－I型"各型及SVDV细胞病毒液。

2.2.4 底物溶液（底物、显色剂）

3%过氧化氢、3.3毫摩尔/升邻苯二胺（OPD）。

2.2.5 终止液

1.25摩尔/升硫酸。

2.2.6 缓冲液

2.2.6.1 包被缓冲液：0.05 摩尔/升 Na_2CO_3 – $NaHCO_3$，pH 值 9.6。

2.2.6.2 稀释液 A：0.01 摩尔/升 PBS – 0.05% （*V/V*）Tween – 20，pH 值 7.2 ~ 7.4。

2.2.6.3 稀释液 B：5% 脱脂奶粉（*W/V*） – 稀释液 A。

2.2.6.4 洗涤缓冲液：0.002 摩尔/升 PBS – 0.01% （*V/V*）Tween – 20。

2.3 主要器材设备

2.3.1 固相

96 孔平底聚苯乙烯 ELISA 专用板。

2.3.2 移液器、尖头及贮液槽

微量可调移液器一套，可调范围 0.5 ~ 5 000 微升（5 ~ 6 支）；多孔道（4、8、12）微量可调移液器（25 ~ 250 微升）；微量可调连续加样移液器（10 ~ 100 微升）；与各移液器匹配的各种尖头，以及配套使用的贮液槽。

2.3.3 振荡器

与 96 孔微量板配套的旋转振荡器。

2.3.4 酶标仪，492 纳米波长滤光片。

2.3.5 洗板机或洗涤瓶，吸水纸巾。

2.3.6 37 ℃恒温环境或温箱中。

3 操作方法

3.1 预备试验

为了确保检测结果准确可靠，必须最优化组合该 ELISA，即试验所涉及的各种试剂，包括包被抗体、检测抗体、酶结合物、阳性对照抗原都要预先测定，计算出它们的最适稀释度，既保证试验结果在设定的最佳数据范围内，又不浪费试剂。使用诊断试剂盒时，可按说明书指定用量和用法。如试验结果不理想，重新滴定各种试剂后再检测。

3.2 包被固相

3.2.1 FMDV 各血清型及 SVDV 兔抗血清分别以包被缓冲液稀释至工作浓度，然后按表 3－1（Ⅰ）所示布局加入微量板各行，每孔 50 微升。加盖后 37 ℃振荡 2 小时。或室温（20～25 ℃）振荡 30 分钟，然后置湿盒中 4 ℃过夜（可以保存 1 周左右）。

3.2.2 一般情况下，牛病料鉴定“O”和“A”两个型，某些地区的病料要加上“亚洲－I”型，猪病料要加上 SVDV。

表 3－1 定性 ELISA 微量板包被血清布局 < Ⅰ >、对照和被检样品布局 < Ⅱ >

< Ⅰ >< Ⅱ >	1	2	3	4	5	6	7	8	9	10	11	12
A FMDV		C＋＋		C＋		C－		S1		S3		S5
“O”	C＋＋		C＋		C－		1		3		5	
B		C＋＋		C＋		C－		S1		S3		S5
“A”	C＋＋		C＋		C－		1		3		5	
C		C＋＋		C＋		C－		S1		S3		S5
“Asia－I”	C＋＋		C＋		C－		1		3		5	
D SVDV		C＋＋		C＋		C－		S1		S3		S5
	C＋＋		C＋		C－		1		3		5	
E FMDV		C＋＋		C＋		C－		S2		S4		S6
“O”	C＋＋		C＋		C－		2		4		6	
F		C＋＋		C＋		C－		S2		S4		S6
“A”	C＋＋		C＋		C－		2		4		6	
G		C＋＋		C＋		C－		S2		S4		S6
“Asia－I”	C＋＋		C＋		C－		2		4		6	
H SVDV		C＋＋		C＋		C－		S2		S4		S6
	C＋＋		C＋		C－		2		4		6	

试验开始，依据当天检测样品的数量包被，或取出包被好的板子；如用可拆卸微量板，则根据需要取出几条。在试验台上放置20分钟，再洗涤5次，控干。

3.3　加对照抗原和待检样品

3.3.1　布局

空白和各阳性对照、待检样品在ELISA板上的分布位置如表3－1（Ⅱ）所示。

3.3.2　加样

3.3.2.1　第5和第6列为空白对照（C－），每孔加50微升稀释液A。

3.3.2.2　先将各型阳性对照抗原分别以稀释液A适当稀释，然后加入与包被抗体同型的各行孔中，C＋＋为强阳性，C＋为阳性，可以用同一对照抗原的不同稀释度。每一对照2孔，每孔50微升。

3.3.2.3　按待检样品的序号（S1、S2…）逐个加入，每份样品每个血清型加2孔，每孔50微升。37℃振荡1小时，洗涤5次，控干。

3.4　加检测抗体

各血清型豚鼠抗血清以稀释液A稀释至工作浓度，然后加入与包被抗体同型各行孔中，每孔50微升。37℃振荡1小时，洗涤5次，控干。

3.5　加酶结合物

酶结合物以稀释液B稀释至工作浓度，每孔50微升。37℃振荡40分钟，洗涤5次，控干。

3.6　加底物溶液

试验开始时，按当天需要量从冰箱暗盒中取出OPD，放在温箱中融化并使之升温至37℃。临加样前，按每6毫升OPD加3%双氧水30微升（一块微量板用量），混匀后每孔加50微升。

37 ℃振荡 15 分钟。

3.7 加终止液

显色反应 15 分钟，准时加终止液 1.25 摩尔/升 H_2SO_4，50 微升/孔。

3.8 观察和判读结果

终止反应后，先用肉眼观察全部反应孔。如空白对照和阳性对照孔的显色基本正常，再用酶标仪（492 纳米）判读 OD 值。

4 结果判定

4.1 数据计算

为了便于说明，假设表 3－2 所列数据为检测结果(OD 值)。

利用表 3－2 所列数据，计算平均 OD 值和平均修正 OD 值(表 3－3)。

4.1.1 各行 2 孔空白对照（C－）平均 OD 值。

4.1.2 各行（各血清型）抗原对照（C＋＋、C＋）平均 OD 值。

4.1.3 各待检样品各血清型（2 孔）平均 OD 值。

4.1.4 计算出各平均修正 OD 值＝［每个（2）或（3）值］－［同一行的（1）值］。

表 3－2 定性 ELISA 结果（OD 值）

	C＋＋	C＋	C－	S1	S2	S3
A	1.84	0.56	0.06	1.62	0.68	0.10
FMDV “O”	1.74	0.46	0.04	1.54	0.72	0.08
B	1.25	0.40	0.07	0.09	1.22	0.09
“A”	1.45	0.42	0.05	0.07	1.32	0.09
C	1.32	0.52	0.04	0.05	0.12	0.07
“Asia－I”	1.12	0.50	0.08	0.09	0.06	0.09
D	1.08	0.22	0.08	0.09	0.08	0.28
SVDV	1.10	0.24	0.08	0.10	0.12	0.34

C + +	C +	C –		S4	S5	S6
E FMDV “O”	0. 94 0. 84	0. 24 0. 22	0. 06 0. 06	1. 22 1. 12	0. 09 0. 10	0. 13 0. 17
F “A”	1. 10 1. 02	0. 11 0. 13	0. 06 0. 04	0. 10 0. 10	0. 28 0. 26	0. 20 0. 28
G “Asia – I”	0. 39 0. 41	0. 29 0. 21	0. 09 0. 09	0. 10 0. 09	0. 10 0. 10	0. 35 0. 33
H SVDV	0. 88 0. 78	0. 15 0. 11	0. 05 0. 05	0. 11 0. 07	0. 09 0. 09	0. 10 0. 12

表 3 –3　平均 OD 值/平均修正 OD 值

C + +	C +		C –	S1	S2	S3
A FMDV “O”	1. 79/1. 75	0. 51/0. 46	0. 05	1. 58/1. 53	0. 70/0. 65	0. 09/0. 04
B “A”	1. 35/1. 29	0. 41/0. 35	0. 06	0. 08/0. 02	1. 27/1. 21	0. 09/0. 03
C “Asia – I”	1. 22/1. 16	0. 51/0. 45	0. 06	0. 07/0. 03	0. 09/0. 03	0. 08/0. 02
D SVDV	1. 09/1. 01	0. 23/0. 15	0. 08	0. 10/0. 02	0. 10/0. 02	0. 31/0. 23
C + +	C +		C –	S4	S5	S6
E FMDV “O”	0. 89/0. 83	0. 23/0. 17	0. 06	1. 17/1. 11	0. 10/0. 04	0. 15/0. 09
F “A”	1. 06/1. 01	0. 12/0. 07	0. 05	0. 10/0. 05	0. 27/0. 22	0. 24/0. 19
G “Asia – I”	0. 40/0. 31	0. 25/0. 16	0. 09	0. 10/0. 01	0. 10/0. 01	0. 34/0. 25
H SVDV	0. 83/0. 78	0. 13/0. 08	0. 05	0. 09/0. 05	0. 09/0. 04	0. 11/0. 06

4.2　结果判定

4.2.1　试验不成立

如果空白对照（C－）平均 OD 值＞0.10，则试验不成立，本试验结果无效。

4.2.2　试验基本成立

如果空白对照（C－）平均 OD 值≤0.10，则试验基本成立。

4.2.3　试验绝对成立

如果空白对照（C－）平均 OD 值≤0.10，C＋平均修正 OD 值＞0.10，C＋＋平均修正 OD 值＞1.00，试验绝对成立。如表 3－3中 A、B、C、D 行所列数据。

4.2.3.1　如果某一待检样品某一型的平均修正 OD 值≤0.10，则该血清型为阴性。

如 S1 的“A”型、“Asia－1”型和“SVDV”。

4.2.3.2　如果某一待检样品某一型的平均修正 OD 值＞0.10，而且比其他型的平均修正 OD 值大 2 倍或 2 倍以上，则该样品为该最高平均修正 OD 值所在的血清型。如 S1 为“O”型；S3 为“Asia－I”型。

4.2.3.3　虽然某一待检样品某一型的平均修正 OD 值＞0.10，但不大于其他型的平均修正 OD 值的 2 倍，则该样品只能判定为可疑。该样品应接种乳鼠或细胞，并盲传数代增毒后再做检测。如 S2“A”型。

4.2.4　试验部分成立

如果空白对照（C－）平均 OD 值≤0.10，C＋平均修正 OD 值≤0.10，C＋＋平均修正 OD 值≤1.00，试验部分成立。如表 3－3中 E、F、G、H 行所列数据。

4.2.4.1　如果某一待检样品某一型的平均修正 OD 值≥0.10，而且比其他型的平均修正 OD 值大 2 倍或 2 倍以上，则该样品为该最高平均修正 OD 值所在的血清型。例如 S4 判定为

“O”型。

4.2.4.2 如果某一待检样品某一型的平均修正OD值介于0.10～1.00之间，而且比其他型的平均修正OD值大2倍或2倍以上，该样品可以判定为该最高OD值所在血清型。例如S5判定为“A”型。

4.2.4.3 如果某一待检样品某一型的平均修正OD值介于0.10～1.00之间，但不比其他型的平均修正OD值大2倍，该样品应增毒后重检。如S6“Asia－I”型。

注意：重复试验时，首先考虑调整对照抗原的工作浓度。如调整后再次试验结果仍不合格，应更换对照抗原或其他试剂。

附件二：反向间接血凝试验（RIHA）

1 材料准备

1.1 96孔微型聚乙烯血凝滴定板（110度），微量振荡器或微型混合器，0.025毫升、0.05毫升稀释用滴管，乳胶吸头或25微升、50微升移液加样器。

1.2 pH值7.6、0.05摩尔/升磷酸缓冲液（pH值7.6、0.05摩尔/升PB），pH值7.6、50%丙三醇磷酸缓冲液（GPB），pH值7.2、0.11摩尔/升磷酸缓冲液（pH值7.2、0.11摩尔/升PB），配制方法见中华人民共和国国家标准（GB/T 19200—2003）《猪水疱病诊断技术》附录A（规范性附录）。

1.3 稀释液Ⅰ、稀释液Ⅱ，配制方法见中华人民共和国国家标准（GB/T 19200—2003）《猪水疱病诊断技术》附录B（规范性附录）。

1.4 标准抗原、阳性血清，由指定单位提供，按说明书使用和保存。

1.5 敏化红细胞诊断液：由指定单位提供，效价滴定见中华人民共和国国家标准（GB/T 19200—2003）《猪水疱病诊断技术》附录 C（规范性附录）。

1.6 被检材料处理方法见中华人民共和国国家标准（GB/T 19200—2003）《猪水疱病诊断技术》附录 E（规范性附录）。

2 操作方法

2.1 使用标准抗原进行口蹄疫 A 型、O 型、C 型、Asia－I 型及与猪水疱病鉴别诊断。

2.1.1 被检样品的稀释：把 8 只试管排列于试管架上，自第 1 管开始由左至右用稀释液 I 做 2 倍连续稀释（即 1∶6、1∶12、1∶24…1∶768），每管容积 0.5 毫升。

2.1.2 按下述滴加被检样品和对照：

2.1.2.1 在血凝滴定板上的第 1～5 排，每排的第 8 孔滴加第 8 管稀释被检样品 0.05 毫升，每排的第 7 孔滴加第 7 管稀释被检样品 0.05 毫升，以此类推至第 1 孔。

2.1.2.2 每排的第 9 孔滴加稀释液 I 0.05 毫升，作为稀释液对照。

2.1.2.3 每排的第 10 孔按顺序分别滴加口蹄疫 A 型、O 型、C 型、Asia－I 型和猪水疱病标准抗原（1∶30 稀释）各 0.05 毫升，作为阳性对照。

2.1.3 滴加敏化红细胞诊断液：先将敏化红细胞诊断液摇匀，于滴定板第 1～5 排的第 1～10 孔分别滴加口蹄疫 A 型、O 型、C 型、Asia－I 型和猪水疱病敏化红细胞诊断液，每孔 0.025 毫升，置微量振荡器上振荡 1～2 分钟，20～35 ℃放置 1.5～2 小时后判定结果。

2.2 使用标准阳性血清进行口蹄疫 O 型及与猪水疱病鉴别诊断。

2.2.1 每份被检样品四排、每孔先各加入 25 微升稀释液 II。

2.2.2 每排第 1 孔各加被检样品 25 微升，然后分别由左至右做 2 倍连续稀释至第 7 孔（竖板）或第 11 孔（横板）。每排最后孔留作稀释液对照。

2.2.3 滴加标准阳性血清：在第1、3排每孔加入25微升稀释液Ⅱ；第2排每孔加入25微升稀释至1∶20的口蹄疫O型标准阳性血清；第4排每孔加入25微升稀释至1∶100的猪水疱病标准阳性血清；置微型混合器上振荡1～2分钟，加盖置37℃作用30分钟。

2.2.4 滴加敏化红细胞诊断液：在第1和第2排每孔加入口蹄疫O型敏化红细胞诊断液25微升；第3和第4排每孔加入猪水疱病敏化红细胞诊断液25微升；置微型混合器上振荡1～2分钟，加盖20～35℃下放置2小时后判定结果。

3 结果判定

3.1 按以下标准判定红细胞凝集程度："＋＋＋＋"——100%完全凝集，红细胞均匀地分布于孔底周围；"＋＋＋"—75%凝集，红细胞均匀地分布于孔底周围，但孔底中心有红细胞形成的针尖大的小点；"＋＋"——50%凝集，孔底周围有不均匀的红细胞分布，孔底有一红细胞沉下的小点；"＋"——25%凝集，孔底周围有不均匀的红细胞分布，但大部分红细胞已沉积于孔底；"－"——不凝集，红细胞完全沉积于孔底成一圆点。

3.2 操作方法2.1的结果判定：稀释液Ⅰ对照孔不凝集、标准抗原阳性孔凝集试验方成立。

3.2.1 若只第一排孔凝集，其余四排孔不凝集，则被检样品为口蹄疫A型；若只第二排孔凝集，其余四排孔不凝集，则被检样品为口蹄疫O型；以此类推。若只第五排孔凝集，其余四排孔不凝集，则被检样品为猪水疱病。

3.2.2 致红细胞50%凝集的被检样品最高稀释度为其凝集效价。

3.2.3 如出现2排以上孔的凝集，以某排孔的凝集效价高于其余排孔的凝集效价2个对数（以2为底）浓度以上者即可判为阳性，其余判为阴性。

3.3 操作方法2.2的结果判定：稀释液Ⅱ对照孔不凝集试验方可成立。

3.3.1 若第一排出现2孔以上的凝集（++以上），且第二排相对应孔出现2个孔以上的凝集抑制，第三、四排不出现凝集判为口蹄疫O型阳性。若第三排出现2孔以上的凝集（++以上），且第四排相对应孔出现2个孔以上的凝集抑制，第一、二排不出现凝集则判为猪水疱病阳性。

3.3.2 致红细胞50%凝集的被检样品最高稀释度为其凝集效价。

附件三：正向间接血凝试验（IHA）

1 原理

用已知血凝抗原检测未知血清抗体的试验，称为正向间接血凝试验（IHA）。

抗原与其对应的抗体相遇，在一定条件下会形成抗原复合物，但这种复合物的分子团很小，肉眼看不见。若将抗原吸附（致敏）在经过特殊处理的红细胞表面，只需少量抗原就能大大提高抗原和抗体的反应灵敏性。这种经过口蹄疫纯化抗原致敏的红细胞与口蹄疫抗体相遇，红细胞便出现清晰可见的凝集现象。

2 适用范围

主要用于检测O型口蹄疫免疫动物血清抗体效价。

3 试验器材和试剂

3.1 96孔110度V型医用血凝板，与血凝板大小相同的玻板。

3.2 微量移液器（50微升、25微升）取液塑嘴。

3.3 微量振荡器。

3.4 O型口蹄疫血凝抗原。

3.5 O型口蹄疫阴性对照血清。

3.6　O型口蹄疫阳性对照血清。

3.7　稀释液。

3.8　待检血清（每头约0.5毫升血清即可）56 ℃水浴灭活30分钟。

4　试验方法

4.1　加稀释液

在血凝板上第1～6排的1～9孔、第7排的1～4孔和6～7孔、第8排的1～12孔各加稀释液50微升。

4.2　稀释待检血清

取1号待检血清50微升加入第1排第1孔，并将塑嘴插入孔底，右手拇指轻压弹簧1～2次混匀（避免产生过多的气泡），从该孔取出50微升移入第2孔，混匀后取出50微升移入第3孔……直至第9孔混匀后取出50微升丢弃。此时第1排1～9孔待检血清的稀释度（稀释倍数）依次为：1∶2（1）、1∶4（2）、1∶8（3）、1∶16（4）、1∶32（5）、1∶64（6）、1∶128（7）、1∶256（8）、1∶512（9）。

取2号待检血清加入第2排；取3号待检血清加入第3排……均按上法稀释，注意！每取一份血清时，必须更换塑嘴一个。

4.3　稀释阴性对照血清

在血凝板的第7排第1孔加阴性血清50微升，对倍稀释至第4孔，混匀后从该孔取出50微升丢弃。此时阴性血清的稀释倍数依次为1∶2（1）、1∶4（2）、1∶8（3）、1∶16（4）。第6～7孔为稀释液对照。

4.4　稀释阳性对照血清

在血凝板的第8排第1孔加阳性血清50微升，对倍数稀释至第12孔，混匀后从该孔取出50微升丢弃。此时阳性血清的稀释倍数依次为1∶2～1∶4 096。

4.5　加血凝抗原

被检血清各孔、阴性对照血清各孔、阳性对照血清各孔、稀释液对照孔均各加 O 型血凝抗原（充分摇匀，瓶底应无血细胞沉淀）25 微升。

4.6　振荡混匀

将血凝板置于微量振荡器上 1 ~ 2 分钟，如无振荡器，用手轻拍混匀亦可，然后将血凝板放在白纸上观察各孔红细胞是否混匀，不出现血细胞沉淀为合格。盖上玻板，室温下或 37 ℃下静置 1.5 ~ 2 小时判定结果，也可延至翌日判定。

4.7　判定标准

移去玻板，将血凝板放在白纸上，先观察阴性对照血清1∶16孔，稀释液对照孔，均应无凝集（血细胞全部沉入孔底形成边缘整齐的小圆点），或仅出现“ + ”凝集（血细胞大部沉于孔底，边缘稍有少量血细胞悬浮）。

阳性血清对照 1∶2 ~ 1∶256 各孔应出现“ + + ” “ + + + ”凝集为合格（少量血细胞沉入孔底，大部血细胞悬浮于孔内）。

在对照孔合格的前提下，再观察待检血清各孔，以呈现“ + + ”凝集的最大稀释倍数为该份血清的抗体效价。例如 1 号待检血清 1 ~ 5 孔呈现“ + + ” “ + + + ”凝集，6、7 孔呈现“ + + ”凝集，第 8 孔呈现“ + ”凝集，第 9 孔无凝集，那么就可判定该份血清的口蹄疫抗体效价为 1∶128。

接种口蹄疫疫苗的猪群免疫抗体效价达到 1∶128（即第 7 孔），牛群、羊群免疫抗体效价达到 1∶256（第 8 孔）呈现“ + + ”凝集为免疫合格。

5　检测试剂的性状、规格

5.1　性状

5.1.1　液体血凝抗原：摇匀呈棕红色（或咖啡色），静置后，血细胞逐渐沉入瓶底。

5.1.2　阴性对照血清：淡黄色清亮稍带黏性的液体。

5.1.3　阳性对照血清：微红或淡色稍混浊带黏性的液体。

5.1.4　稀释液：淡黄色或无色透明液体，低温下放置，瓶底易析出少量结晶，在水浴中加温后即可全溶，不影响使用。

5.2　包装

5.2.1　液体血凝抗原：摇匀后即可使用，5 毫升/瓶。

5.2.2　阴性血清：1 毫升/瓶，直接稀释使用。

5.2.3　阳性血清：1 毫升/瓶，直接稀释使用。

5.2.4　稀释液：100 毫升/瓶，直接使用，4～8 ℃保存。

5.2.5　保存条件及保存期

5.2.5.1　液体血凝抗原：4～8 ℃保存（切勿冻结），保存期 3 个月。

5.2.5.2　阴性对照血清：－20～－15 ℃保存，有效期 1 年。

5.2.5.3　阳性对照血清：－20～－15 ℃保存，有效期 1 年。

6　注意事项

6.1　为使检测获得正确结果，请在检测前仔细阅读说明书。

6.2　严重溶血或严重污染的血清样品不宜检测，以免发生非特异性反应。

6.3　勿用 90°和 130°血凝板，严禁使用一次性血凝板，以免误判结果。

6.4　用过的血凝板应及时在水龙头冲净细胞。再用蒸馏水或去离子水冲洗 2 次，甩干水分放 37 ℃恒温箱内干燥备用。检测用具应煮沸消毒，37 ℃干燥备用。血凝板应浸泡在洗液中（浓硫酸与重铬酸钾按 1∶1混合），48 小时捞出后用清水冲净。

6.5　每次检测只做一份阴性、阳性和稀释液对照。

“－”表示完全不凝集或 0～10% 细胞凝集；“＋”表示 10%～25% 细胞凝集；“＋＋”表示 50% 细胞凝集；“＋＋＋”表示 75% 细胞凝集；“＋＋＋＋”表示 90%～100% 细胞凝集。

6.6　用不同批次的血凝抗原检测同一份血清时，应事先用阳性血清准确测定各批次血凝抗原的效价，取抗原效价相同或相近的血凝抗原检测待检血清抗体水平的结果是基本一致的，如果血凝抗原效价差别很大用来检测同一血清样品，肯定会出现检测结果不一致。

6.7 收到本试剂盒时，应立即打开包装，取出血凝抗原瓶，用力摇动，使黏附在瓶盖上的红细胞摇下，否则易出现沉渣，影响使用效果。

附件四：口蹄疫病料的采集、保存与运送

采集、保存和运输样品须符合下列要求，并填写样品采集登记表。

1 样品的采集和保存

1.1 组织样品

1.1.1 样品的选择

用于病毒分离、鉴定的样品以发病动物（牛、羊或猪）未破裂的舌面或蹄部，鼻镜、乳头等部位的水疱皮和水疱液最好。对临床健康但怀疑带毒的动物可在扑杀后采集淋巴结、脊髓、肌肉等组织样品作为检测材料。

1.1.2 样品的采集和保存

水疱样品采集部位可用清水清洗，切忌使用酒精、碘酒等消毒剂消毒、擦拭。

1.1.2.1 未破裂水疱中的水疱液用灭菌注射器采集至少1毫升，装入灭菌小瓶中（可加适量抗生素），加盖密封；尽快冷冻保存。

1.1.2.2 剪取新鲜水疱皮3～5克放入灭菌小瓶中，加适量（2倍体积）50%甘油/磷酸盐缓冲液（pH值7.4），加盖密封；尽快冷冻保存。

1.1.2.3 在无法采集水疱皮和水疱液时，可采集淋巴结、脊髓、肌肉等组织样品 3～5 克装入洁净的小瓶内，加盖密封；尽快冷冻保存。

每份样品的包装瓶上均要贴上标签，写明采样地点、动物种类、编号、时间等。

1.2　牛、羊食管－咽部分泌物（O－P 液）样品

1.2.1　样品采集

被检动物在采样前禁食（可饮水）12 小时，以免反刍胃内容物严重污染 O－P 液。采样探杯在使用前经 0.2% 柠檬酸或 2% 氢氧化钠浸泡 5 分钟，再用自来水冲洗。每采完一头动物，探杯要重复进行消毒和清洗。采样时动物站立保定，将探杯随吞咽动作送入食管上部 10～15 厘米处，轻轻来回移动 2～3 次，然后将探杯拉出。如采集的 O－P 液被反刍胃内容物严重污染，要用生理盐水或自来水冲洗口腔后重新采样。

1.2.2　样品保存

将探杯采集到的 8～10 毫升 O－P 液倒入 25 毫升以上的灭菌玻璃容器中，容器中应事先加有 8～10 毫升细胞培养液或磷酸盐缓冲液（0.04 摩尔/升、pH 值 7.4），加盖密封后充分摇匀，贴上防水标签，并写明样品编号、采集地点、动物种类、时间等，尽快放入装有冰块的冷藏箱内，然后转往－60 ℃冰箱冷冻保存。通过病原检测，做出追溯性诊断。

1.3　血清

怀疑曾有疫情发生的猪群，错过组织样品采集时机时，可无菌操作采集动物血液，每头不少于 10 毫升。自然凝固后无菌分离血清装入灭菌小瓶中，可加适量抗生素，加盖密封后冷藏保存。每瓶贴标签并写明样品编号、采集地点、动物种类、时间等。通过抗体检测，做出追溯性诊断。

1.4　采集样品时要填写样品采集登记表

2　样品运送

运送前将封装和贴上标签，已预冷或冰冻的样品玻璃容器装入金属套筒中，套筒应填充防震材料，加盖密封，与采样记录一同装入专用运输容器中。专用运输容器应隔热坚固，内装适当冷冻剂和防震材料。外包装上要加贴生物安全警示标志。以最快方式运送到检测单位。为了能及时准确地告知检测结果，请写明送样单位名称和联系人姓名、联系地址、邮编、电话、传真等。

送检材料必须附有详细说明，包括采样时间、地点、动物种类、样品名称、数量、保存方式及有关疫病发生流行情况、临床症状等。

附件五：口蹄疫扑杀技术规范

1 扑杀范围：病畜及规定扑杀的易感动物。

2 使用无出血方法扑杀：电击、药物注射。

3 将动物尸体用密闭车运往处理场地予以销毁。

4 扑杀工作人员防护技术要求

4.1 穿戴合适的防护衣服

4.1.1 穿防护服或穿长袖手术衣加防水围裙。

4.1.2 戴可消毒的橡胶手套。

4.1.3 戴 N95 口罩或标准手术用口罩。

4.1.4 戴护目镜。

4.1.5 穿可消毒的胶靴，或者一次性鞋套。

4.2 洗手和消毒

4.2.1 密切接触感染牲畜的人员，用无腐蚀性消毒液浸泡手后，再用肥皂清洗 2 次以上。

4.2.2 牲畜扑杀和运送人员在操作完毕后，要用消毒水洗手，有条件的地方要洗澡。

4.3 防护服、手套、口罩、护目镜、胶鞋、鞋套等使用后在指定地点消毒或销毁。

附件六：口蹄疫无害化处理技术规范

所有病死牲畜、被扑杀牲畜及其产品、排泄物以及被污染或可能被污染的垫料、饲料和其他物品应当进行无害化处理。无害化处理可以选择深埋、焚烧等方法，饲料、粪便也可以堆积发酵或焚烧处理。

1 深埋

1.1 选址：掩埋地应选择远离学校、公共场所、居民住宅区、动物饲养和屠宰场所、村庄、饮用水源地、河流等。避免公共视线。

1.2 深度：坑的深度应保证动物尸体、产品、饲料、污染物等被掩埋物的上层距地表 1.5 米以上。坑的位置和类型应有利于防洪。

1.3 焚烧：掩埋前，要对需掩埋的动物尸体、产品、饲料、污染物等实施焚烧处理。

1.4 消毒：掩埋坑底铺 2 厘米厚生石灰；焚烧后的动物尸体、产品、饲料、污染物等表面，以及掩埋后的地表环境应使用有效消毒药品喷洒消毒。

1.5 填土：用土掩埋后，应与周围持平。填土不要太实，以免尸腐产气造成气泡冒出和液体渗漏。

1.6 掩埋后应设立明显标记。

2 焚化

疫区附近有大型焚尸炉的，可采用焚化的方式。

3 发酵

饲料、粪便可在指定地点堆积，密封发酵，表面应进行消毒。

以上处理应符合环保要求，所涉及的运输、装卸等环节要避免洒漏，运输装卸工具要彻底消毒后清洗。

附件七：口蹄疫疫点、疫区清洗消毒技术规范

1　成立清洗消毒队

清洗消毒队应至少配备一名专业技术人员负责技术指导。

2　设备和必需品

2.1　清洗工具：扫帚、叉子、铲子、锹和冲洗用水管。

2.2　消毒工具：喷雾器、火焰喷射枪、消毒车辆、消毒容器等。

2.3　消毒剂：醛类、氧化剂类、氯制剂类等合适的消毒剂。

2.4　防护装备：防护服、口罩、胶靴、手套、护目镜等。

3　疫点内饲养圈舍清理、清洗和消毒

3.1　对圈舍内外消毒后再行清理和清洗。

3.2　首先清理污物、粪便、饲料等。

3.3　对地面和各种用具等彻底冲洗，并用水洗刷圈舍、车辆等，对所产生的污水进行无害化处理。

3.4　对金属设施设备，可采取火焰、熏蒸等方式消毒。

3.5　对饲养圈舍、场地、车辆等采用消毒液喷洒的方式消毒。

3.6　饲养圈舍的饲料、垫料等做深埋、发酵或焚烧处理。

3.7　粪便等污物做深埋、堆积密封或焚烧处理。

4　交通工具清洗消毒

4.1　出入疫点、疫区的交通要道设立临时性消毒点，对出入人员、运输工具及有关物品进行消毒。

4.2　疫区内所有可能被污染的运载工具应严格消毒，车辆内、外及所有角落和缝隙都要用消毒剂消毒后再用清水冲洗，不留死角。

4.3　车辆上的物品也要做好消毒。

4.4　从车辆上清理下来的垃圾和粪便要做无害化处理。

5　牲畜市场消毒清洗

5.1　用消毒剂喷洒所有区域。

5.2　饲料和粪便等要深埋、发酵或焚烧。

6　屠宰加工、储藏等场所的清洗消毒

6.1　所有牲畜及其产品都要深埋或焚烧。

6.2　圈舍、过道和舍外区域用消毒剂喷洒消毒后清洗。

6.3　所有设备、桌子、冰箱、地板、墙壁等用消毒剂喷洒消毒后冲洗干净。

6.4　所有衣服用消毒剂浸泡后清洗干净，其他物品都要用适当的方式进行消毒。

6.5　以上所产生的污水要经过处理，达到环保排放标准。

7　疫点消毒

疫点每天消毒1次连续1周，1周后每2天消毒1次。疫区内疫点以外的区域每2天消毒1次。

附件八：口蹄疫流行病学调查规范

1　范围

本规范规定了暴发疫情时和平时开展的口蹄疫流行病学调查工作。

本规范适用于口蹄疫暴发后的跟踪调查和平时现况调查的技术要求。

2　引用文件

下列文件中的条款通过本规范的引用而成为本规范的条款。凡是注日期的引用文件，其随后所有的修改单位（不包括勘误的内容）或修订版均不适用于本规范，根据本规范达成协议的各方研究可以使用这些文件的最新版本。凡是不注日期的引用文件，其最新版本适用于本规范。

NY××××　\\口蹄疫疫样品采集、保存和运输技术规范

NY××××　\\口蹄疫人员防护技术规范

NY××××　\\口蹄疫疫情判定与扑灭技术规范

3　术语与定义

NY××××的定义适用于本规范。

3.1　跟踪调查 Tracing investigation

当一个畜群单位暴发口蹄疫时，兽医技术人员或动物流行病学专家在接到怀疑发生口蹄疫的报告后通过亲自现场察看、现场采访，追溯最原始的发病患畜、查明疫点的疫病传播扩散情况以及采取扑灭措施后跟踪被消灭疫病的情况。

3.2　现况调查 cross－sectional survey

现况调查是一项在全国范围内有组织的关于口蹄疫流行病学资料和数据的收集整理工作，调查的对象包括被选择的养殖场、屠宰场或实验室，这些选择的普查单位充当着疾病监视器的作用，对口蹄疫病毒易感的一些物种（如野猪）可以作为主要动物群感染的指示物种。现况调查同时是口蹄疫防治计划的组成部分。

4　跟踪调查

4.1　目的　核实疫情并追溯最原始的发病地点和患畜、查明疫点的疫病传播扩散情况以及采取扑灭措施后跟踪被消灭疫病的情况。

4.2　组织与要求

4.2.1　动物防疫监督机构接到养殖单位怀疑发病的报告后，立即指派2名以上兽医技术人员，在24小时以内尽快赶赴现场，采取现场亲自察看和现场采访相结合的方式对疾病暴发事件开展跟踪调查。

4.2.2　被派兽医技术人员至少3天内没有接触过口蹄疫病畜及其污染物，按口蹄疫人员防护技术规范做好个人防护。

4.2.3　备有必要的器械、用品和采样用的容器。

4.3　内容与方法

4.3.1　核实诊断方法及定义“患畜”

调查的目的之一是诊断患畜，因此需要归纳出发病患畜的临床症状和用恰当的临床术语定义患畜，这样可以排除其他疾病的患畜而只保留所研究的患畜，做出是否发生疑似口蹄疫的判断。

4.3.2　采集病料样品、送检与确诊

对疑似患畜，按照口蹄疫样品采集、保存和运输技术规范的要求送指定实验室确诊。

4.3.3　实施对疫点的初步控制措施，严禁从疑似发病场/户运出家畜、家畜产品和可疑污染物品，并限制人员流动。

4.3.4　计算特定因素袭击率，确定畜间型

袭击率是衡量疾病暴发和疾病流行严重程度的指标，疾病暴发时的袭击率与日常发病率或预测发病率比较能够反映出疾病暴发的严重程度。另外，通过计算不同畜群的袭击率和不同动物种别、年龄和性别的特定因素袭击率有助于发现病因或与疾病有关的某些因素。

4.3.5　确定时间型

根据单位时间内患畜的发病频率，绘制一个或是多个流行曲线，以检验新患畜的时间分布。在制作流行曲线时，应选择有利于疾病研究的各种时间间隔（在 x 轴），如小时、天或周，表示疾病发生的新患畜数或百分率（在 y 轴）。

4.3.6　确定空间型

为检验患畜的空间分布，调查者首先需要描绘出发病地区的地形图和该地区内畜舍的位置及所出现的新患畜。然后仔细审察地形图与畜群和新患畜的分布特点，以发现患畜间的内在联系和地区特性，以及动物本身因素与疾病的内在联系，如性别、品种和年龄。画图标出可疑发病畜周围 20 千米以内分布的有关养畜场、道路、河流、山岭、树林、人工屏障等，连同最初调查表一同报告当地动物防疫监督机构。

4.3.7　计算归因袭击率，分析传染来源

根据计算出的各种特定因素袭击率，如年龄、性别、品种、饲料、饮水等，建立起一个有关这些特定因素袭击率的分类排列

表，根据最高袭击率、最低袭击率、归因袭击率（即两组动物分别接触和不接触同一因素的两个袭击率之差）以进一步分析比较各种因素与疾病的关系，追踪可能的传染来源。

4.3.8　追踪出入发病养殖场/户的有关工作人员和所有家畜、畜产品及有关物品的流动情况，并对其做适当的隔离观察和控制措施，严防疫情扩散。

4.3.9　对疫点、疫区的猪、牛、羊、野猪等重要疫源宿主进行发病情况调查，追踪病毒变异情况。

4.3.10　完成跟踪调查表（表A），并提交跟踪调查报告。

待全部工作完成以后，将调查结果总结归纳以调查报告的形式上报，并逐级上报到国家动物防疫监督机构和国家动物流行病学中心。

形成假设：

根据以上资料和数据分析，调查者应该得出一个或两个以上的假设：①疾病流行类型，点流行和增殖流行；②传染源种类，同源传染和多源传染；③传播方式，接触传染、机械传染和生物性传染。调查者需要检查所形成的假设是否符合实际情况，并对假设进行修改。在假设形成的同时，调查者还应能够提出合理的建议方案以保护未感染动物和制止患畜继续出现，如改变饲料、动物隔离等。

检验假设：

假设形成后要进行直观的分析和检验，必要时还要进行实验检验和统计分析。假设的形成和检验过程是循环往复的，应用这种连续的近似值方法而最终建立起确切的病因来源假设。

5　现况调查

5.1　目的　广泛收集与口蹄疫发生有关的各种资料和数据，根据医学理论得出有关口蹄疫分布、发生频率及其影响因素的合乎逻辑的正确结论。

5.2　组织与要求

5.2.1　现况调查是一项由国家兽医行政主管部门统一组织的全国范围内有关口蹄疫流行病学资料和数据的收集整理工作，需要国家兽医行政主管部门、国家动物防疫监督机构、国家动物流行病学中心、地方动物防疫监督机构多方面合作。

5.2.2　所有参与实验的人员明确普查的内容和目的，数据收集的方法应尽可能简单，并设法得到数据提供者的合作和保持他们的积极性。

5.2.3　被派兽医技术人员要遵照4.2.2和4.2.3的要求。

5.3　内容

5.3.1　估计疾病流行情况　调查动物群体存在或不存在疾病。患病和死亡情况分别用患病率和死亡率表示。

5.3.2　动物群体及其环境条件的调查　包括动物群体的品种、性别、年龄、营养、免疫等；环境条件、气候、地区、畜牧制度、饲养管理（饲料、饮水、畜舍）等。

5.3.3　传染源调查　包括带毒野生动物、带毒牛羊等的调查。

5.3.4　其他调查　包括其他动物或人类患病情况及媒介昆虫或中间宿主，如种类、分布、生活习性等的调查。

5.3.5　完成现况调查表（表B），并提交现况调查报告。

5.4　方法

5.4.1　现场观察、临床检查。

5.4.2　访问调查或通信调查。

5.4.3　查阅诊疗记录、疾病报告登记、诊断实验室记录、检疫记录及其他现成记录和统计资料。流行病学普查的数据都是与疾病和致病因素有关的数据以及与生产和畜群体积有关的数据。获得的记录数据，可用于回顾性实验研究；收集未来的数据用于前瞻性实验研究。

一些数据属于观察资料，一些数据属于观察现象的解释，一些数据是数量性的，由各种测量方法而获得，如体重、产乳量、死亡率和发病率，这类数据通常比较准确。数据资料来源如下。

5. 4. 3. 1　政府兽医机构

国家及各省、市、县动物防疫监督机构以及乡级的兽医站负责调查和防治全国范围内一些重要的疾病。许多政府机构还建立了诊断室开展一些常规的实验室诊断工作，保持完整的实验记录，经常报道诊断结果和疾病的流行情况。由各级政府机构编辑和出版的各种兽医刊物也是常规的资料来源。

5. 4. 3. 2　屠宰场

大牲畜屠宰场都要进行宰前和宰后检验以发现和鉴定某些疾病。通常只有临床上健康的牲畜才供屠宰食用，因此屠宰中发现的病例一般都是亚临床症状的。

屠宰检验的第二个目的是记录所见异常现象，有助于流行性动物疾病的早期发现和人畜共患性疾病的预防和治疗。由于屠宰场的动物是来自于不同地区或不同牧场，如果屠宰检验所发现的疾病关系到患畜的原始牧场或地区，则必须追查动物的来源。

5. 4. 3. 3　血清库

血清样品能够提供免疫特性方面有价值的流行病学资料，如流行的周期性，传染的空间分布和新发生口蹄疫的起源。因此建立血清库有助于研究与传染病有关的许多问题：①鉴定主要的健康标准；②建立免疫接种程序；③确定疾病的分布；④调查新发生口蹄疫的传染来源；⑤确定流行的周期性；⑥增加病因学方面的知识；⑦评价免疫接种效果或程序；⑧评价疾病造成的损失。

5. 4. 3. 4　动物登记注册

动物登记注册是流行病学数据的又一个来源。

根据某地区动物登记注册或免疫接种数量估测该地区的易感动物数，一般是趋于下线估测。

5. 4. 3. 5　畜牧机构

许多畜牧机构记录和保存动物群体结构、分布和动物生产方面的资料，如增重、饲料转化率和产乳量等。这对某些实验研究也同样具有流行病学方面的意义。

5.4.3.6　畜牧场

大型的现代化饲养场都有自己独立的经营和管理体制；完善的资料和数据记录系统，许多数据资料具有较高的可靠性。这些资料对疾病普查是很有价值的。

5.4.3.7　畜主日记

饲养人员（如猪的饲养者）经常记录生产数据和一些疾病资料。但记录者的兴趣和背景不同，所记录的数据类别和精确程度也不同。

5.4.3.8　兽医院门诊

兽医院开设兽医门诊，并建立患畜病志以描述发病情况和记录诊断结果。门诊患畜中诊断兽医感兴趣的疾病比例通常高于其他疾病。这可能是由于该兽医为某种疾病的研究专家而吸引该种疾病的患畜的缘故。

5.4.3.9　其他资料来源

野生动物是家畜口蹄疫的重要传染源。野生动物保护组织和害虫防治中心记录和保存关于国家野生动物地区分布和种类数量方面的数据。这对调查实际存在的和即将发生的口蹄疫的感染和传播具有价值。

表 A　口蹄疫暴发的跟踪调查表

1　可疑发病场/户基本状况与初步诊断结果

2　疫点易感畜与发病畜现场调查

2.1　最早出现发病时间：　　年　　月　　日　　时，发病数：　　头，死亡数：　　头，圈舍（户）编号：

2.2　畜群发病情况

圈舍（户）编号	家畜品种	日龄	发病日期	发病数	开始死亡日期	死亡数

2.3　袭击率

计算公式：

袭击率 =（疫情暴发以来发病畜数 ÷ 疫情暴发开始时易感畜数）×100%

3　可能的传染来源调查

3.1　发病前 15 天内，发病畜舍是否引进了新畜？

（1）是　　　　　　　　（2）否

引进畜品种	引进数量	混群情况※	最初混群时间	健康状况	引进时间	来源

注：※混群情况：（1）同舍（户）饲养；（2）邻舍（户）饲养；（3）饲养于本场（村）隔离场，隔离场（舍）人员单独隔离。

3.2　发病前 15 天内发病畜场/户是否有野猪、啮齿动物等

出没？(1) 否　　　　　　　　(2) 是

野生动物种类	数量	来源处	与畜接触地点※	野生动物数量	与畜接触频率#

注：※：与畜接触地点包括进入场/户场内、畜栏舍四周、存料处及料槽等。

#：接触频率指野生动物与畜接触地点的接触情况，分为每天、数次、仅一次。

3.3　发病前15天内是否运入可疑的被污染物品（药品）？(1) 是　　　　　　(2) 否

物品名称	数量	经过或存放地	运入后使用情况

3.4　最近30天内的是否有场外有关业务人员来场？(1) 无；(2) 有。请写出访问者姓名、单位、访问日期和注明是否来自疫区。

来访人	来访日期	来访人职业/电话	是否来自疫区

3.5　发病场（户）是否靠近其他养畜场及动物集散地?

（1）是　　　　　（2）否

3.5.1　与发病场的相对地理位置________。

3.5.2　与发病场的距离________。

3.5.3　其大致情况________。

3.6　发病场周围 20 公里以内是否有下列动物群?

3.6.1　猪________。

3.6.2　野猪________。

3.6.3　牛群________。

3.6.4　羊群________。

3.6.5　田鼠、家鼠________。

3.6.6　其他易感动物________。

3.7　在最近 25 ~ 30 天本场周围 20 公里有无畜群发病?（1）无　（2）有，请回答：

3.7.1　发病日期：

3.7.2　病畜数量和品种：

3.7.3　确诊/疑似诊断疾病：

3.7.4　场主姓名：

3.7.5　发病地点与本场相对位置、距离：

3.7.6　投药情况：

3.7.7　疫苗接种情况：

3.8　场内是否有职员住在其他养畜场/养畜村？（1）无（2）有，请回答：

3.8.1　该场所处的位置：

3.8.2　该场养畜的数量和品种：

3.8.3　该场畜的来源及去向：

3.8.4　职员拜访和接触他人地点：

4　在发病前15天是否有更换饲料来源等饲养方式/管理的改变？

（1）无　（2）有，________________。

5　发病场（户）周围环境情况：

5.1　静止水源——沼泽、池塘或湖泊：（1）是　（2）否

5.2　流动水源——灌溉用水、运河水、河水：（1）是（2）否

5.3　断续灌溉区——方圆3公里内无水面：（1）是　（2）否

5.4　最近是否发生过洪水：（1）是　（2）否

5.5　靠近公路干线：（1）是　（2）否

5.6　靠近山溪或森（树）林：（1）是　（2）否

6　该养畜场/户地势类型属于：

（1）盆地（2）山谷（3）高原（4）丘陵（5）平原（6）山区　（7）其他（请注明）________________。

7　饮用水及冲洗用水情况：

7.1　饮用水类型：

（1）自来水　（2）浅井水　（3）深井水　（4）河塘水（5）其他

7.2　冲洗用水类型：

（1）自来水　（2）浅井水　（3）深井水　（4）河塘水（5）其他

8　发病养畜场/户口蹄疫疫苗免疫情况：

（1）不免疫　（2）免疫

8.1　免疫生产厂家________。

8.2　疫苗品种、批号________。

8.3　被免疫畜数量________。

9　受威胁区免疫畜群情况：

9.1　免疫接种1个月内畜群发病情况：

（1）未见发病　（2）发病，发病率________。

9.2　血清学检测和病原学检测

标本类型	采样时间	检测项目	检测方法	病毒亚型

注：标本类型包括水疱、水疱皮、脾淋、心脏、血清及咽腭分泌物等。

10　解除封锁后30天后是否使用岗哨动物？

（1）否　（2）是，简述岗哨动物名称、数量及结果________。

11　最后诊断情况

11.1　确诊口蹄疫，确诊单位________________，病毒亚型________________。

11.2　排除，其他疫病名称________________。

12　疫情处理情况

12.1　发病畜及其同群畜全部扑杀：

（1）是　（2）否，扑杀范围：________________。

12.2　疫点周围受威胁区内的所有易感畜全部接种疫苗

（1）是　（2）否

所用疫苗的病毒亚型：__________，厂家：______________。

13　在发病养畜场/户出现第1个病例前15天至该场被控制期间出场的（A）有关人员，（B）动物/产品/排泄废弃物，（C）运输工具/物品/饲料/原料，（D）其他（请标出）____________，养畜场被控制日期____________。

出场日期	出场人/物（A/B/C/D）	运输工具	人/承运人/电话	目的地/电话

14　在发病养畜场/户出现第1个病例前15天至该场被控制期间，是否有家畜、车辆和人员进出家畜集散地？（1）无；（2）有。请填写下表，追踪可能污染物，做限制或消毒处理。

出入日期	出场人/物	运输工具	人/承运人/电话	相对方位/距离

注：家畜集散地包括展览场所、农贸市场、动物产品仓库、拍卖市场、动物园等。

15　列举在发病养畜场/户出现第 1 个病例前 15 天至该场被控制期间出场的工作人员（如送料员、销售人员、兽医等）3 天内接触过的所有养畜场/户，通知被访场/户进行防范。

姓名	出场人员	出场日期	访问日期	目的地/电话

16　疫点或疫区家畜

16. 1　在发病后 1 个月发病情况

（1）未见发病　（2）发病，发病率________________。

16.2 血清学检测和病原学检测

标本类型	采样时间	检测项目	检测方法	结果

17 疫点或疫区野生动物

17.1 在发病后1个月发病情况

（1）未见发病 （2）发病，发病率________________。

17.2 血清学检测和病原学检测

标本类型	采样时间	检测项目	检测方法	结果

18 在该疫点疫病传染期内密切接触人员的发病情况________________。

（1）未见发病

（2）发病，简述情况：

接触人员姓名	性别	年龄	接触方式※	住址或工作单位	电话号码	是否发病及死亡

注：※：接触方式：（1）本舍（户）饲养员 （2）非本舍饲养员 （3）本场兽医 （4）收购与运输 （5）屠宰加工 （6）处理疫情的场外兽医 （7）其他接触。

表B 口蹄疫暴发的现况调查表

1 某调查单位（省、地区、畜场、屠宰场或实验室等）家畜及野生动物口蹄疫的流行率。

动物类别	记录数	阳性数	阳性率

2 某调查单位（省、地区、畜场、屠宰场或实验室等）家畜及野生动物口蹄疫的抗体阳性率。

分区代号	病毒亚型	咽腭分泌物病毒分离率	平均抗体阳性率（%）
1			
2			
3			
4			
5			

二、高致病性猪蓝耳病防治技术规范

高致病性猪蓝耳病是由猪繁殖与呼吸综合征（俗称蓝耳病）病毒变异株引起的一种急性高致死性疫病。仔猪发病率可达100%、死亡率可达50%以上，母猪流产率可达30%以上，育肥猪也可发病死亡是其特征。

为及时、有效地预防、控制和扑灭高致病性猪蓝耳病疫情，依据《中华人民共和国动物防疫法》《重大动物疫情应急条例》和《国家突发重大动物疫情应急预案》及有关的法律法规，制定本规范。

1 适用范围

本规范规定了高致病性猪蓝耳病诊断、疫情报告、疫情处置、预防控制、检疫监督的操作程序与技术标准。

本规范适用于中华人民共和国境内一切与高致病性猪蓝耳病防治活动有关的单位和个人。

2 诊断

2.1 诊断指标

2.1.1 临床指标

体温明显升高，可达41 ℃以上；眼结膜炎、眼睑水肿；咳嗽、气喘等呼吸道症状；部分猪后躯无力、不能站立或共济失调等神经症状；仔猪发病率可达100%、死亡率可达50%以上，母猪流产率可达30%以上，成年猪也可发病死亡。

2.1.2 病理指标

可见脾脏边缘或表面出现梗死灶，显微镜下见出血性梗死；肾脏呈土黄色，表面可见针尖至小米粒大出血点斑，皮下、扁桃体、心脏、膀胱、肝脏和肠道均可见出血点和出血斑。显微镜下见肾间质性炎，心脏、肝脏和膀胱出血性、渗出性炎等病变；部分病例可见胃肠道出血、溃疡、坏死。

2.1.3 病原学指标

2.1.3.1 高致病性猪蓝耳病病毒分离鉴定阳性。

2.1.3.2 高致病性猪蓝耳病病毒反转录聚合酶链式反应（RT－PCR）检测阳性。

2.2 结果判定

2.2.1 疑似结果

符合2.1.1和2.1.2，判定为疑似高致病性猪蓝耳病。

2.2.2 确诊

符合2.2.1，且符合2.1.3.1和2.1.3.2之一的，判定为高致病性猪蓝耳病。

3 疫情报告

3.1 任何单位和个人发现猪出现急性发病死亡情况，应及时向当地动物疫控机构报告。

3.2 当地动物疫控机构在接到报告或了解临床怀疑疫情后，应立即派人员到现场进行初步调查核实，符合2.2.1规定的，判定为疑似疫情。

3.3 判定为疑似疫情时，应采集样品进行实验室诊断，必要时送省级动物疫控机构或国家指定实验室。

3.4 确认为高致病性猪蓝耳病疫情时，应在2小时内将情况逐级报至省级动物疫控机构和同级兽医行政管理部门。省级兽医行政管理部门和动物疫控机构按有关规定向农业部报告疫情。

3.5　国务院兽医行政管理部门根据确诊结果，按规定公布疫情。

4　疫情处置

4.1　疑似疫情的处置

对发病场/户实施隔离、监控，禁止生猪及其产品和有关物品移动，并对其内、外环境实施严格的消毒措施。对病死猪、污染物或可疑污染物进行无害化处理。必要时，对发病猪和同群猪进行扑杀并无害化处理。

4.2　确认疫情的处置

4.2.1　划定疫点、疫区、受威胁区

由所在地县级以上兽医行政管理部门划定疫点、疫区、受威胁区。

疫点：为发病猪所在的地点。规模化养殖场/户，以病猪所在的相对独立的养殖圈舍为疫点；散养猪以病猪所在的自然村为疫点；在运输过程中，以运载工具为疫点；在市场发现疫情，以市场为疫点；在屠宰加工过程中发现疫情，以屠宰加工厂/场为疫点。

疫区：指疫点边缘向外延3公里范围内的区域。根据疫情的流行病学调查、免疫状况、疫点周边的饲养环境、天然屏障（如河流、山脉等）等因素综合评估后划定。

受威胁区：由疫区边缘向外延伸5公里的区域划为受威胁区。

4.2.2　封锁疫区

由当地兽医行政管理部门向当地县级以上人民政府申请发布封锁令，对疫区实施封锁：在疫区周围设置警示标志；在出入疫区的交通路口设置动物检疫消毒站，对出入的车辆和有关物品进行消毒；关闭生猪交易市场，禁止生猪及其产品运出疫区。必要时，经省级人民政府批准，可设立临时监督检查站，执行监督检查任务。

4.2.3　疫点应采取的措施

扑杀所有病猪和同群猪；对病死猪、排泄物、被污染饲料、垫料、污水等进行无害化处理；对被污染的物品、交通工具、用具、猪舍、场地等进行彻底消毒。

4.2.4　疫区应采取的措施

对被污染的物品、交通工具、用具、猪舍、场地等进行彻底消毒；对所有生猪用高致病性猪蓝耳病灭活疫苗进行紧急强化免疫，并加强疫情监测。

4.2.5　受威胁区应采取的措施

对受威胁区所有生猪用高致病性猪蓝耳病灭活疫苗进行紧急强化免疫，并加强疫情监测。

4.2.6　疫源分析与追踪调查

开展流行病学调查，对病原进行分子流行病学分析，对疫情进行溯源和扩散风险评估。

4.2.7　解除封锁

疫区内最后一头病猪扑杀或死亡后14天以上，未出现新的疫情；在当地动物疫控机构的监督指导下，对相关场所和物品实施终末消毒。经当地动物疫控机构审验合格，由当地兽医行政管理部门提出申请，由原发布封锁令的人民政府宣布解除封锁。

4.3　疫情记录

对处理疫情的全过程必须做好完整翔实的记录（包括文字、图片和影像等），并归档。

5　预防控制

5.1　监测

5.1.1　监测主体

县级以上动物疫控机构。

5.1.2　监测方法

流行病学调查、临床观察、病原学检测。

5.1.3　监测范围

5.1.3.1　养殖场/户，交易市场、屠宰厂/场、跨县调运的生猪。

5.1.3.2　对种猪场、隔离场、边境、近期发生疫情及疫情频发等高风险区域的生猪进行重点监测。

5.1.4　监测预警

各级动物疫控机构对监测结果及相关信息进行风险分析，做好预警预报。

农业部指定的实验室对分离到的毒株进行生物学和分子生物学特性分析与评价，及时向国务院兽医行政管理部门报告。

5.1.5　监测结果处理

按照《国家动物疫情报告管理办法》的有关规定将监测结果逐级汇总上报至国家动物疫控机构。

5.2　免疫技术要求

5.2.1　对所有生猪用高致病性猪蓝耳病灭活疫苗进行免疫，免疫方案见《猪病免疫推荐方案（试行）》。发生高致病性猪蓝耳病疫情时，用高致病性猪蓝耳病灭活疫苗进行紧急强化免疫。

5.2.2　养殖场/户必须按规定建立完整免疫档案，包括免疫登记表、免疫证、畜禽标识等。

5.2.3　各级动物疫控机构定期对免疫猪群进行免疫抗体水平监测，根据群体抗体水平消长情况及时加强免疫。

5.3　加强饲养管理，实行封闭饲养，建立健全各项防疫制度，做好消毒、杀虫灭鼠等工作。

6　检疫监督

6.1　产地检疫

生猪在离开饲养地之前，养殖场/户必须向当地动物卫生监督机构报检。动物卫生监督机构接到报检后必须及时派员到场/户实施检疫。检疫合格后，出具合格证明；对运载工具进行消毒，出具消毒证明，对检疫不合格的按照有关规定处理。

6.2　屠宰检疫

动物卫生监督机构的检疫人员对生猪进行验证查物，合格后方可入厂/场屠宰。检疫合格并加盖（封）检疫标志后方可出厂/场，不合格的按有关规定处理。

6.3　种猪异地调运检疫

跨省调运种猪时，应先到调入地省级动物卫生监督机构办理检疫审批手续，调出地按照规范进行检疫，检疫合格方可调运。到达后须隔离饲养14天以上，由当地动物卫生监督机构检疫合格后方可投入使用。

6.4　监督管理

6.4.1　动物卫生监督机构应加强流通环节的监督检查，严防疫情扩散。生猪及产品凭检疫合格证（章）和畜禽标识运输、销售。

6.4.2　生产、经营动物及动物产品的场所，必须符合动物防疫条件，取得动物防疫合格证。当地动物卫生监督机构应加强日常监督检查。

6.4.3　任何单位和个人不得随意处置及转运、屠宰、加工、经营、食用病（死）猪及其产品。

三、猪瘟防治技术规范

猪瘟（Classical swine fever，CSF）是由黄病毒科瘟病毒属猪瘟病毒引起的一种高度接触性、出血性和致死性传染病。世界动物卫生组织（OIE）将其列为必须报告的动物疫病，我国将其列为一类动物疫病。

为及时、有效地预防、控制和扑灭猪瘟，依据《中华人民共和国动物防疫法》《重大动物疫情应急条例》和《国家突发重大动物疫情应急预案》及有关法律法规，制定本规范。

1 适用范围

本规范规定了猪瘟的诊断、疫情报告、疫情处置、疫情监测、预防措施、控制和消灭标准等。

本规范适用于中华人民共和国境内一切从事猪（含驯养的野猪）的饲养、经营及其产品生产、经营，以及从事动物防疫活动的单位和个人。

2 诊断

依据本病流行病学特点、临床症状、病理变化可做出初步诊断，确诊需做病原分离与鉴定。

2.1 流行特点

猪是本病唯一的自然宿主，发病猪和带毒猪是本病的传染源，不同年龄、性别、品种的猪均易感。一年四季均可发生。感染猪在发病前即能通过分泌物和排泄物排毒，并持续整个病程。与感染猪直接接触是本病传播的主要方式，病毒也可通过精液、胚胎、猪肉和泔水等传播，人、其他动物如鼠类和昆虫、器具等均可成为重要传播媒介。感染和带毒母猪在怀孕期可通过胎盘将病毒传播给胎儿，导致新生仔猪发病或产生免疫耐受。

2.2 临床症状

2.2.1 本规范规定本病潜伏期为 3 ~ 10 天，隐性感染可长期带毒。

根据临床症状可将本病分为急性、亚急性、慢性和隐性感染四种类型。

2.2.2 典型症状

2.2.2.1 发病急、死亡率高。

2.2.2.2 体温通常升至 41 ℃以上、厌食、畏寒。

2.2.2.3 先便秘后腹泻，或便秘和腹泻交替出现。

2.2.2.4 腹部皮下、鼻镜、耳尖、四肢内侧均可出现紫色出血斑点，指压不褪色，眼结膜和口腔黏膜可见出血点。

2.3　病理变化

2.3.1　淋巴结水肿、出血，呈现大理石样变。

2.3.2　肾脏呈土黄色，表面可见针尖状出血点。

2.3.3　全身浆膜、黏膜和心脏、膀胱、胆囊、扁桃体均可见出血点和出血斑，脾脏边缘出现梗死灶。

2.3.4　脾不肿大，边缘有暗紫色突出表面的出血性梗死。

2.3.5　慢性猪瘟在回肠末端、盲肠和结肠常见“纽扣状”溃疡。

2.4　实验室诊断

实验室病原学诊断必须在相应级别的生物安全实验室进行。

2.4.1　病原分离与鉴定

2.4.1.1　病原分离、鉴定可用细胞培养法（附件1）。

2.4.1.2　病原鉴定也可采用猪瘟荧光抗体染色法，细胞质出现特异性的荧光（附件2）。

2.4.1.3　兔体交互免疫试验（附件3）。

2.4.1.4　猪瘟病毒反转录聚合酶链式反应（RT－PCR）：主要用于临床诊断与病原监测（附件4）。

2.4.1.5　猪瘟抗原双抗体夹心 ELISA 检测法：主要用于临床诊断与病原监测（附件5）。

2.4.2　血清学检测

2.4.2.1　猪瘟病毒抗体阻断 ELISA 检测法（附件6）。

2.4.2.2　猪瘟荧光抗体病毒中和试验（附件7）。

2.4.2.3　猪瘟中和试验方法（附件8）。

2.5　结果判定

2.5.1　疑似猪瘟

符合猪瘟流行病学特点、临床症状和病理变化。

2.5.2　确诊

非免疫猪符合结果判定2.5.1，且符合血清学诊断2.4.2.1、

2.4.2.2、2.4.2.3 之一，或符合病原学诊断 2.4.1.1、2.4.1.2、2.4.1.3、2.4.1.4、2.4.1.5 之一的。

免疫猪符合结果 2.5.1，且符合病原学诊断 2.4.1.1、2.4.1.2、2.4.1.3、2.4.1.4、2.4.1.5 之一的。

3 疫情报告

3.1 任何单位和个人发现患有本病或疑似本病的猪，都应当立即向当地动物防疫监督机构报告。

3.2 当地动物防疫监督机构接到报告后，按国家动物疫情报告管理的有关规定执行。

4 疫情处理

根据流行病学、临床症状、剖检病变，结合血清学检测做出的临床诊断结果可作为疫情处理的依据。

4.1 当地县级以上动物防疫监督机构接到可疑猪瘟疫情报告后，应及时派员到现场诊断，根据流行病学调查、临床症状和病理变化等初步诊断为疑似猪瘟时，应立即对病猪及同群猪采取隔离、消毒、限制移动等临时性措施。同时采集病料送省级动物防疫监督机构实验室确诊，必要时将样品送国家猪瘟参考实验室确诊。

4.2 确诊为猪瘟后，当地县级以上人民政府兽医主管部门应当立即划定疫点、疫区、受威胁区，并采取相应措施；同时，及时报请同级人民政府对疫区实行封锁，逐级上报至国务院兽医主管部门，并通报毗邻地区。国务院兽医行政管理部门根据确诊结果，确认猪瘟疫情。

4.2.1 划定疫点、疫区和受威胁区

疫点：为病猪和带毒猪所在的地点。一般指病猪或带毒猪所在的猪场、屠宰厂或经营单位，如为农村散养，应将自然村划为疫点。

疫区：是指疫点边缘外延 3 公里范围内区域。疫区划分时，应注意考虑当地的饲养环境和天然屏障（如河流、山脉等）等因素。

受威胁区：是指疫区外延5公里范围内的区域。

4.2.2　封锁

由县级以上兽医行政管理部门向本级人民政府提出启动重大动物疫情应急指挥系统、应急预案和对疫区实行封锁的建议，有关人民政府应当立即做出决定。

4.2.3　对疫点、疫区、受威胁区采取的措施

疫点：扑杀所有的病猪和带毒猪，并对所有病死猪、被扑杀猪及其产品按照GB 16548规定进行无害化处理；对排泄物、被污染或可能受污染饲料和垫料、污水等均需进行无害化处理；对被污染的物品、交通工具、用具、禽舍、场地进行严格彻底消毒（附件9）；限制人员出入，严禁车辆进出，严禁猪只及其产品及可能受污染的物品运出。

疫区：对疫区进行封锁，在疫区周围设置警示标志，在出入疫区的交通路口设置动物检疫消毒站（临时动物防疫监督检查站），对出入的人员和车辆进行消毒；对易感猪只实施紧急强制免疫，确保达到免疫保护水平；停止疫区内猪及其产品的交易活动，禁止易感猪只及其产品运出；对猪只排泄物，被污染饲料、垫料、污水等按国家规定标准进行无害化处理；对被污染的物品、交通工具、用具、猪舍、场地进行严格彻底消毒。

受威胁区：对易感猪只（未免或免疫未达到免疫保护水平）实施紧急强制免疫，确保达到免疫保护水平；对猪只实行疫情监测和免疫效果监测。

4.2.4　紧急监测

对疫区、受威胁区内的猪群必须进行临床检查和病原学监测。

4.2.5　疫源分析与追踪调查

根据流行病学调查结果，分析疫源及其可能扩散、流行的情

况。对可能存在的传染源，以及在疫情潜伏期和发病期间售（运）出的猪只及其产品、可疑污染物（包括粪便、垫料、饲料等）等应当立即开展追踪调查，一经查明立即按照 GB 16548 规定进行无害化处理。

4.2.6　封锁令的解除

疫点内所有病死猪、被扑杀的猪按规定进行处理，疫区内没有新的病例发生，彻底消毒 10 天后，经当地动物防疫监督机构审验合格，当地兽医主管部门提出申请，由原封锁令发布机关解除封锁。

4.2.7　疫情处理记录

对处理疫情的全过程必须做好详细的记录（包括文字、图片和影像等），并归档。

5　预防与控制

以免疫为主，采取“扑杀和免疫相结合”的综合性防治措施。

5.1　饲养管理与环境控制

饲养、生产、经营等场所必须符合《动物防疫条件审核管理办法》（农业部〔2002〕15 号令）规定的动物防疫条件，并加强种猪调运检疫管理。

5.2　消毒

各饲养场、屠宰厂（场）、动物防疫监督检查站等要建立严格的卫生（消毒）管理制度，做好杀虫、灭鼠工作（附件 9）。

5.3　免疫和净化

5.3.1　免疫

国家对猪瘟实行全面免疫政策。

预防免疫按农业部制定的免疫方案规定的免疫程序进行。

所用疫苗必须是经国务院兽医主管部门批准使用的猪瘟疫苗。

5.3.2　净化

对种猪场和规模养殖场的种猪定期采样进行病原学检测，对检测阳性猪及时进行扑杀和无害化处理，以逐步净化猪瘟。

5.4 监测和预警

5.4.1 监测方法

非免疫区域：以流行病学调查、血清学监测为主，结合病原鉴定。

免疫区域：以病原监测为主，结合流行病学调查、血清学监测。

5.4.2 监测范围、数量和时间

对于各类种猪场每年要逐头监测两次；商品猪场每年监测两次，抽查比例不低于0.1%，最低不少于20头；散养猪不定期抽查。或按照农业部年度监测计划执行。

5.4.3 监测报告

监测结果要及时汇总，由省级动物防疫监督机构定期上报中国动物疫病预防控制中心。

5.4.4 预警

各级动物防疫监督机构对监测结果及相关信息进行风险分析，做好预警预报。

5.5 消毒

饲养场、屠宰厂（场）、交易市场、运输工具等要建立并实施严格的消毒制度。

5.6 检疫

5.6.1 产地检疫

生猪在离开饲养地之前，养殖场/户必须向当地动物防疫监督机构报检。动物防疫监督机构接到报检后必须及时派员到场/户实施检疫。检疫合格后，出具合格证明；对运载工具进行消毒，出具消毒证明，对检疫不合格的按照有关规定处理。

5.6.2 屠宰检疫

动物防疫监督机构的检疫人员对生猪进行验证查物，合格后方可入厂/场屠宰。检疫合格并加盖（封）检疫标志后方可出厂/场，不合格的按有关规定处理。

5.6.3 种猪异地调运检疫

跨省调运种猪时，应先到调入地省级动物防疫监督机构办理检疫审批手续，调出地进行检疫，检疫合格方可调运。到达后须隔离饲养10天以上，由当地动物防疫监督机构检疫合格后方可投入使用。

6 控制和消灭标准

6.1 免疫无猪瘟区

6.1.1 该区域首先要达到国家无规定疫病区基本条件。

6.1.2 有定期、快速的动物疫情报告记录。

6.1.3 该区域在过去3年内未发生过猪瘟。

6.1.4 该区域和缓冲带实施强制免疫，免疫密度100%，所用疫苗必须符合国家兽医主管部门规定。

6.1.5 该区域和缓冲带须具有运行有效的监测体系，过去2年内实施疫病和免疫效果监测，未检出病原，免疫效果确实。

6.1.6 所有的报告，免疫、监测记录等有关材料翔实、准确、齐全。

若免疫无猪瘟区内发生猪瘟时，最后一例病猪扑杀后12个月，经实施有效的疫情监测，确认后方可重新申请免疫无猪瘟区。

6.2 非免疫无猪瘟区

6.2.1 该区域首先要达到国家无规定疫病区基本条件。

6.2.2 有定期、快速的动物疫情报告记录。

6.2.3 在过去2年内没有发生过猪瘟，并且在过去12个月内，没有进行过免疫接种；另外，该地区在停止免疫接种后，没有引进免疫接种过的猪。

6.2.4 在该区具有有效的监测体系和监测区，过去2年内实施疫病监测，未检出病原。

6.2.5 所有的报告、监测记录等有关材料翔实、准确、齐全。

若非免疫无猪瘟区发生猪瘟后，在采取扑杀措施及血清学监测的情况下，最后一例病猪扑杀后6个月；或在采取扑杀措施、血清学监测及紧急免疫的情况下，最后一例免疫猪被屠宰后6个月，经实施有效的疫情监测和血清学检测确认后，方可重新申请非免疫无猪瘟区。

附件1：

病毒分离鉴定

采用细胞培养法分离病毒是诊断猪瘟的一种灵敏方法。通常使用对猪瘟病毒敏感的细胞系如PK－15细胞等，加入2%扁桃体、肾脏、脾脏或淋巴结等待检组织悬液于培养液中。37 ℃培养48～72小时后用荧光抗体染色法检测细胞培养物中的猪瘟病毒。

步骤如下：

1. 制备抗生素浓缩液（青霉素10 000国际单位/毫升、链霉素10 000国际单位/毫升、卡那霉素和制霉菌素5 000国际单位/毫升），小瓶分装，－20 ℃保存，用时融化。

2. 取1～2克待检病料组织放入灭菌研钵中，剪刀剪碎，加入少量无菌生理盐水，将其研磨匀浆；再加入Hanks平衡盐溶液或细胞培养液，制成20%（*W/V*）组织悬液；最后按1/10的比例加入抗生素浓缩液，混匀后室温作用1小时；以1 000转/分离心15分钟，取上清液备用。

3. 用胰酶消化处于对数生长期的PK－15细胞单层，将所得细胞悬液以1 000转/分离心10分钟，再用一定量EMEM生长液［含5%胎牛血清（无BVDV抗体），56 ℃灭活30分钟］、0.3%谷氨酰胺、青霉素100国际单位/毫升、链霉素100国际单位/毫升悬浮，使细胞浓度为2×10^6/毫升。

4. 9份细胞悬液与1份上清液混合，接种6～8支含细胞玻片的莱顿氏管（leighton's）（或其他适宜的细胞培养瓶），每管0.2

毫升；同时设3支莱顿氏管接种细胞悬液做阴性对照；另设3支莱顿氏管接种猪瘟病毒做阳性对照。

5. 经培养24小时、48小时、72小时，分别取2管组织上清培养物及1管阴性对照培养物、1管阳性对照培养物，取出细胞玻片，以磷酸缓冲盐水（PBS液，pH值7.2，0.01摩尔/升）或生理盐水洗涤2次，每次5分钟，用冷丙酮（分析纯）固定10分钟，晾干，采用猪瘟病毒荧光抗体染色法进行检测（附件2）。

6. 根据细胞玻片猪瘟荧光抗体染色强度，判定病毒在细胞中的增殖情况，若荧光较弱或为阴性，应按步骤4将组织上清细胞培养物进行病毒盲传。

临床发病猪或疑似病猪的全血样是猪瘟早期诊断样品。接种细胞时操作程序如下：取 -20 ℃冻存全血样品置37 ℃水浴融化；向24孔板每孔加300微升血样以覆盖对数生长期的PK-15单层细胞；37 ℃吸附2小时。弃去接种液，用细胞培养液洗涤细胞2次，然后加入EMEM维持液，37 ℃培养24~48小时后，采用猪瘟病毒荧光抗体染色法检测（附件2）。

附件2：

猪瘟荧光抗体染色法

荧光抗体染色法快速、特异，可用于检测扁桃体等组织样品以及细胞培养中的病毒抗原。操作程序如下：

1 样品的采集和选择

1.1 活体采样：利用扁桃体采样器（鼻捻子、开口器和采样枪）。采样器使用前均须用3%氢氧化钠溶液消毒后经清水冲洗。首先固定活猪的上唇，用开口器打开口腔，用采样枪采取扁桃体样品，用灭菌牙签挑至灭菌离心管并做标记。

1.2 其他样品：剖检时采取的病死猪脏器，如扁桃体、肾脏、脾脏、淋巴结、肝脏和肺等，或病毒分离时待检的细胞玻片。

1.3　样品采集、包装与运输按农业部相关要求执行。

2　检测方法与判定

2.1　方法：将上述组织制成冰冻切片，或待检的细胞培养片（附件1），将液体吸干后经冷丙酮固定5～10分钟，晾干。滴加猪瘟荧光抗体覆盖于切片或细胞片表面，置湿盒中37 ℃作用30分钟。然后用PBS液洗涤，自然干燥。用碳酸缓冲甘油（pH值9.0～9.5，0.5摩尔/升）封片，置荧光显微镜下观察。必要时设立抑制试验染色片，以鉴定荧光的特异性。

2.2　判定：在荧光显微镜下，见切片或细胞培养物（细胞盖片）中有胞质荧光，并由抑制试验证明为特异的荧光，判为猪瘟阳性；无荧光判为阴性。

2.3　荧光抑制试验：将两组猪瘟病毒感染猪的扁桃体冰冻切片，分别滴加猪瘟高免血清和健康猪血清（猪瘟中和抗体阴性），在湿盒中37 ℃作用30分钟，用生理盐水或PBS（pH值7.2）漂洗2次，然后进行荧光抗体染色。经用猪瘟高免血清处理的扁桃体切片，隐窝上皮细胞不应出现荧光，或荧光显著减弱；而用阴性血清处理的切片，隐窝上皮细胞仍出现明亮的黄绿色荧光。

附件3：

兔体交互免疫试验

本方法用于检测疑似猪瘟病料中的猪瘟病毒。

1　试验动物

1.5～2千克、体温波动不大的大耳白兔，并在试验前1天测基础体温。

2　试验操作方法

将病猪的淋巴结和脾脏，磨碎后用生理盐水做1∶10稀释，对3只健康家兔做肌内注射，5毫升/只，另设3只不注射病料的对照兔，间隔5天对所有家兔静脉注射1∶20的猪瘟兔化病毒（淋巴脾脏毒），1毫升/只，24小时后，每隔6小时测体温一次，连续测96小时，对照组2/3出现定型热或轻型热，试验成立。

3 兔体交互免疫试验结果判定

接种病料后体温反应	接种猪瘟兔化弱毒后体温反应	结果判定
-	-	含猪瘟病毒
-	+	不含猪瘟病毒
+	-	含猪瘟兔化病毒
+	+	含非猪瘟病毒热原性物质

注："+"表示多于或等于2/3的动物有反应。

附件4：

猪瘟病毒反转录聚合酶链式反应（RT－PCR）

RT－PCR方法通过检测病毒核酸而确定病毒存在，是一种特异、敏感、快速的方法。在RT－PCR扩增的特定基因片段的基础上，进行基因序列测定，将获得的基因信息与我国猪瘟分子流行病学数据库进行比较分析，可进一步鉴定流行毒株的基因型，从而追踪流行毒株的传播来源或预测预报新的流行毒株。

1 材料与样品准备

1.1 材料准备：本试验所用试剂需用无RNA酶污染的容器分装；各种离心管和带滤芯吸头需无RNA酶污染；剪刀、镊子和研钵器须经干热灭菌。

1.2 样品制备：按1∶5（*W/V*）比例，取待检组织和PBS液于研钵中充分研磨，4℃，1 000转/分离心15分钟，取上清液转入无RNA酶污染的离心管中，备用；全血采用脱纤抗凝备用；细胞培养物冻融3次备用；其他样品酌情处理。制备的样品在2～8℃保存不应超过24小时，长期保存应小分装后置－70℃以下，避免反复冻融。

2　RNA 提取

2.1　取 1.5 毫升离心管，每管加入 800 微升 RNA 提取液（通用 Trizol）和被检样品 200 微升，充分混匀，静置 5 分钟。同时设阳性和阴性对照管，每份样品换一个吸头。

2.2　加入 200 微升氯仿，充分混匀，静置 5 分钟，4 ℃、12 000转/分离心 15 分钟。

2.3　取上清约 500 微升（注意不要吸出中间层）移至新离心管中，加等量异丙醇，颠倒混匀，室温静置 10 分钟，4 ℃、12 000转/分离心 10 分钟。

2.4　小心弃上清，倒置于吸水纸上，蘸干液体；加入1 000 微升 75% 乙醇，颠倒洗涤，4 ℃、12 000 转/分离心 10 分钟。

2.5　小心弃上清，倒置于吸水纸上，蘸干液体；4 000 转/分离心 10 分钟，将管壁上残余液体甩到管底部，小心吸干上清，吸头不要碰到有沉淀的一面，每份样品换一个吸头，室温干燥。

2.6　加入 10 微升 DEPC 水和 10 单位 RNAsin，轻轻混匀，溶解管壁上的 RNA，4 000 转/分离心 10 分钟，尽快进行试验。长期保存应置 -70 ℃以下。

3　cDNA 合成

取 200 微升 PCR 专用管，连同阳性对照管和阴性对照管，每管加 10 微升 RNA 和 50 pM 下游引物 P2（5’-CACAG（CT）CC（AG）AA（TC）CC（AG）AAGTCATC-3’），按反转录试剂盒说明书进行。

4　PCR

4.1　取 200 微升 PCR 专用管，连同阳性对照管和阴性对照管，每管加上述 10 微升 cDNA 和适量水，95 ℃预变性 5 分钟。

4.2　每管加入 10 倍稀释缓冲液 5 微升，上游引物 P1（5’-TC（GA）（AT）CAACCAA（TC）GAGATAGGG-3’）和下游引

物 P2 各 50pM，10 摩尔/升 dNTP 2 微升，*Taq* 酶 2.5 单位，补水至 50 微升。

4.3 置 PCR 仪，循环条件为 95 ℃ 50 秒，58 ℃ 60 秒，72 ℃ 35 秒，共 40 个循环，72 ℃延伸 5 分钟。

5 结果判定

取 RT－PCR 产物 5 微升，于 1% 琼脂糖凝胶中电泳，凝胶中含 0.5 微升/毫升溴化乙啶，电泳缓冲液为 0.5 TBE，80 伏 30 分钟，电泳完后于长波紫外灯下观察拍照。阳性对照管和样品检测管出现 251 bp 的特异条带判为阳性；阴性管和样品检测管未出现特异条带判为阴性。

附件 5：

猪瘟抗原双抗体夹心 ELISA 检测方法

本方法通过形成的多克隆抗体－样品－单克隆抗体夹心，并采用辣根过氧化物酶标记物检测，对外周血白细胞、全血、细胞培养物以及组织样本中的猪瘟病毒抗原进行检测的一种双抗体夹心 ELISA 方法。具体如下：

1 试剂盒组成

1.1 多克隆羊抗血清包被板条　8 孔 ×12 条（96 孔）

1.2 CSFV 阳性对照，含有防腐剂　1.5 毫升

1.3 CSFV 阴性对照，含有防腐剂　1.5 毫升

1.4 100 倍浓缩辣根过氧化物酶标记物（100 ×）
辣根过氧化物酶标记抗鼠 IgG，含防腐剂　200 微升

1.5 10 倍浓缩样品稀释液（10 ×）　55 毫升

1.6 底物液，TMB/H_2O_2 溶液　12 毫升

1.7 终止液，1 摩尔/升　HCL（小心，强酸）　12 毫升

1.8 10 倍浓缩洗涤液（10 ×）　125 毫升

1.9 CSFV 单克隆抗体，含防腐剂　4 毫升

1.10　酶标抗体稀释液　15 毫升

2　样品制备

注意：制备好的样品或组织可以在 2 ~ 7 ℃保存 7 天，或 -20 ℃冷冻保存 6 个月以上。但这些样品在应用前应该再次以 1 500转/分离心 10 分钟或 10 000 转/分离心 2 ~5 分钟。

2.1　外周血白细胞

2.1.1　取 10 毫升肝素或 EDTA 抗凝血样品，1 500 转/分离心15 ~20 分钟。

2.1.2　再用移液器小心吸出血沉棕黄层，加入 500 微升样品稀释液（1 ×），在旋涡振荡器上混匀，室温下放置 1 小时，期间不时旋涡混合。然后直接进行步骤 2.1.6 操作。

2.1.3　假如样品的棕黄层压积细胞体积非常少，那么就用整个细胞团（包括红细胞）。将细胞加进 10 毫升的离心管，并加入 5 毫升预冷（2 ~7 ℃，下同）的 0.17 摩尔/升 NH_4Cl。混匀，静置 10 分钟。

2.1.4　用冷（2 ~7 ℃）超纯水或双蒸水加满离心管，轻轻上下颠倒混匀，1 500 转/分离心 5 分钟。

2.1.5　弃去上清，向细胞团中加入 500 微升样品稀释液（1 ×），用洁净的吸头悬起细胞，在旋涡振荡器上混匀，室温放置 1 小时。期间不时旋涡混合。

2.1.6　1 500 转/分离心 5 分钟，取上清液按操作步骤进行检测。

注意：处理好的样品可以在 2 ~7 ℃保存 7 天，或 -20 ℃冷冻保存 6 个月以上。但这些样品在使用前必须再次离心。

2.2　外周血白细胞（简化方法）

2.2.1　取 0.5 ~2 毫升肝素或 EDTA 抗凝血与等体积冷 0.17 摩尔/升 NH_4Cl 加入离心管混合。室温放置 10 分钟。

2.2.2　1 500 转/分离心 10 分钟（或 10 000 转/分离心 2 ~3

分钟），弃上清。

2.2.3 用冷（2～7 ℃）超纯水或双蒸水加满离心管，轻轻上下颠倒混匀，1 500 转/分离心 5 分钟。

2.2.4 弃去上清，向细胞团加入 500 微升样本稀释液（1×）。旋涡振荡充分混匀，室温放置 1 小时。期间不时旋涡混匀。取 75 微升按照“操作步骤”进行检测。

2.3 全血（肝素或 EDTA 抗凝）

2.3.1 取 25 微升 10 倍浓缩样品稀释液（10×）和 475 微升全血加入微量离心管，在旋涡振荡器上混匀。

2.3.2 室温下孵育 1 小时，期间不时旋涡混合。此样品可以直接按照“操作步骤”进行检测。

或：直接将 75 微升全血加入酶标板孔中，再加入 10 微升 5 倍浓缩样品稀释液（5×）。晃动酶标板/板条，使样品混合均匀。再按照操作步骤进行检测。

2.4 细胞培养物

2.4.1 移去细胞培养液，收集培养瓶中的细胞加入离心管中。

2.4.2 2 500 转/分离心 5 分钟，弃上清。

2.4.3 向细胞团中加入 500 微升样品稀释液（1×）。旋涡振荡充分混匀，室温孵育 1 小时。期间不时旋涡混合。取此样品 75 微升按照操作步骤进行检测。

2.5 组织

最好用新鲜的组织。如果有必要，组织可以在处理前于 2～7 ℃冷藏保存 1 个月。每只动物检测 1～2 种组织，最好选取扁桃体、脾、肠、肠系膜淋巴结或肺。

2.5.1 取 1～2 克组织用剪刀剪成小碎块（2～5 毫米大小）。

2.5.2 将组织碎块加入 10 毫升离心管，加入 5 毫升样品稀释液（1×），旋涡振荡混匀，室温下孵育 1～21 小时，期间不时旋涡混合。

2.5.3 1 500 转/分离心 5 分钟，取 75 微升上清液按照“操作步骤”进行检测。

3 操作步骤

注意：所有试剂在使用前应该恢复至室温 18～22 ℃；使用前试剂应在室温条件下至少放置 1 小时。

3.1 每孔加入 25 微升 CSFV 特异性单克隆抗体。此步骤可以用多道加样器操作。

3.2 在相应孔中分别加入 75 微升阳性对照、阴性对照，各加 2 孔。注意更换吸头。

3.3 在其余孔中分别加入 75 微升制备好的样品，注意更换吸头。轻轻拍打酶标板，使样品混合均匀。

3.4 置湿盒中或用胶条密封后室温（18～22 ℃）孵育过夜。也可以孵育 4 小时，但是这样会降低检测灵敏度。

3.5 甩掉孔中液体，用洗涤液（1×）洗涤 5 次，每次洗涤都要将孔中的所有液体倒空，用力拍打酶标板，使所有液体拍出。或每孔加入洗涤液 250～300 微升，用自动洗板机洗涤 5 次。注意：洗涤酶标板要仔细。

3.6 每孔加入 100 微升稀释好的辣根过氧化物酶标记物，在湿盒或密封后置室温孵育 1 小时。

3.7 重复操作步骤 3.5；每孔加入 100 微升底物液，在暗处室温孵育 10 分钟。第 1 孔加入底物液开始计时。

3.8 每孔加入 100 微升终止液终止反应。加入终止液的顺序与上述加入底物液的顺序一致。

3.9 在酶标仪上测量样品与对照孔在 450 纳米处的吸光值，或测量在 450 纳米和 620 纳米双波长的吸光值（空气调零）。

3.10 计算每个样品和阳性对照孔的矫正 OD 值的平均值（参见“计算方法”）。

4　计算方法

首先计算样品和对照孔的OD平均值，在判定结果之前，所有样品和阳性对照孔的OD平均值必须进行矫正，矫正的OD值等于样本或阳性对照值减去阴性对照值。

矫正OD值=样本OD值-阴性对照OD值

5　试验有效性判定

阳性对照OD平均值应该大于0.5，阴性对照OD平均值应小于阳性对照平均值的20%，试验结果方能有效。否则，应仔细检查实验操作并进行重测。如果阴性对照的OD值始终很高，将阴性对照在微量离心机中10 000转/分离心3~5分钟，重新检测。

6　结果判定

被检样品的矫正OD值大于或等于0.3，则为阳性；

被检样品的矫正OD值小于0.2，则为阴性；

被检样品的矫正OD值大于0.2，小于0.3，则为可疑。

附件6：

猪瘟病毒抗体阻断ELISA检测方法

本方法是用于检测猪血清或血浆中猪瘟病毒抗体的一种阻断ELISA方法，通过待测抗体和单克隆抗体与猪瘟病毒抗原的竞争结合，采用辣根过氧化物酶与底物的显色程度来进行判定。

1　操作步骤

在使用时，所有的试剂盒组分都必须恢复到室温18~25℃。使用前应将各组分放置于室温至少1小时。

1.1　分别将50微升样品稀释液加入每个检测孔和对照孔中。

1.2　分别将50微升的阳性对照和阴性对照加入相应的对照孔中，注意不同对照的吸头要更换，以防污染。

1.3　分别将50微升的被检样品加入剩下的检测孔中，注意不同检测样的吸头要分开，以防污染。

1.4　轻弹微量反应板或用振荡器振荡，使反应板中的溶液混匀。

1.5　将微量反应板用封条封闭置于湿箱中（18～25 ℃）孵育2小时，也可以将微量反应板用封条置于湿箱中孵育过夜。

1.6　吸出反应孔中的液体，并用稀释好的洗涤液洗涤3次，注意每次洗涤时都要将洗涤液加满反应孔。

1.7　分别将100微升的抗CSFV酶标二抗（即取即用）加入反应孔中，用封条封闭反应板并于室温下或湿箱中孵育30分钟。

1.8　洗板（见1.6）后，分别将100微升的底物溶液加入反应孔中，于避光、室温条件下放置10分钟。加完第一孔后即可计时。

1.9　在每个反应孔中加入100微升终止液终止反应。注意要按加酶标二抗的顺序加终止液。

1.10　在450纳米处测定样本以及对照的吸光值，也可用双波长（450纳米和620纳米）测定样本以及对照的吸光度值，空气调零。

1.11　计算样本和对照的平均吸光度值。计算方法如下：

计算被检样本的平均值 OD_{450}（$=OD_{TEST}$）、阳性对照的平均值（$=OD_{POS}$）、阴性对照的平均值（$=OD_{NEG}$）。

根据以下公式计算被检样本和阳性对照的阻断率；

$$\text{阻断率}=\frac{OD_{NEG}-OD_{TEST}}{OD_{NEG}}\times 100\%$$

2　试验有效性

阴性对照的平均 OD_{450} 应大于0.50。阳性对照的阻断率应大于50%。

3　结果判定

如果被检样本的阻断率大于或等于40%，该样本被判定为阳性（有 CSFV 抗体存在）；如果被检样本的阻断率小于或等于 30%，该样本被判定为阴性（无 CSFV 抗体存在）；如果被检样本阻断率在 30% ~40%，应在数日后再对该动物进行重测。

附件 7：

荧光抗体病毒中和试验

本方法是国际贸易指定的猪瘟抗体检测方法。该试验是采用固定病毒稀释血清的方法。测定的结果表示待检血清中抗体的中和效价。具体操作如下：

将浓度为 2×10^5 细胞/毫升的 PK－15 细胞悬液接种到带有细胞玻片的 5 厘米平皿或莱顿氏管（leighton's），也可接种到平底微量培养板中；

细胞培养箱中 37 ℃培养至汇合率为 70% ~80% 的细胞单层（1 ~2 天）。

将待检血清 56 ℃灭活 30 分钟，用无血清 EMEM 培养液做 2 倍系列稀释。

将稀释的待检血清与含 200TCID50/0.1 毫升的猪瘟病毒悬液等体积混合，置 37 ℃孵育 1 ~2 小时。

用无血清 EMEM 培养液漂洗细胞单层。然后，加入血清病毒混合物，每个稀释度加 2 个莱顿氏管或培养板上的 2 个孔，37 ℃孵育 1 小时。

吸出反应物，加入 EMEM 维持液［含 2% 胎牛血清（无 BVDV 抗体），56 ℃灭活 30 分钟］、0.3% 谷氨酰胺、青霉素 100 国际单位/毫升、链霉素 100 国际单位/毫升，37 ℃继续培养48 ~72 小时；最终用荧光抗体染色法进行检测（附件 2）。

根据特异荧光的有无来计算中和效价。（中和效价值达到多少表示抗体阳性或抗体达到保护）

附件 8：

猪瘟中和试验方法

本试验采用固定抗原稀释血清的方法，利用家兔来检测猪体的抗体。

1 操作程序

1.1 先测定猪瘟兔化弱毒（抗原）对家兔的最小感染量。试验时，将抗原用生理盐水稀释，使每 1 毫升含有 100 个兔的最小感染量，为工作抗原（如抗原对兔的最小感染量为 5～10/毫升，则将抗原稀释成 1 000 倍使用）。

1.2 将被检猪血清分别用生理盐水做 2 倍稀释，与含有 100 个兔的最小感染量工作抗原等量混合，摇匀后，置 10～15 ℃中和 2 小时，其间振摇 2～3 次。同时设含有相同工作抗原量加等量生理盐水（不加血清）的对照组，与被检组在同样条件下处理。

1.3 中和完毕，被检组各注射家兔 1～2 只，对照组注射家兔 2 只，每只耳静脉注射 1 毫升，观察体温反应，并判定结果。

2 结果判定

2.1 当对照组 2 只家兔均呈定型热反应（＋＋），或 1 只兔呈定型热反应（＋＋），另一只兔呈轻热反应时，方能判定结果。被检组如用 1 只家兔，须呈定型热反应；如用 2 只家兔，每只家兔应呈定型热反应或轻热反应，被检血清判为阴性。

2.2 兔体体温反应标准如下：

2.2.1 热反应（＋）：潜伏期 24～72 小时，体温上升呈明显曲线，超过常温 1 ℃以上，稽留 12～36 小时。

2.2.2 可疑反应（±）：潜伏期不到 24 小时或 72 小时以上，体温曲线起伏不定，稽留不到 12 小时或超过 36 小时而不下降。

2.2.3 无反应（－）：体温正常。

附件9：

消　毒

1　药品种类

消毒药品必须选用对猪瘟病毒有效的，如烧碱、醛类、氧化剂类、氯制剂类、双季铵盐类等。

2　消毒范围

猪舍地面及内外墙壁，舍外环境，饲养、饮水等用具，运输等设施设备以及其他一切可能被污染的场所和设施设备。

3　消毒前的准备

3.1　消毒前必须清除有机物、污物、粪便、饲料、垫料等。

3.2　消毒药品必须选用对猪瘟病毒有效的。

3.3　备有喷雾器、火焰喷射枪、消毒车辆、消毒防护用具(如口罩、手套、防护靴等)、消毒容器等。

4　消毒方法

4.1　金属设施设备的消毒，可采取火焰、熏蒸等方式消毒。

4.2　猪舍、场地、车辆等，可采用消毒液清洗、喷洒等方式消毒。

4.3　养猪场的饲料、垫料等，可采取堆积发酵或焚烧等方式处理。

4.4　粪便等可采取堆积密封发酵或焚烧等方式处理。

4.5　饲养、管理等人员可采取淋浴消毒。

4.6　衣、帽、鞋等可能被污染的物品，可采取消毒液浸泡、高压灭菌等方式消毒。

4.7　疫区范围内办公、饲养人员的宿舍、公共食堂等场所，可采用喷洒的方式消毒。

4.8　屠宰加工、贮藏等场所以及区域内池塘等水域的消毒可采取相应的方式进行，避免造成污染。

四、猪伪狂犬病防治技术规范

猪伪狂犬病（Pseudorabies，Pr），是由疱疹病毒科猪疱疹病毒Ⅰ型伪狂犬病毒引起的传染病。我国将其列为二类动物疫病。

为了预防、控制猪伪狂犬病，依据《中华人民共和国动物防疫法》和其他有关法律法规，制定本规范。

1　适用范围

本规范规定了猪伪狂犬病的诊断、监测、疫情报告、疫情处理、预防与控制。

本规范适用于中华人民共和国境内从事饲养、加工、经营猪及其产品，以及从事相关动物防疫活动的单位和个人。

2　诊断

2.1　流行特点

本病各种家畜和野生动物（除无尾猿外）均可感染，猪、牛、羊、犬、猫等易感。本病寒冷季节多发。病猪是主要传染源，隐性感染猪和康复猪可以长期带毒。病毒在猪群中主要通过空气传播，经呼吸道和消化道感染，也可经胎盘感染胎儿。

2.2　临床特征

潜伏期一般为3～6天。

母猪感染伪狂犬病病毒后常发生流产、产死胎、弱仔、木乃伊胎等症状。青年母猪和空怀母猪常出现返情而屡配不孕或不发情；公猪常出现睾丸肿胀、萎缩、性功能下降、失去种用能力；新生仔猪大量死亡，15日龄内死亡率可达100%；断奶仔猪发病20%～30%，死亡率为10%～20%。育肥猪表现为呼吸道症状和增重滞缓。

2.3　病理变化

大体剖检特征不明显，剖检脑膜瘀血、出血。病理组织学呈现非化脓性脑炎变化。

2.4　实验室诊断

2. 4. 1　病原学诊断

2. 4. 1. 1　病毒分离鉴定（见 GB/T 18641—2002）

2. 4. 1. 2　聚合酶链式反应诊断（见 GB/T 18641—2002）

2. 4. 1. 3　动物接种：采取病猪扁桃体、嗅球、脑桥和肺脏，用生理盐水或 PBS 液（磷酸盐缓冲液）制成 10% 悬液，反复冻融 3 次后，离心，取上清液接种于家兔皮下或者小鼠脑内（用于接种的家兔和小白鼠必须事先用 ELISA 检测伪狂犬病病毒抗体阴性者才能使用），家兔经 2 ~5 天或者小鼠经 2 ~10 天发病死亡，死亡前注射部位出现奇痒和四肢麻痹。家兔发病时先用舌舔接种部位，以后用力撕咬接种部位，使接种部位被撕咬伤、鲜红、出血，持续 4 ~6 小时，病兔衰竭，痉挛，呼吸困难而死亡。小鼠不如家兔敏感，但明显表现兴奋不安，神经症状，奇痒和四肢麻痹而死亡。

2. 4. 2　血清学诊断

2. 4. 2. 1　微量病毒中和试验（见 GB/T 18641—2002）。

2. 4. 2. 2　鉴别 ELISA（见 GB/T 18641—2002）。

2. 5　结果判定

根据本病的流行特点、临床特征和病理变化可做出初步诊断，确诊需进一步做病原分离鉴定及血清学试验。

2. 5. 1　符合 2. 4. 1. 1 或 2. 4. 1. 2 或 2. 4. 2. 1 或 2. 4. 2. 2 阳性的，判定为病猪。

2. 5. 2　2. 4. 2. 2 为可疑结果的，按 2. 4. 1 之一或 2. 4. 2. 1 所规定的方法进行确诊，阳性的判定为病猪。

3　疫情报告

3. 1　任何单位和个人发现患有本病或者怀疑本病的动物，都应当及时向当地动物防疫监督机构报告。

3. 2　当地动物防疫监督机构接到疫情报告并确认后，按《动物疫情报告管理办法》及有关规定及时上报。

4 疫情处理

4.1 发现疑似疫情，畜主应立即限制动物移动，并对疑似患病动物进行隔离。

4.2 当地动物防疫监督机构要及时派人员到现场进行调查核实，开展实验室诊断。确诊后，当地人民政府组织有关部门按下列要求处理：

4.2.1 扑杀

对病猪全部扑杀。

4.2.2 隔离

对受威胁的猪群（病猪的同群猪）实施隔离。

4.2.3 无害化处理

患病猪及其产品按照 GB 16548—1996《畜禽病害肉尸及其产品无害化处理规程》进行无害化处理。

4.2.4 流行病学调查及检测

开展流行病学调查和疫源追踪；对同群猪进行检测。

4.2.5 紧急免疫接种

对同群猪进行紧急免疫接种。

4.2.6 消毒

对病猪污染的场所、用具、物品严格进行消毒。

4.2.7 发生重大猪伪狂犬病疫情时，当地县级以上人民政府应按照《重大动物疫情应急条例》有关规定，采取相应的疫情扑灭措施。

5 预防与控制

5.1 免疫接种

对猪用猪伪狂犬病疫苗，按农业部推荐的免疫程序进行免疫。

5.2 监测

对猪场定期进行监测。监测方法采用鉴别 ELISA 诊断技术，种猪场每年监测 2 次，监测时种公猪（含后备种公猪）按

100%、种母猪（含后备种母猪）按20%的比例抽检；商品猪不定期进行抽检；对有流产、产死胎、产木乃伊胎等症状的种母猪100%进行检测。

5.3 引种检疫

对出场（厂、户）种猪由当地动物防疫监督机构进行检疫，伪狂犬病病毒感染抗体监测为阴性的猪，方出具检疫合格证明，准予出场（厂、户）。

种猪进场后，须隔离饲养30天后，经实验室检查确认为猪伪狂犬病病毒感染阴性的，方可混群。

5.4 净化

5.4.1 对种猪场实施猪伪狂犬病净化，净化方案见附件。

5.4.2 种猪场净化标准

必须符合以下两个条件：

5.4.2.1 种猪场停止注苗后（或没有注苗）连续两年无临床病例。

5.4.2.2 种猪场连续两年随机抽血样检测伪狂犬病毒抗体或野毒感染抗体监测，全部阴性。

附件：

种猪场猪伪狂犬病净化方案

一、轻度污染场的净化

猪场不使用疫苗免疫接种，采取血清学普查，如果发现血清学阳性，进行确诊，扑杀患病猪。

二、中度污染场的净化

（一）采取免疫净化措施。免疫程序按每4个月注射一次。对猪只每年进行两次病原学抽样监测，结果为阳性者按病猪淘汰。

（二）经免疫的种猪所生仔猪，留作种用的在100日龄时做一次血清学检查，免疫前抗体阴性者留作种用，阳性者淘汰。

（三）后备种猪在配种前后 1 个月各免疫接种一次，以后按种猪的免疫程序进行免疫。同时每 6 个月抽血样做一次血清学鉴别检查，如发现野毒感染猪只及时淘汰处理。

（四）引进的猪只隔离饲养 7 天以上，经检疫合格（血清学检测为阴性）后方可与本场猪混群饲养。每半年做一次血清学检查。对于检测出的野毒感染阳性猪实施淘汰。

三、重度污染场的净化

（一）暂停向外供应种猪。

（二）免疫程序按每 4 个月免疫接种一次。每次免疫接种后对猪只抽样进行免疫抗体监测，对免疫抗体水平不达标者，立即补免。持续两年。

（三）在上述措施的基础上，按轻度感染场净化方案操作处理。

四、综合措施

（一）猪场要对猪舍及周边环境定期消毒。

（二）禁止在猪场内饲养其他动物。

（三）在猪场内实施灭鼠措施。

五、猪链球菌病应急防治技术规范

猪链球菌病（Swine streptococosis）是由溶血性链球菌引起的人畜共患疾病，该病是我国规定的二类动物疾病。

为指导各地猪链球菌病防治工作，保护畜牧业发展和人的健康安全，根据《中华人民共和国动物防疫法》和《国家突发重大动物疫情应急预案》等有关规定，制定本规范。

1　适用范围

本规范规定了猪链球菌病的诊断、疫情报告、疫情处理、防治措施。

本规范适用于中华人民共和国境内的一切从事生猪饲养、屠宰、运输和生猪产品加工、储藏、销售、运输，以及从事动物防疫活动的单位和个人。

2 诊断

根据流行特点、临床症状、病理变化、实验室检验等做出诊断。

2.1 流行特点

猪、马属动物、牛、绵羊、山羊、鸡、兔、水貂等以及一些水生动物均有易感染性。不同年龄、品种和性别猪均易感。

猪链球菌也可感染人。

本菌除广泛存在于自然界外，也常存在于正常动物和人的呼吸道、消化道、生殖道等。感染发病动物的排泄物、分泌物、血液、内脏器官及关节内均有病原体存在。

病猪和带菌猪是本病的主要传染源，对病死猪的处置不当和运输工具的污染是造成本病传播的重要因素。

本病主要经消化道、呼吸道和损伤的皮肤感染。

本病一年四季均可发生，夏、秋季多发。呈地方性流行，新疫区可呈暴发流行，发病率和死亡率较高。老疫区多呈散发，发病率和死亡率较低。

2.2 临床症状

2.2.1 本规范规定本病的潜伏期为 7 天。

2.2.2 可表现为败血型、脑膜炎型和淋巴结脓肿型等类型。

2.2.2.1 败血型：分为最急性型、急性型和慢性型三类。

最急性型发病急、病程短，常无任何症状即突然死亡。体温高达 41 ~43 ℃，呼吸迫促，多在 24 小时内死于败血症。

急性型多突然发生，体温升高 40 ~43 ℃，呈稽留热。呼吸迫促，鼻镜干燥，从鼻腔中流出浆液性或脓性分泌物。结膜潮红，流泪。颈部、耳郭、腹下及四肢下端皮肤呈紫红色，并有出血点。多在 1 ~3 天死亡。

慢性型表现为多发性关节炎。关节肿胀，跛行或瘫痪，最后因衰弱、麻痹致死。

2.2.2.2　脑膜炎型：以脑膜炎为主，多见于仔猪。主要表现为神经症状，如磨牙、口吐白沫，转圈运动，抽搐、倒地四肢划动似游泳状，最后麻痹而死。病程短的几小时，长的1~5天，致死率极高。

2.2.2.3　淋巴结脓肿型；以颌下、咽部、颈部等处淋巴结化脓和形成脓肿为特征。

2.3　病理变化

2.3.1　败血型：剖检可见鼻黏膜紫红色、充血及出血，喉头、气管充血，常有大量泡沫。肺充血肿胀。全身淋巴结有不同程度的肿大、充血和出血。脾肿大1~3倍，呈暗红色，边缘有黑红色出血性梗死区。胃和小肠黏膜有不同程度的充血和出血，肾肿大、充血和出血，脑膜充血和出血，有的脑切面可见针尖大的出血点。

2.3.2　脑膜炎型：剖检可见脑膜充血、出血甚至溢血，个别脑膜下积液，脑组织切面有点状出血，其他病变与败血型相同。

2.3.3　淋巴结脓肿型：剖检可见关节腔内有黄色胶冻样或纤维素性、脓性渗出物，淋巴结脓肿。有些病例心瓣膜上有菜花样赘生物。

2.4　实验室检验

2.4.1　涂片镜检：组织触片或血液涂片，可见革兰氏阳性球形或卵圆形细菌，无芽孢，有的可形成荚膜，常呈单个、双链的细菌，偶见短链排列。

2.4.2　分离培养：该菌为需氧或兼性厌氧，在血液琼脂平板上接种，37℃培养24小时，形成无色露珠状细小菌落，菌落周围有溶血现象。镜检可见长短不一链状排列的细菌。

2.4.3　必要时用PCR方法进行菌型鉴定。

2.5　结果判定

2.5.1　下列情况之一判定为疑似猪链球菌病。

2.5.1.1　符合临床症状 2.2.2.1、2.2.2.2、2.2.2.3 之一的。

2.5.1.2　符合剖检病变 2.3.1、2.3.2、2.3.3 之一的。

2.5.2　确诊

符合 2.5.1.1、2.5.1.2 之一，且符合 2.4.1、2.4.2、2.4.3 之一的。

3　疫情报告

3.1　任何单位和个人发现患有本病或疑似本病的猪，都应当及时向当地动物防疫监督机构报告。

3.2　当地动物防疫监督机构接到疫情报告后，按国家动物疫情报告管理的有关规定上报。

3.3　疫情确诊后，动物防疫监督机构应及时上报同级兽医行政主管部门，由兽医行政主管部门通报同级卫生部门。

4　疫情处理

根据流行病学、临床症状、剖检病变，结合实验室检验做出的诊断结果可作为疫情处理的依据。

4.1　发现疑似猪链球菌病疫情时，当地动物防疫监督机构要及时派员到现场进行流行病学调查、临床症状检查等，并采样送检。确认为疑似猪链球菌病疫情时，应立即采取隔离、限制移动等防控措施。

4.2　当确诊发生猪链球菌病疫情时，按下列要求处理。

4.2.1　划定疫点、疫区、受威胁区。

由所在地县级以上兽医行政主管部门划定疫点、疫区、受威胁区。

疫点：指患病猪所在地点。一般是指患病猪及同群畜所在养殖场（户组）或其他有关屠宰、经营单位。

疫区：指以疫点为中心，半径 1 公里范围内的区域。在实际划分疫区时，应考虑当地饲养环境和自然屏障（如河流、山脉等）以及气象因素，科学确定疫区范围。

受威胁区：指疫区外顺延 3 公里范围内的区域。

4.2.2　本病呈零星散发时，应对病猪做无血扑杀处理，对同群猪立即进行强制免疫接种或用药物预防，并隔离观察 14 天。必要时对同群猪进行扑杀处理。对被扑杀的猪、病死猪及排泄物、可能被污染饲料、污水等按有关规定进行无害化处理；对可能被污染的物品、交通工具、用具、猪舍进行严格彻底消毒。疫区、受威胁区所有易感动物进行紧急免疫接种。

4.2.3　本病呈暴发流行时（一个乡镇 30 天内发现 50 头以上病猪，或者 2 个以上乡镇发生），由省级动物防疫监督机构用 PCR 方法进行菌型鉴定，同时报请县级人民政府对疫区实行封锁；县级人民政府在接到封锁报告后，应在 24 小时内发布封锁令，并对疫区实施封锁。疫点、疫区和受威胁区采取的处理措施如下：

4.2.3.1　疫点：出入口必须设立消毒设施。限制人、畜、车辆进出和动物产品及可能受污染的物品运出。对疫点内猪舍、场地以及所有运载工具、饮水用具等必须进行严格彻底的消毒。

应对病猪做无血扑杀处理，对同群猪立即进行强制免疫接种或用药物预防，并隔离观察 14 天。必要时对同群猪进行扑杀处理。对病死猪及排泄物、可能被污染饲料、污水等按附件的要求进行无害化处理；对可能被污染的物品、交通工具、用具、猪舍进行严格彻底消毒。

4.2.3.2　疫区：交通要道建立动物防疫监督检查站，派专人监管动物及其产品的流动，对进出人员、车辆须进行消毒。停止疫区内生猪的交易、屠宰、运输、移动。对猪舍、道路等可能污染的场所进行消毒。

对疫区内的所有易感动物进行紧急免疫接种。

4.2.3.3　受威胁区：对受威胁区内的所有易感动物进行紧急免疫接种。

对猪舍、场地以及所有运载工具、饮水用具等进行严格彻底的消毒。

4.2.4 无害化处理

对所有病死猪、被扑杀猪及可能被污染的产品（包括猪肉、内脏、骨、血、皮、毛等）按照 GB 16548《畜禽病害肉尸及其产品无害化处理规程》执行；对于猪的排泄物和被污染或可能被污染的垫料、饲料等物品均需进行无害化处理。

猪尸体需要运送时，应使用防漏容器，并在动物防疫监督机构的监督下实施。

4.2.5 紧急预防

4.2.5.1 对疫点内的同群健康猪和疫区内的猪，可使用高敏抗菌药物进行紧急预防性给药。

4.2.5.2 对疫区和受威胁区内的所有猪按使用说明进行紧急免疫接种，建立免疫档案。

4.2.6 进行疫源分析和流行病学调查。

4.2.7 封锁令的解除

疫点内所有猪及其产品按规定处理后，在动物防疫监督机构的监督指导下，对有关场所和物品进行彻底消毒。最后一头病猪扑杀 14 天后，经动物防疫监督机构审验合格，由当地兽医行政管理部门向原发布封锁令的同级人民政府申请解除封锁。

4.2.8 处理记录

对处理疫情的全过程必须做好完整的详细记录，以备检查。

5 参与处理疫情的有关人员，应穿防护服、胶鞋，戴口罩和手套，做好自身防护

猪病典型症状和病变彩色图谱

Ⅰ 呼吸系统典型症状和病变

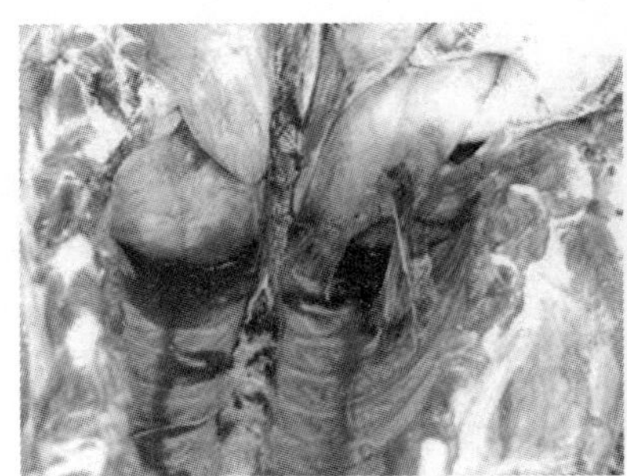
图Ⅰ-1　肺脏与胸壁黏连

图Ⅰ-2　肺脏与胸壁渗出黏连

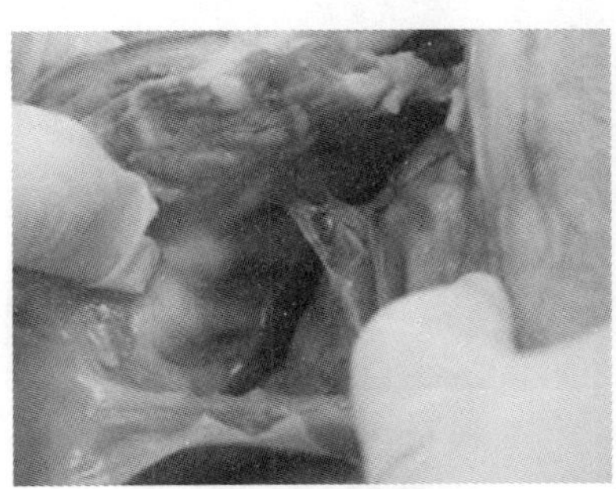
图Ⅰ-3　肺脏与胸壁透明坚实连接

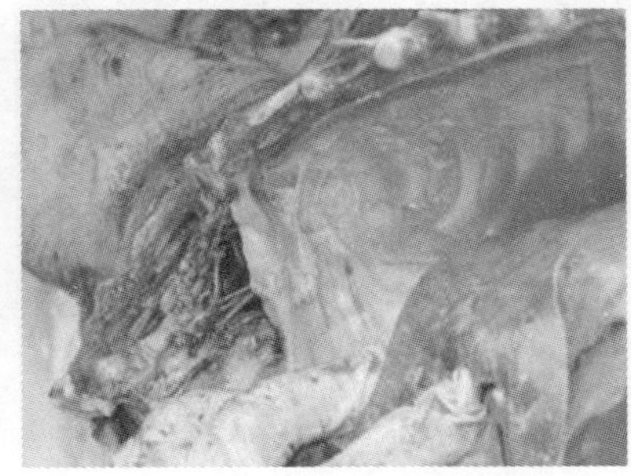
图Ⅰ-4　肺脏与胸壁黏连

图Ⅰ-5　鼻流脓性鼻液

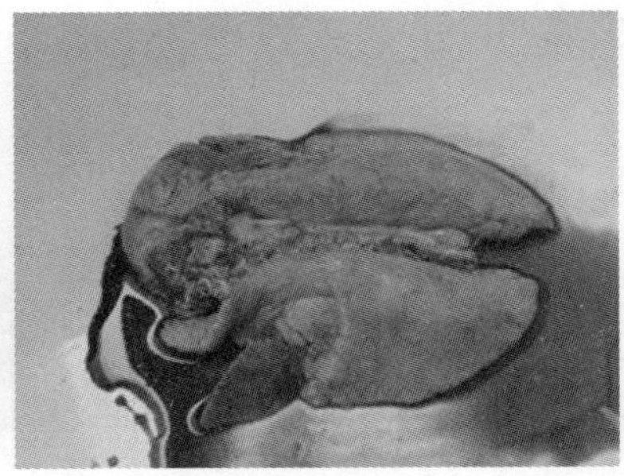
图Ⅰ-6　肺尖实变

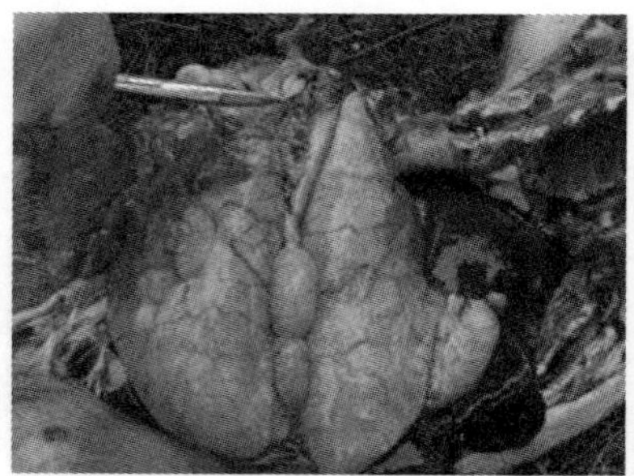

图Ⅰ-7　肺间质增宽水肿

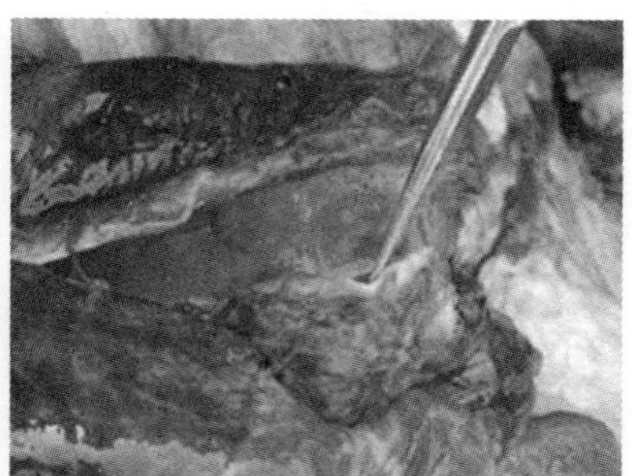

图Ⅰ-8　肺内有泡沫

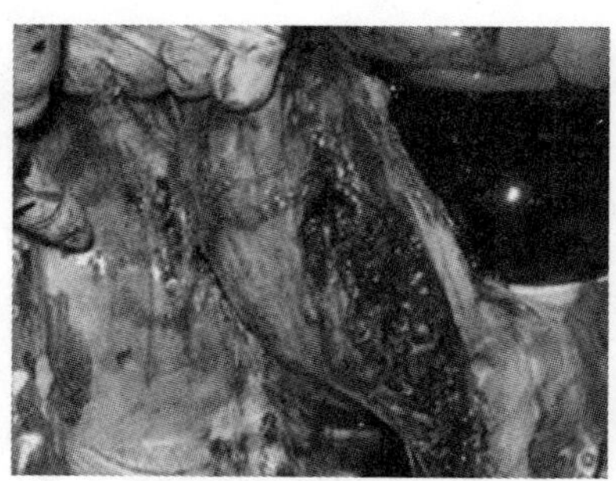

图Ⅰ-9　肺脏出血、有结节状坏死

图Ⅰ-10　间质性肺炎

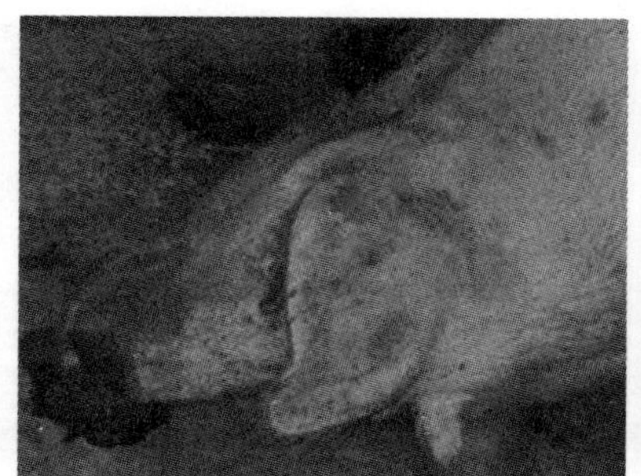

图Ⅰ-11　口鼻出血样泡沫

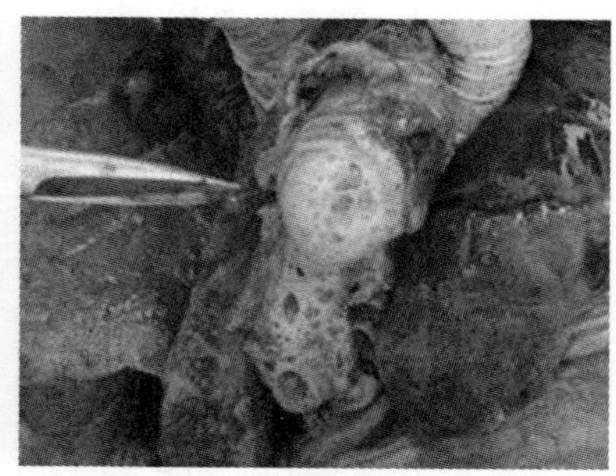

图Ⅰ-12　气管中大量泡沫流出

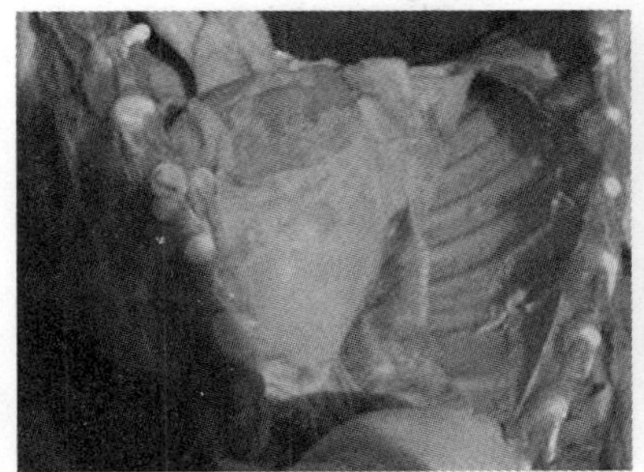

图Ⅰ-13　渗出性胸膜炎（1）

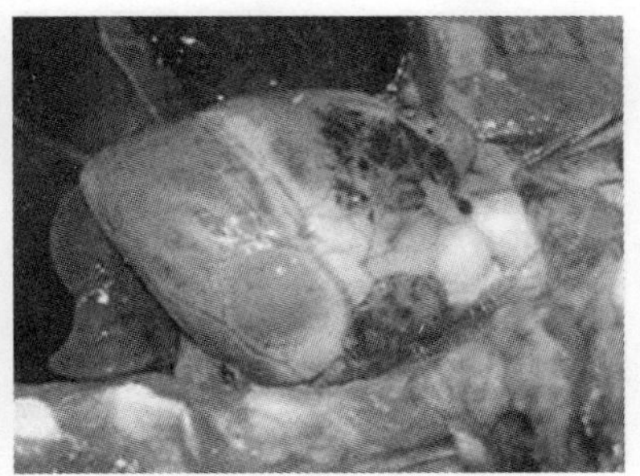

图Ⅰ-14　心脏、肺脏出血

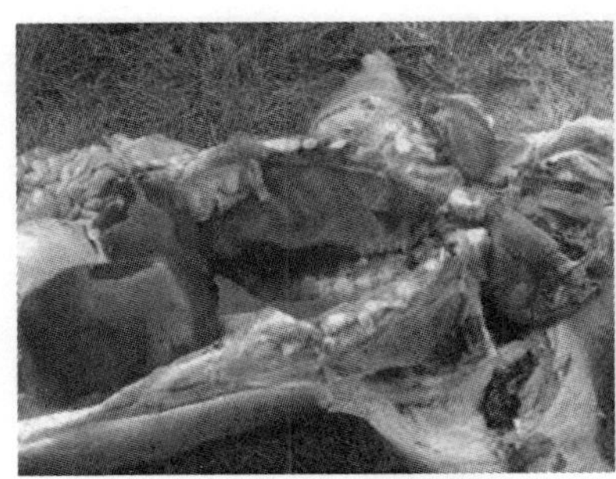

图Ⅰ-15　渗出性胸膜炎（2）

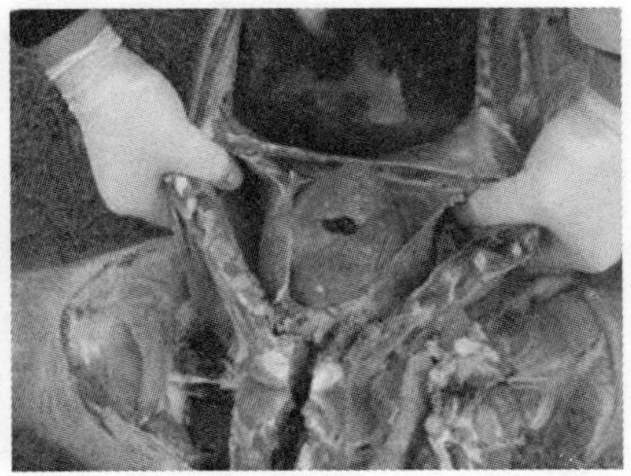

图Ⅰ-16　胸膜、心包纤维素性渗出

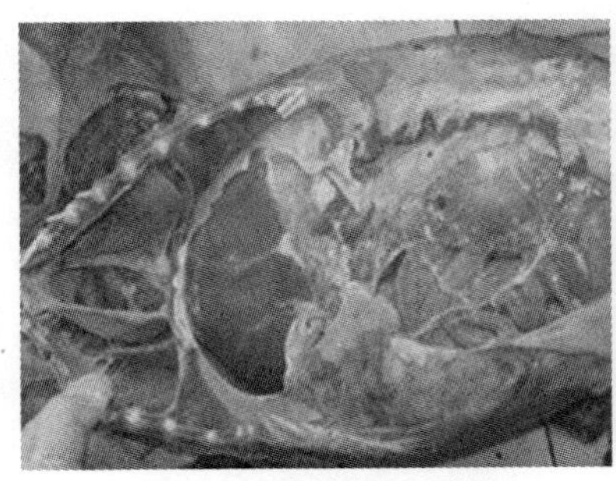

图Ⅰ-17　胸膜炎、腹膜炎

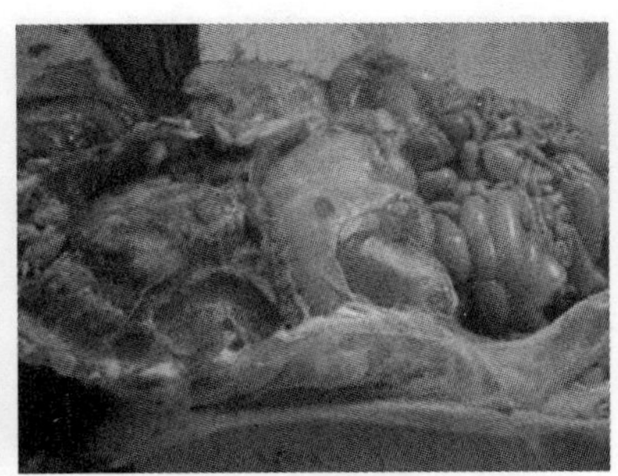

图Ⅰ-18　胸腔渗出黏连

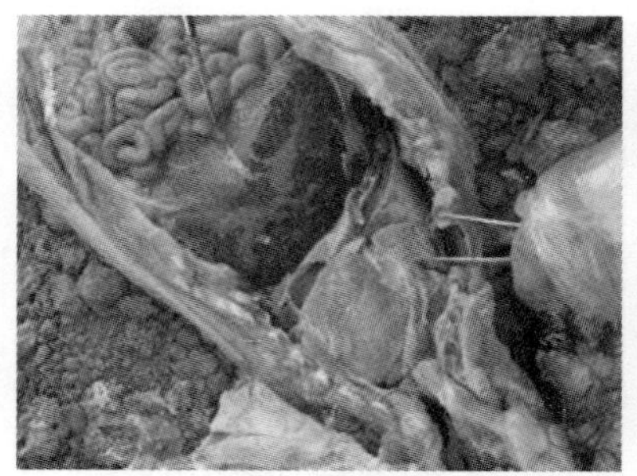
图Ⅰ-19　严重的胸膜炎、腹膜炎

图Ⅰ-20　仔猪鼻腔出血

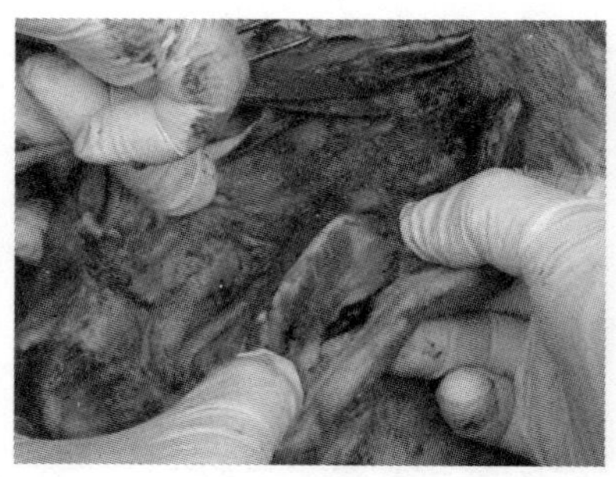
图Ⅰ-21　喉头及气管内有大量坏死假膜

图Ⅰ-22　肺脏间质水肿

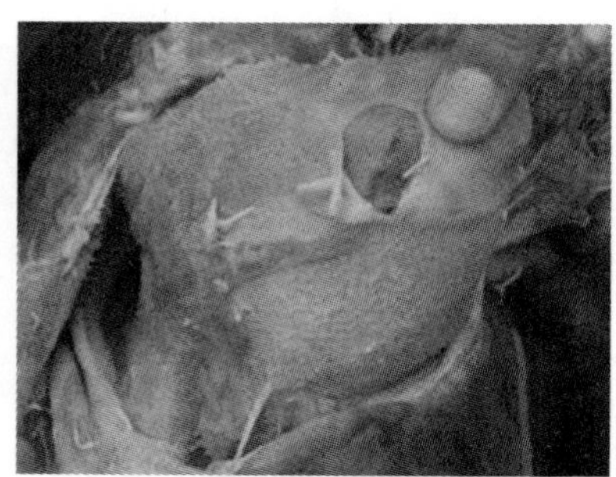
图Ⅰ-23　绒毛心

Ⅱ 消化系统典型症状和病变

图Ⅱ –1　产床哺乳猪腹泻

图Ⅱ –2　哺乳猪腹泻消瘦

图Ⅱ –3　仔猪后躯污染稀便

图Ⅱ –4　呕吐出凝乳块

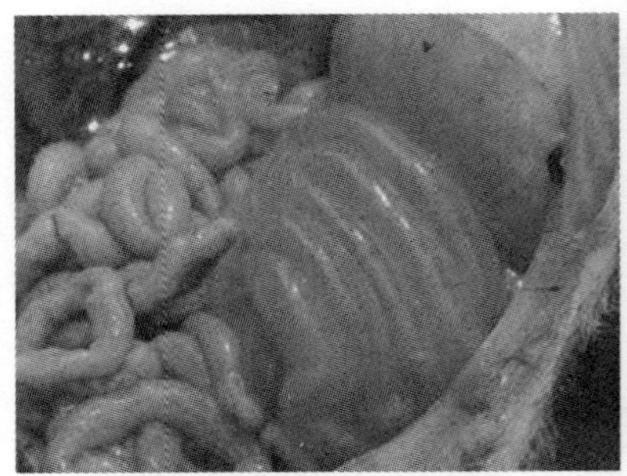

图Ⅱ –5　剖检病死猪肠管透明

图Ⅱ –6　腹泻同时伴有神经症状

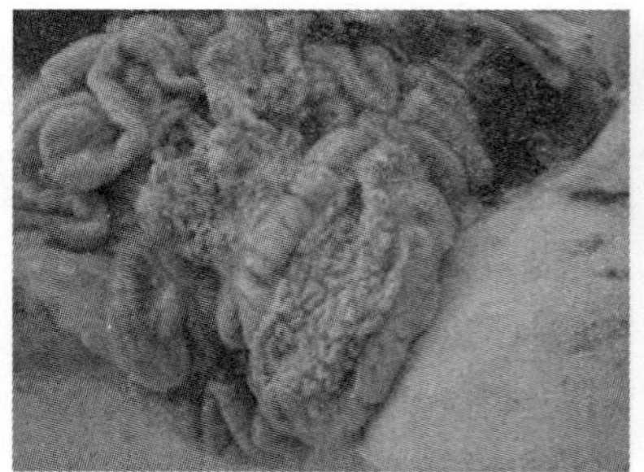

图Ⅱ-7　回肠黏膜坏死有假膜

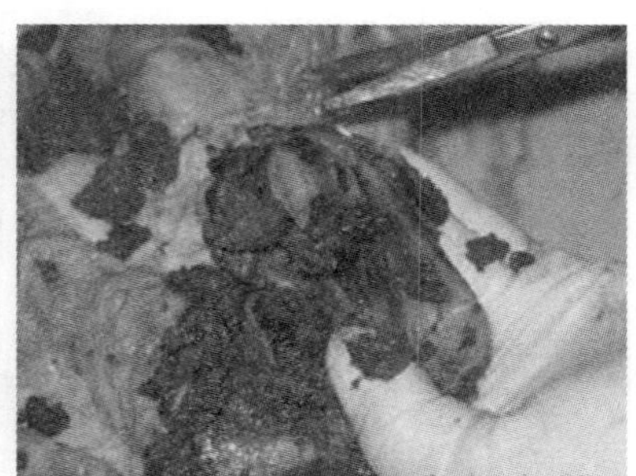

图Ⅱ-8　育肥猪结肠出血

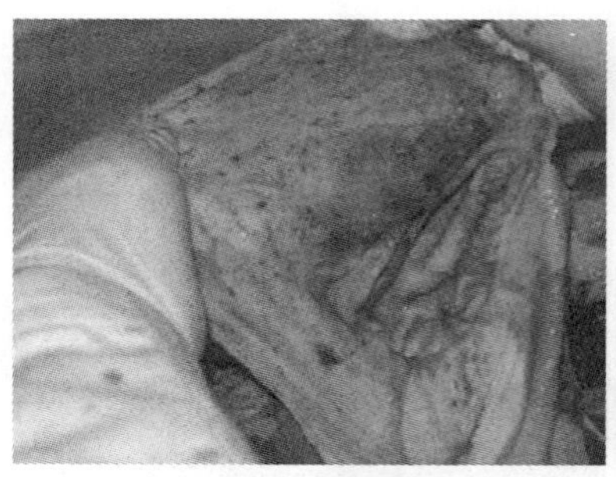

图Ⅱ-9　胃壁弥散性出血

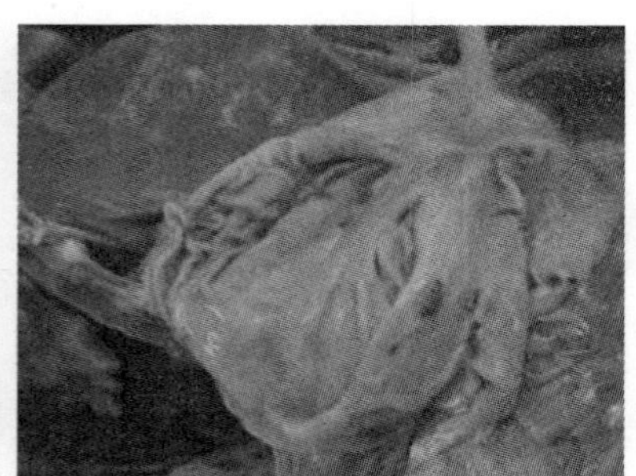

图Ⅱ-10　胃壁溃疡出血

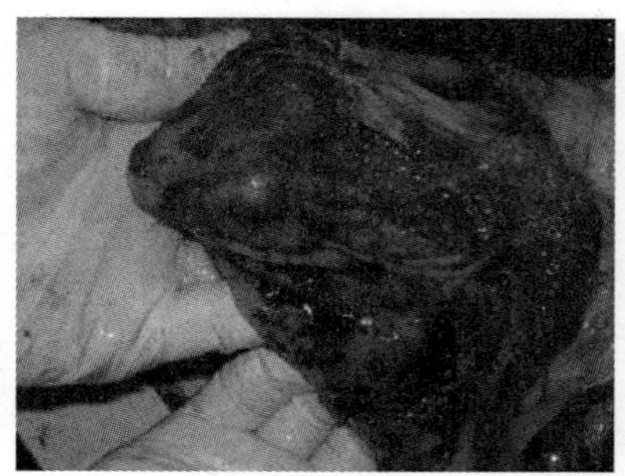

图Ⅱ-11　胃壁出血

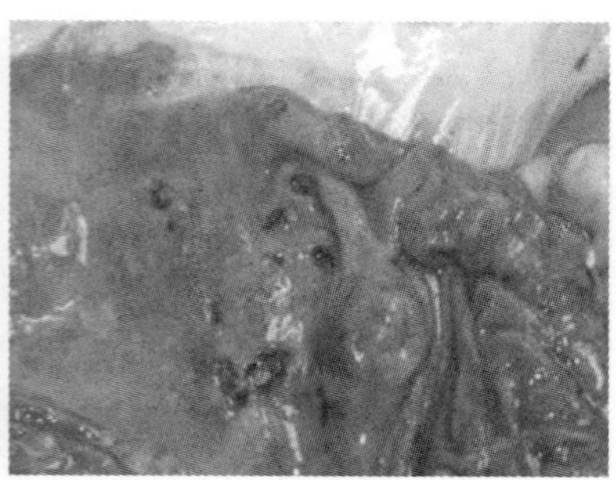

图Ⅱ-12　回盲口溃疡

Ⅲ 神经系统异常及运动障碍

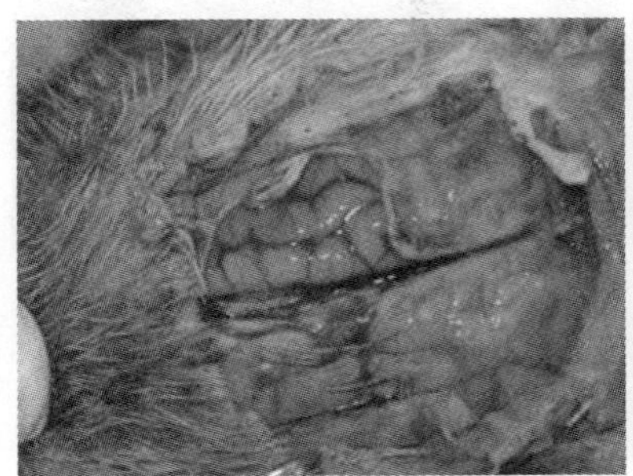

图Ⅲ –1　脑回充满血液

图Ⅲ –2　脑膜混浊

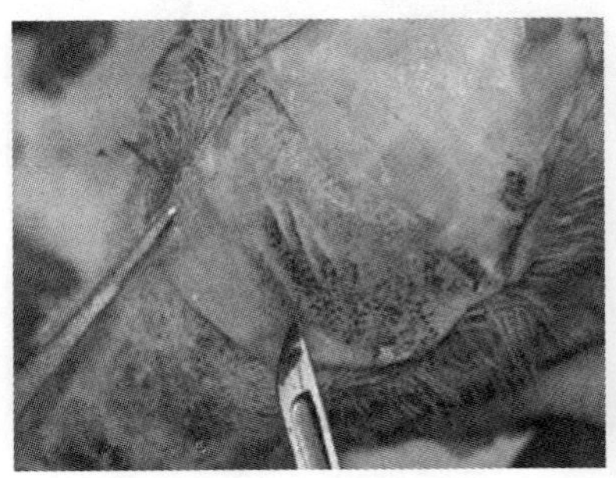

图Ⅲ –3　头部皮肤下出血

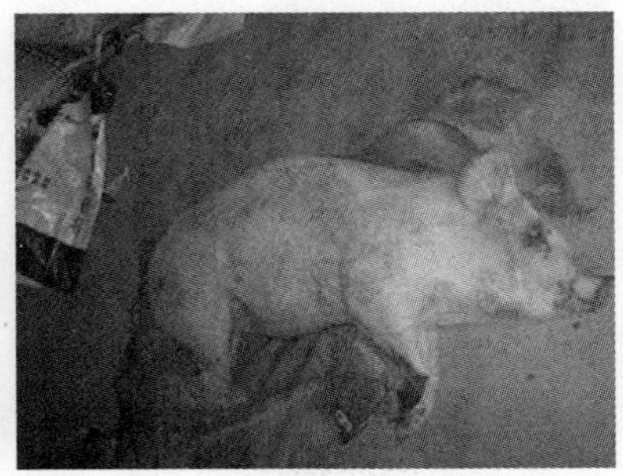

图Ⅲ –4　倒地不起，共济失调

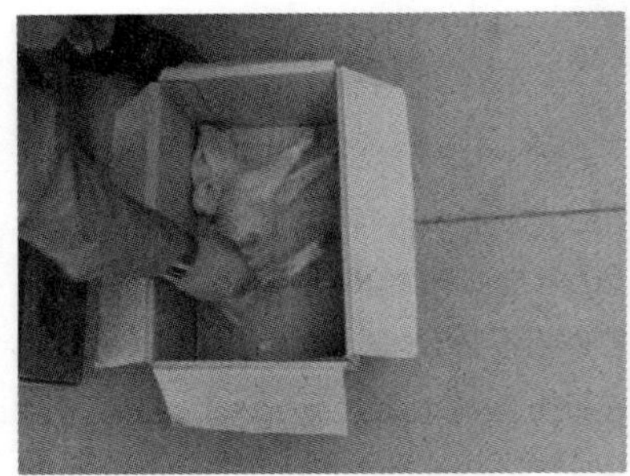

图Ⅲ –5　角弓反张

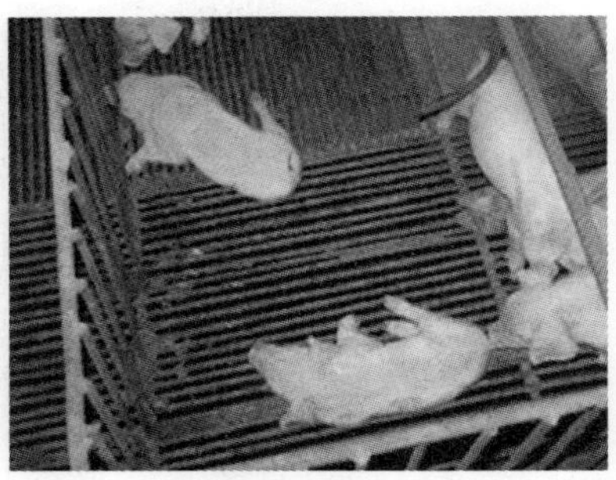

图Ⅲ –6　犬卧姿势

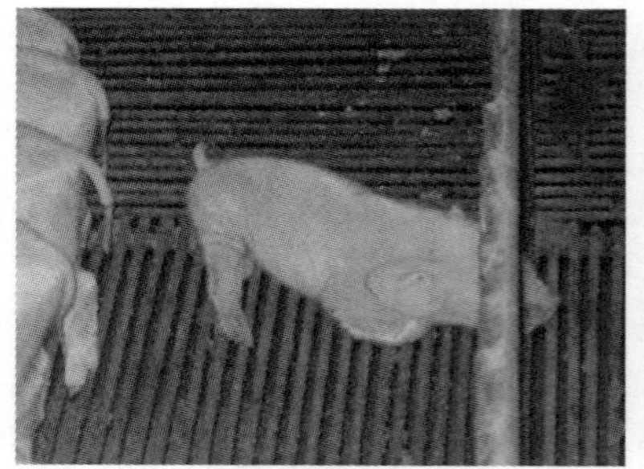

图Ⅲ -7 匍匐姿势

图Ⅲ -8 腕关节肿大

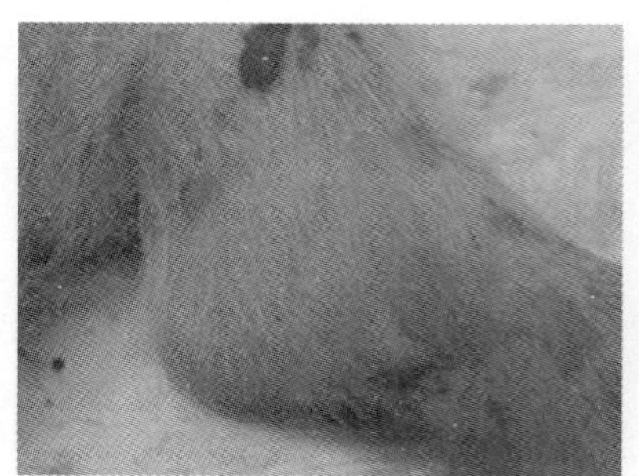

图Ⅲ -9 跗关节肿大

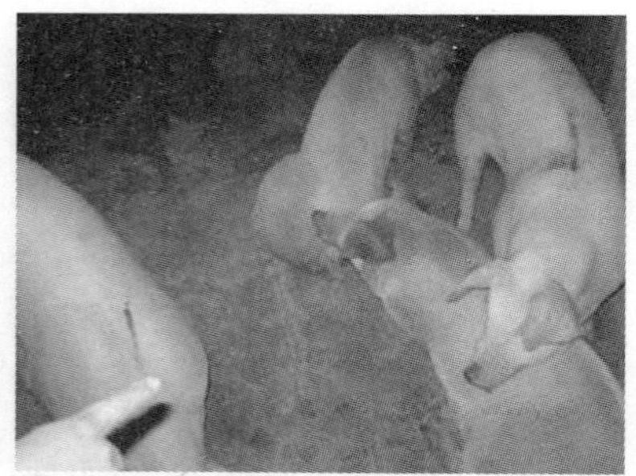

图Ⅲ -10 后躯瘫痪

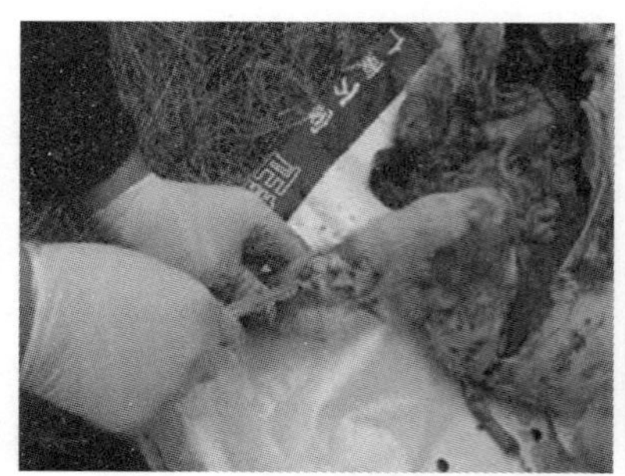

图Ⅲ -11 跗关节增生赘生物

图Ⅲ -12 蹄部疼痛，不能站立

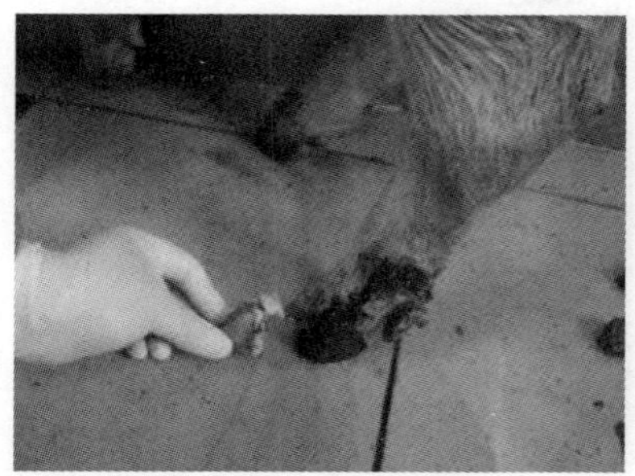
图Ⅲ –13　蹄壳脱落

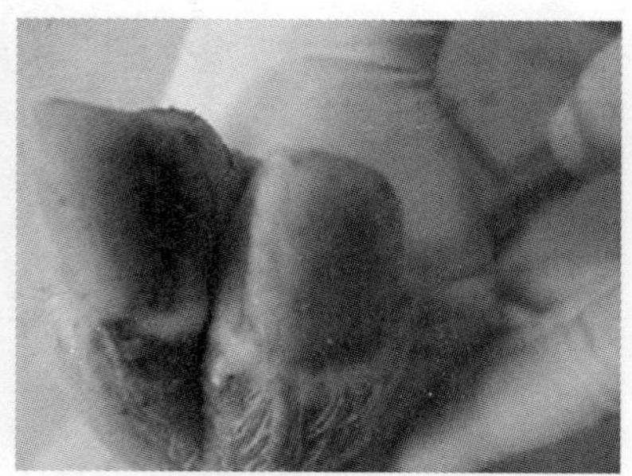
图Ⅲ –14　蹄冠部水疱

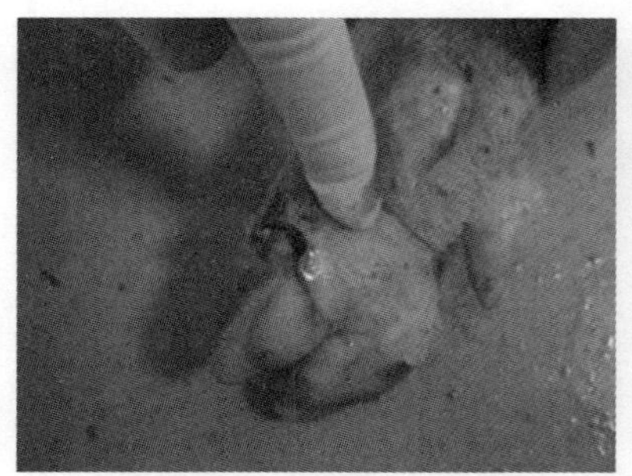
图Ⅲ –15　蹄部水疱破溃出血

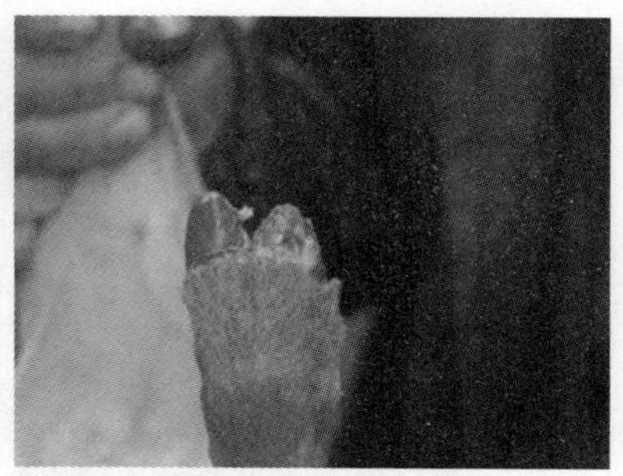
图Ⅲ –16　蹄壳脱落

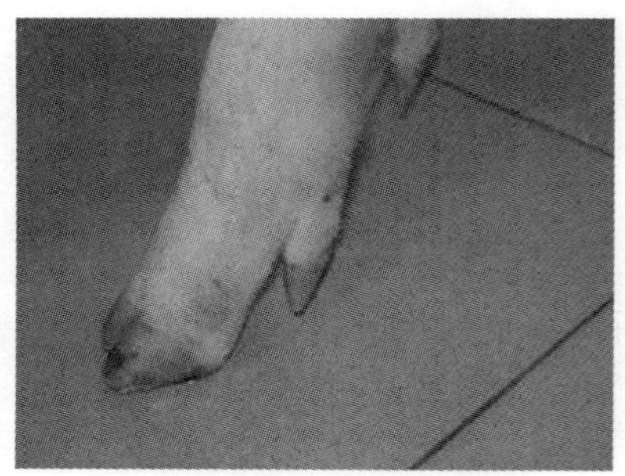
图Ⅲ –17　蹄壳与皮肤交界处皮肤发白

Ⅳ 皮肤病变

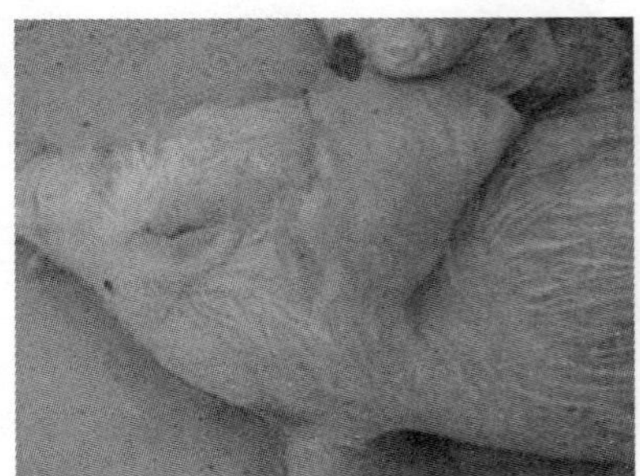

图Ⅳ－1　耳部皮肤发紫

图Ⅳ－2　皮肤黄染

图Ⅳ－3　耳朵、皮肤发红发紫

图Ⅳ－4　毛孔出血

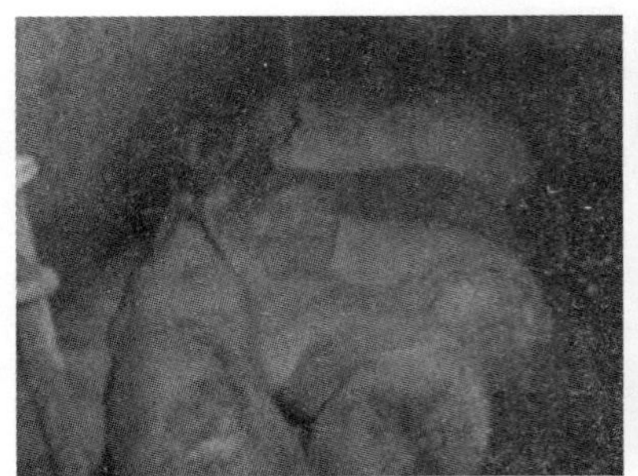

图Ⅳ－5　全身皮肤发红

图Ⅳ－6　耳朵、肛门皮肤发红

图Ⅳ-7　被毛粗乱

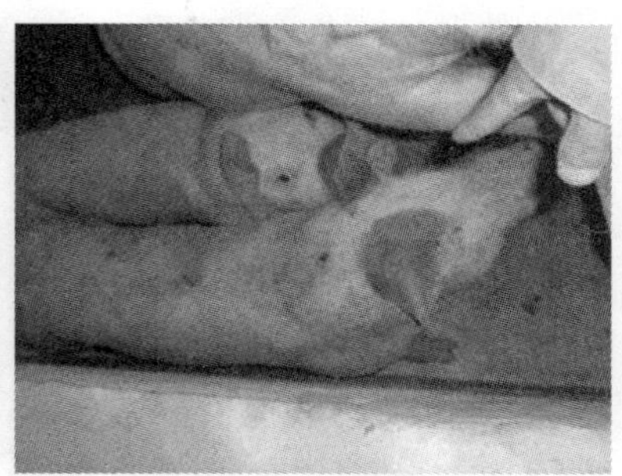

图Ⅳ-8　耳部及躯体皮肤发紫

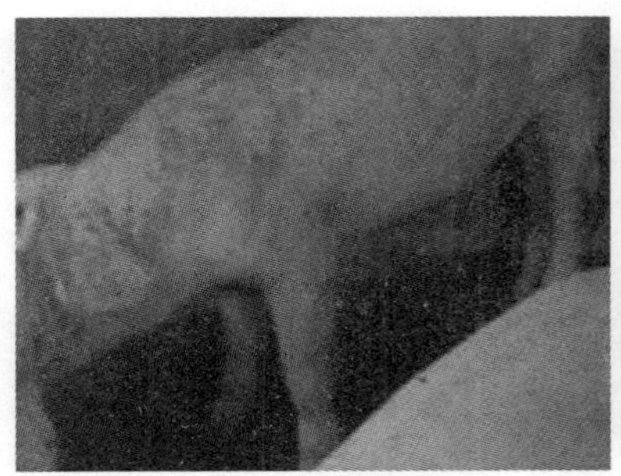

图Ⅳ-9　皮肤突出表面的红色疹块

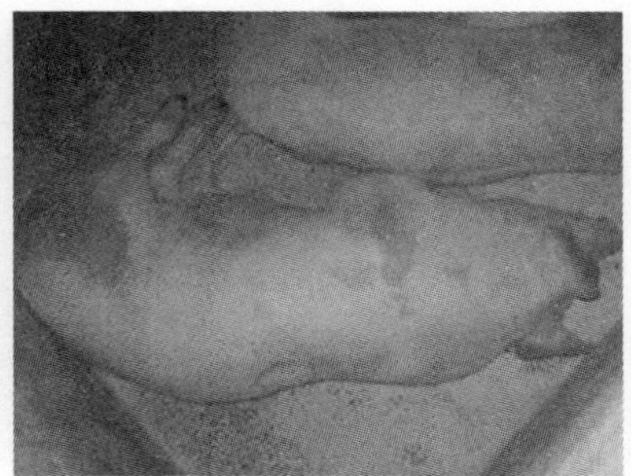

图Ⅳ-10　臀部皮肤发红

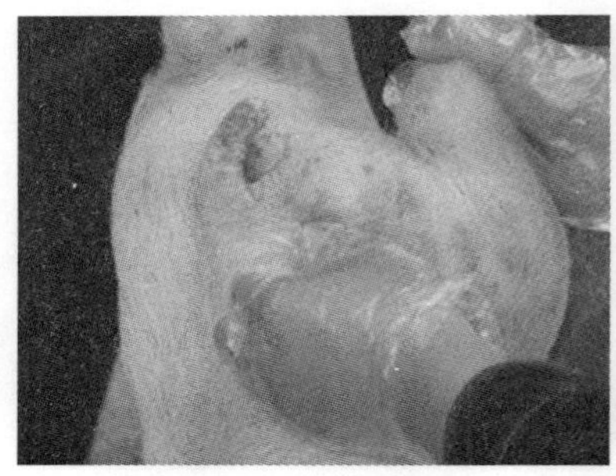

图Ⅳ-11　皮肤不愈性烂斑

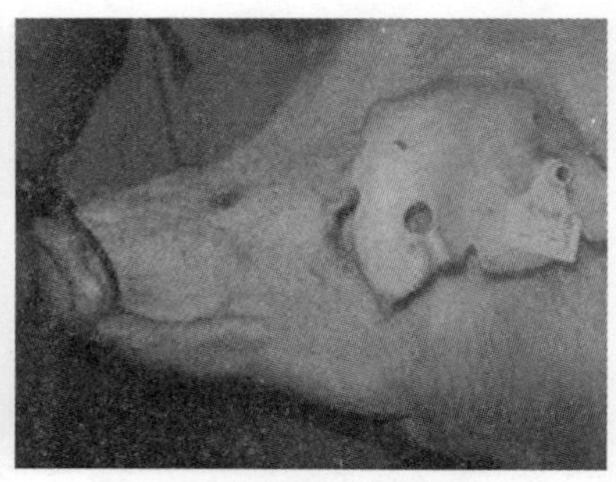

图Ⅳ-12　鼻盘出现水疱

Ⅴ 繁殖障碍

图Ⅴ-1 母猪流产胎儿

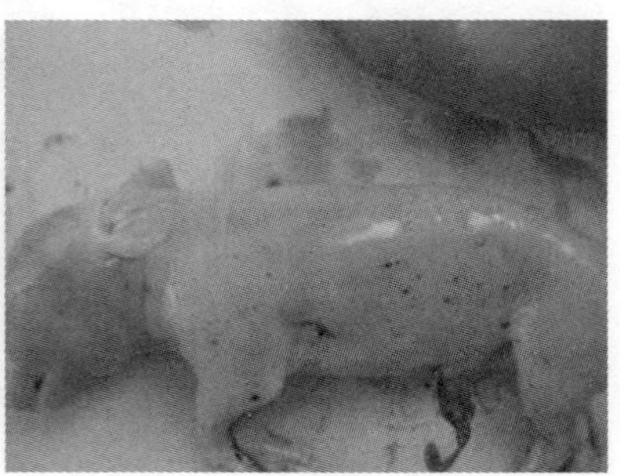

图Ⅴ-2 死亡胎儿皮肤发白

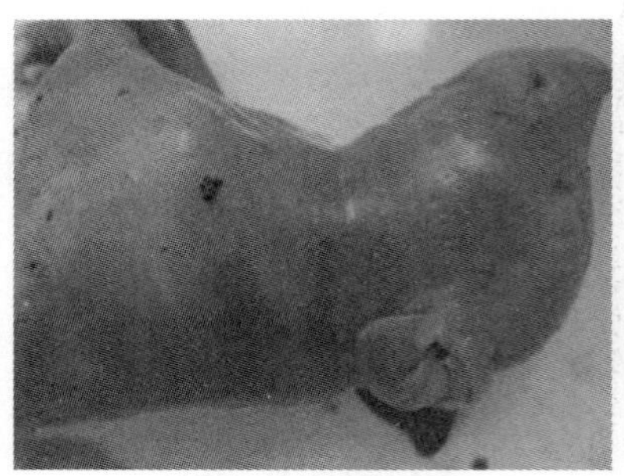

图Ⅴ-3 死胎皮肤出血

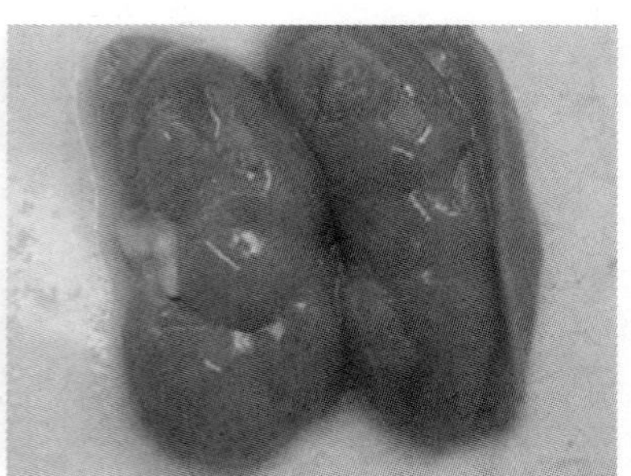

图Ⅴ-4 流产胎儿肾脏出现沟回出血

Ⅵ 免疫抑制

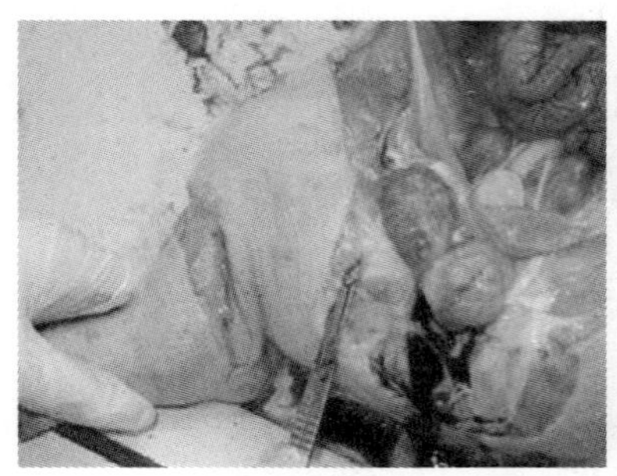

图Ⅵ-1 腹股沟淋巴结肿大

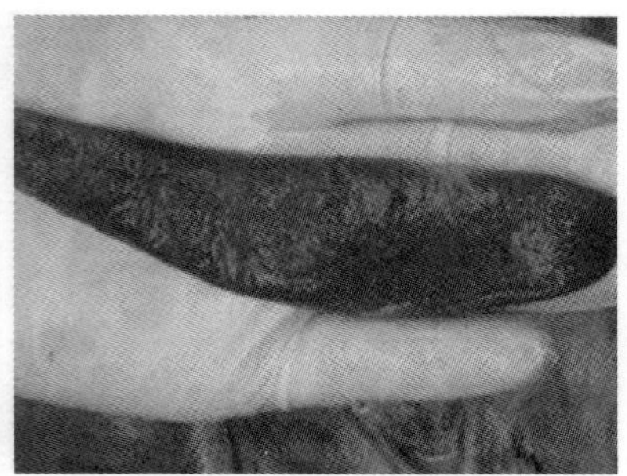

图Ⅵ-2 脾脏出血、肿大

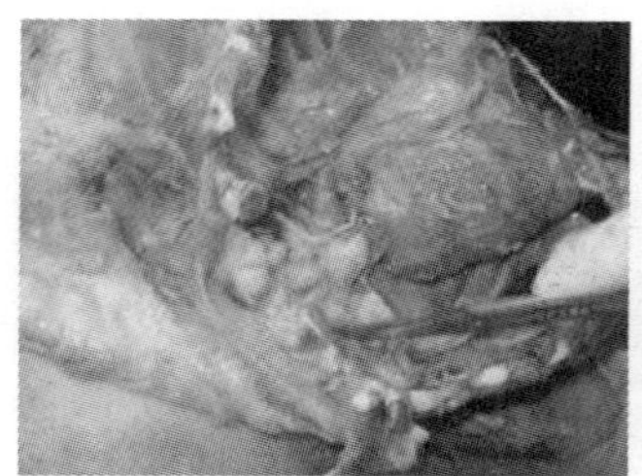

图Ⅵ-3　纵隔淋巴结肿大

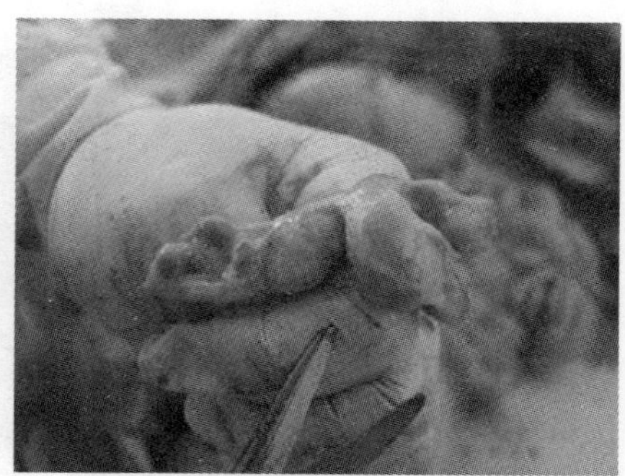

图Ⅵ-4　腹股沟淋巴结肿大、质地坚硬

图Ⅵ-5　脾脏出血、梗死、坏死

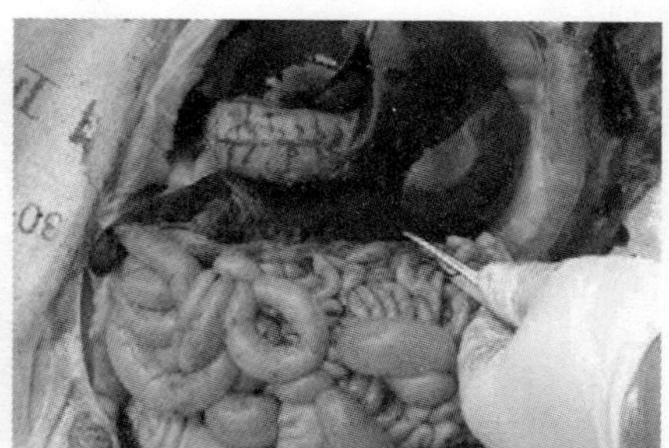

图Ⅵ-6　肝脏、脾脏坏死灶

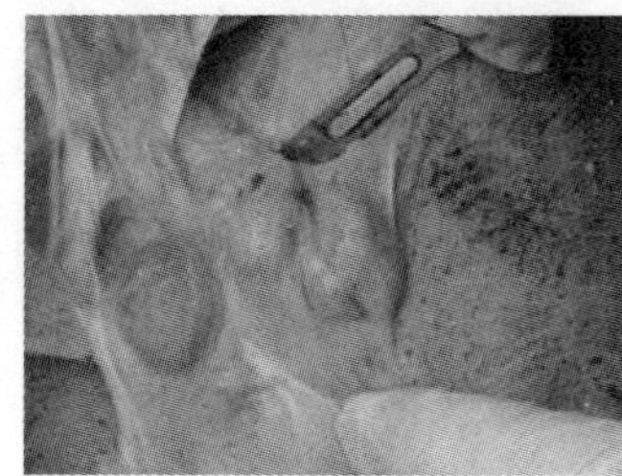

图Ⅵ-7　腹股沟淋巴结肿大、出血

图Ⅵ-8　扁桃体化脓、坏死

图Ⅵ-9　较为普遍的玉米霉变

Ⅶ 急性死亡

图Ⅶ –1　哺乳猪心肌炎急性死亡

图Ⅶ –2　经产母猪急性死亡

图Ⅶ –3　后备母猪急性死亡

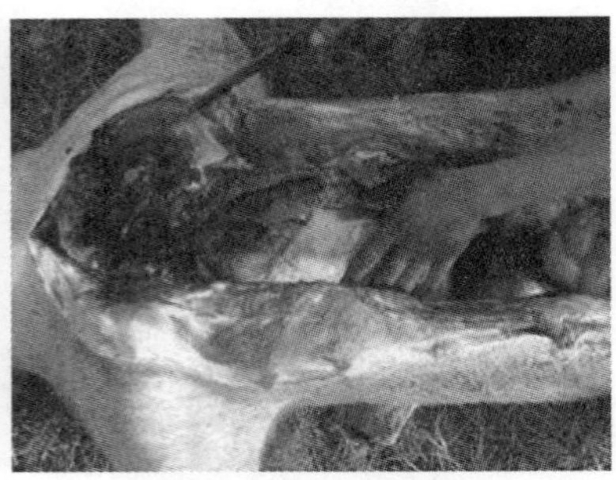

图Ⅶ –4　育肥猪胸膜肺炎急性死亡

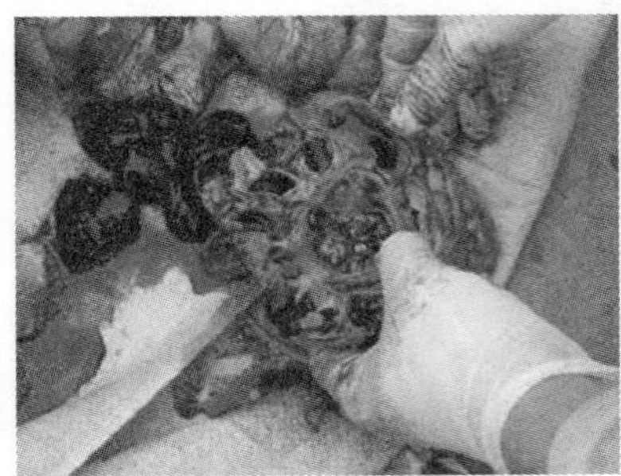

图Ⅶ –5　心脏内的赘生物

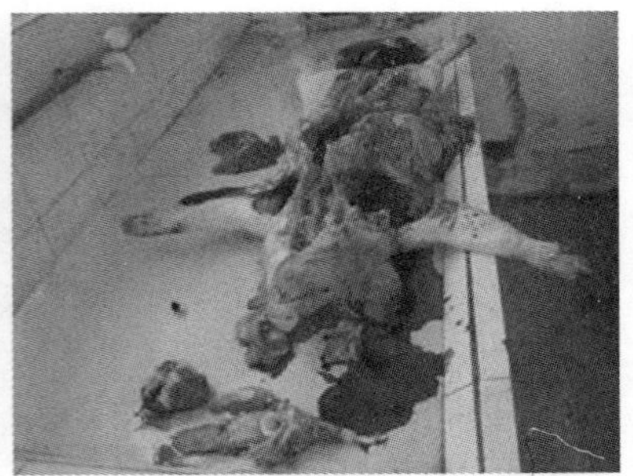

图Ⅶ –6　口蹄疫急性死亡

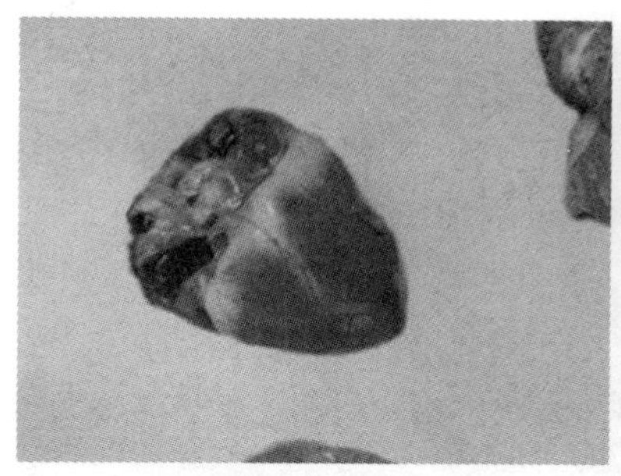

图Ⅶ –7 虎斑心

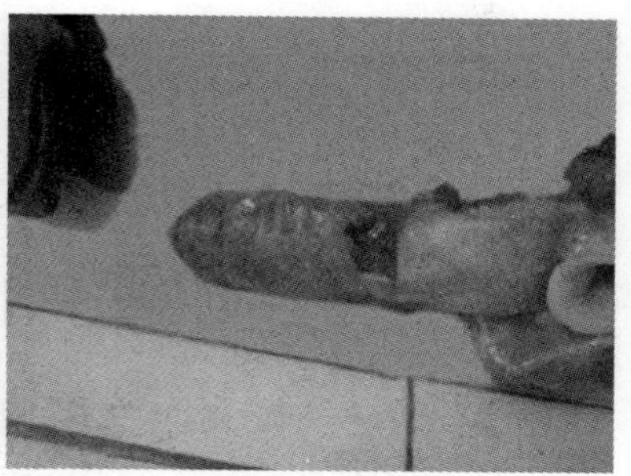

图Ⅶ –8 舌头一期水疱

Ⅷ 变异伪狂犬临床剖检病变

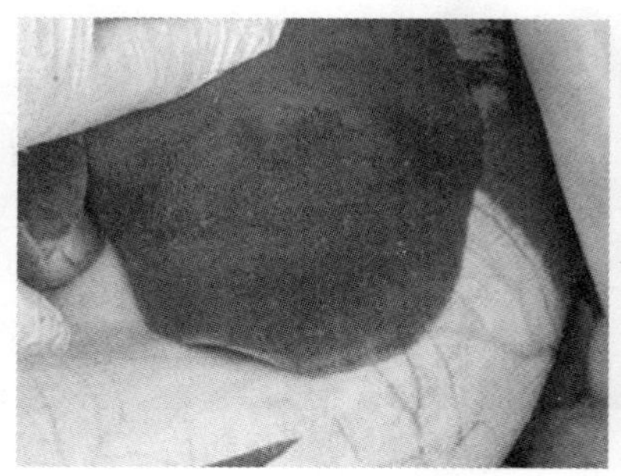

图Ⅷ –1　肝脏有大量坏死灶

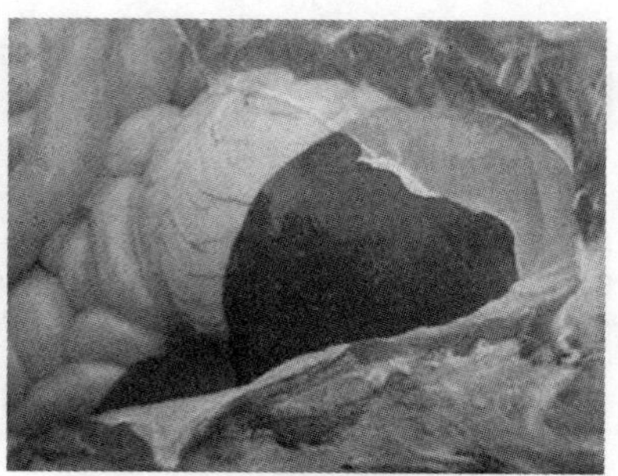

图Ⅷ –2　育肥猪伪狂犬肝脏病变

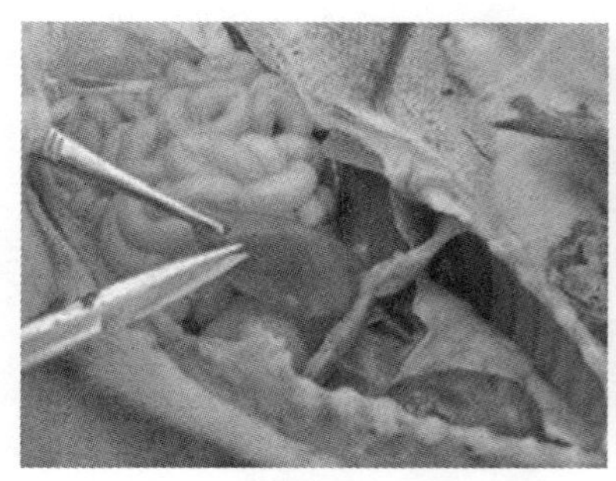

图Ⅷ –3　哺乳仔猪肝脏病变

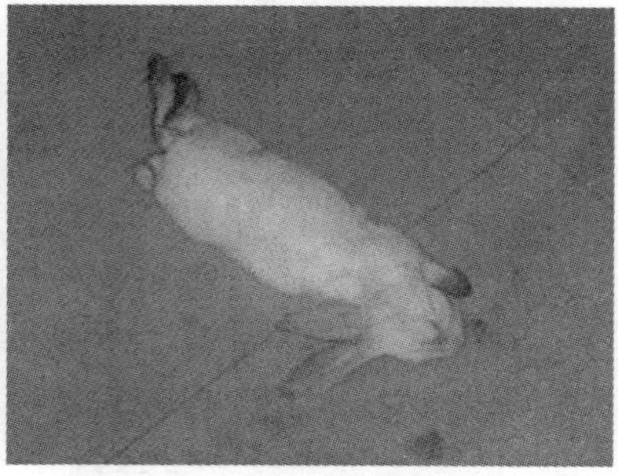

图Ⅷ –4　接种兔口鼻出血死亡

图Ⅷ－5　接种兔奇痒、啃咬接种部位

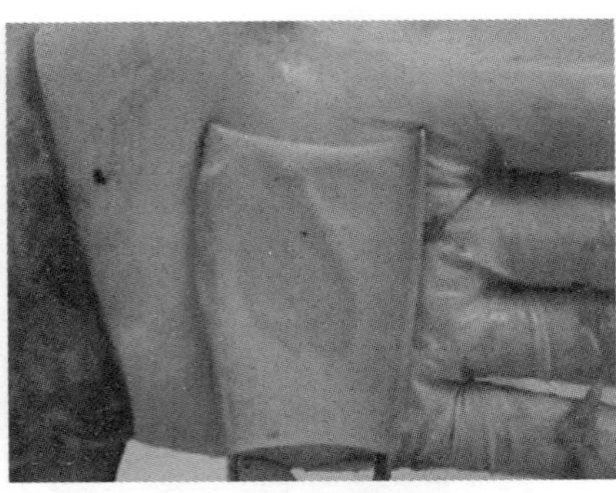
图Ⅷ－6　膀胱黏膜出血

图Ⅷ－7　包皮积尿

图Ⅷ－8　胆囊出血

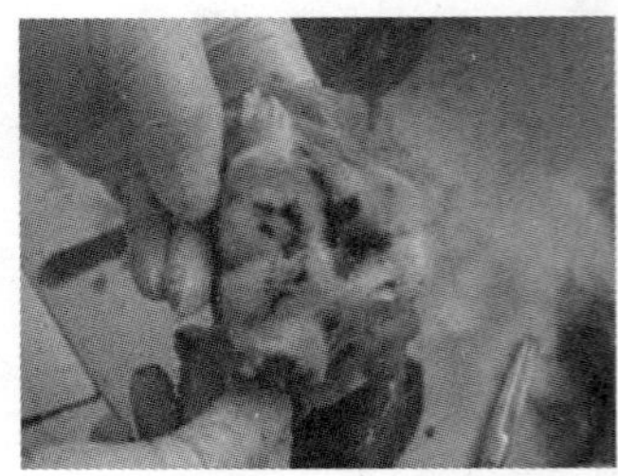
图Ⅷ－9　喉头出血

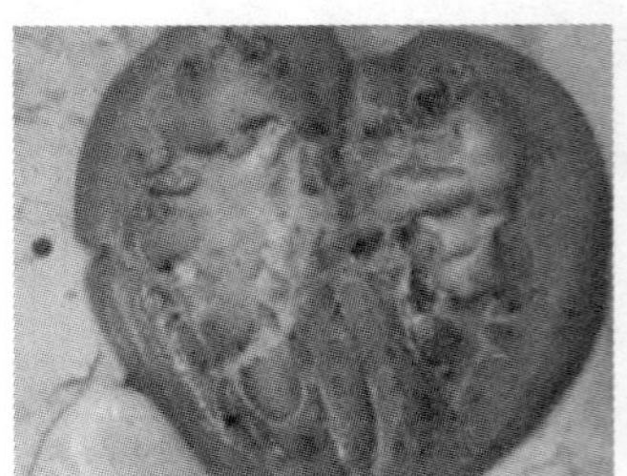
图Ⅷ－10　肾脏乳头和肾盂出血

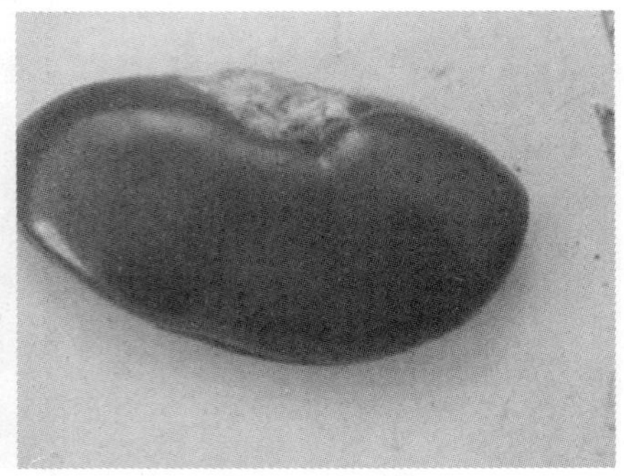
图Ⅷ－11　肾脏皮质出血